Thomas Spitz
Markus Blümle
Holger Wiedel

**Netzarchitektur –
Kompass für die Realisierung**

Aus dem Bereich IT erfolgreich gestalten

Grundkurs JAVA
von Dietmar Abts

Grundkurs MySQL und PHP
von Martin Pollakowski

Die Kunst der Programmierung mit C++
von Martin Aupperle

Requirements-Engineering effizient und verständlich
von Emmerich Fuchs, Karl Hermann Fuchs und Christian H. Hauri

Rechnerarchitektur
von Paul Herrmann

Efficient SAP® R/3®-Data Archiving
von Markus Korschen

Grundkurs Verteilte Systeme
von Günther Bengel

Erfolgreiche Datenbankanwendung mit SQL3
von Jörg Fritze und Jürgen Marsch

Wireless LAN in der Praxis
von Peter Klau

Exchange Server – Installieren, konfigurieren, administrieren, optimieren
von Thomas Joos

Terminalserver mit Citrix Metaframe XP
von Thomas Joos

Web-basierte Systemintegration
von Harry Marsh Sneed und Stephan S. Sneed

IT-Projekte strukturiert realisieren
von Ralph Brugger

C# .NET mit Methode
von Heinrich Rottmann

Visual Basic .NET mit Methode
von Heinrich Rottmann

Warum ausgerechnet .NET?
von Heinrich Rottmann

SAP APO® in der Praxis
hrsg. von Matthias Bothe und Volker Nissen

Web-Programmierung
von Oral Avcı, Ralph Trittmann und Werner Mellis

Profikurs PHP-Nuke
von Jens Ferner

Profikurs Eclipse 3
von Gottfried Wolmeringer

Profikurs ABAP®
von Patrick Theobald

SAP R/3® Kommunikation mit RFC und Visual Basic
von Patrick Theobald

Projektmanagement der SW-Entwicklung
von Werner Mellis

Praxis des IT-Rechts
von Horst Speichert

IT-Sicherheit – Make or Buy
von Marco Kleiner, Lucas Müller und Mario Köhler

Management Software-Entwicklung
von Carl Steinweg

Unternehmensweites Datenmanagement
von Rolf Dippold, Andreas Meier, Walter Schnider und Klaus Schwinn

Mehr IT-Sicherheit durch Pen-Tests
von Enno Rey, Michale Thumann und Dominick Baier

IT-Sicherheit mit System
von Klaus-Rainer Müller

IT-Risiko Management mit System
von Hans-Peter Königs

Six Sigma in der SW-Entwicklung
von Thomas Michael Fehlmann

Netzarchitektur – Kompass für die Realisierung
von Thomas Spitz, Markus Blümle und Holger Wiedel

www.vieweg-it.de

Thomas Spitz
Markus Blümle
Holger Wiedel

Netzarchitektur – Kompass für die Realisierung

Unternehmensnetzwerke erfolgreich gestalten und erhalten

Mit 126 Abbildungen

Bibliografische Information Der Deutschen Bibliothek
Die Deutsche Bibliothek verzeichnet diese Publikation in der Deutschen Nationalbibliografie;
detaillierte bibliografische Daten sind im Internet über <http://dnb.ddb.de> abrufbar.

Das in diesem Werk enthaltene Programm-Material ist mit keiner Verpflichtung oder Garantie irgendeiner Art verbunden. Der Autor übernimmt infolgedessen keine Verantwortung und wird keine daraus folgende oder sonstige Haftung übernehmen, die auf irgendeine Art aus der Benutzung dieses Programm-Materials oder Teilen davon entsteht.

Die Wiedergabe von Gebrauchsnamen, Handelsnamen, Warenbezeichnungen usw. in diesem Werk berechtigt auch ohne besondere Kennzeichnung nicht zu der Annahme, dass solche Namen im Sinne von Warenzeichen- und Markenschutz-Gesetzgebung als frei zu betrachten wären und daher von jedermann benutzt werden dürfen.

Höchste inhaltliche und technische Qualität unserer Produkte ist unser Ziel. Bei der Produktion und Auslieferung unserer Bücher wollen wir die Umwelt schonen: Dieses Buch ist auf säurefreiem und chlorfrei gebleichtem Papier gedruckt. Die Einschweißfolie besteht aus Polyäthylen und damit aus organischen Grundstoffen, die weder bei der Herstellung noch bei der Verbrennung Schadstoffe freisetzen.

1. Auflage Juli 2005

Alle Rechte vorbehalten
© Friedr. Vieweg & Sohn Verlag/GWV Fachverlage GmbH, Wiesbaden 2005

Lektorat: Dr. Reinald Klockenbusch / Andrea Broßler

Der Vieweg-Verlag ist ein Unternehmen von Springer Science+Business Media.
www.vieweg-it.de

Das Werk einschließlich aller seiner Teile ist urheberrechtlich geschützt. Jede Verwertung außerhalb der engen Grenzen des Urheberrechtsgesetzes ist ohne Zustimmung des Verlags unzulässig und strafbar. Das gilt insbesondere für Vervielfältigungen, Übersetzungen, Mikroverfilmungen und die Einspeicherung und Verarbeitung in elektronischen Systemen.

Konzeption und Layout des Umschlags: Ulrike Weigel, www.CorporateDesignGroup.de
Umschlagbild: Nina Faber de.sign, Wiesbaden

ISBN-13: 978-3-528-05772-5   e-ISBN-13: 978-3-322-84972-4
DOI: 10.1007/978-3-322-84972-4

Vorwort

Unternehmen wickeln in der heutigen Zeit sämtliche Geschäftsprozesse mit ihren Unternehmensnetzwerken ab. Marktgegebenheiten sowie eigene Unternehmensstrategien zwingen Firmen, ihre Kommunikationsstrukturen an Organisationsveränderungen anzupassen und ständig weiter zu entwickeln. Deshalb werden die Netze immer mehr zu einem entscheidenden Erfolgsfaktor für Industrie- und Dienstleistungsunternehmen.

Angesichts der Zunahme der Datenströme und der Erfordernis immer kürzerer Zugriffszeiten müssen Sprach- und Datennetze stabil, ausfallsicher und schnell sein. Um diesen Aufgaben Rechnung zu tragen sind

- im Unternehmen mit universellen strukturierten Gebäudeverkabelungen
- auf dem Kommunikationsweg zu den Partnern außer Haus mit Technologien wie dem Internet

Systeme zu erstellen, die über den Zeitraum von mehreren Jahren fehlerlos funktionieren. Solche Systeme sind im Interesse des Investitionsschutzes herstellerneutral und flexibel aufzubauen. Durch adäquate Sicherheitsstrategien wie z. B. die Netzwerkauditierung muss permanent dafür Sorge getragen werden, dass Datensicherheit und Datenschutz auf den Netzen besteht und erhalten bleibt. Mit Hilfe der Auditierung wird für die drei Fallbeispiele des Buches nachgewiesen, dass die Wahl der jeweiligen Lösung richtig ist.

Die Zielgruppe des vorliegenden Buches sind Realisierer, die von Entscheidern die Aufgabe erhalten haben, ein Netzwerk zu planen und zu projektieren. Das Buch vermittelt das nötige Rüstzeug, um ein solches Projekt technisch und organisatorisch zu verstehen.

Dieser Projektleitfaden gibt zunächst einen kurzen Einblick in die Grundlagen der Projektvorbereitung. Es wird beschrieben, wie und mit welchen Mitteln eine Investitionsvorbereitung und die Planung und Projektierung eines Unternehmensnetzwerks angepackt wird. In drei typischen Fallbeispielen wird in Abhängigkeit von gebäudlichen Gegebenheiten und technischen Erfordernissen eine Vernetzungsplanung erstellt.

In vier weiteren Kapiteln werden dann für einen Projektleiter Sachverhalte wie Investitionsbeantragung, Netzwerkaudit, Beschaffungsorganisation und Netzwerkcontrolling erläutert. Diese Aspekte sind nützlich, um mit Entscheidern über die erfolgreiche Projektierung zu diskutieren.

Weitergehende technische und organisatorische Begriffserläuterungen sind im Glossar dieses Buchs erläutert.

Das Buch „Netzarchitektur – Kompass für die Realisierung" wurde in Verbindung mit dem Werk „Netzarchitektur – Entscheidungshilfe für Ihre Investition" geschrieben. Beide Bände bilden in sich über eine auch in diesem Buch dargestellte Schnittstelle eine kompakte Einheit. Sie sind jeweils für sich autark aufgebaut und benötigen deshalb nicht zwingend die Kenntnis des anderen Bandes. Allerdings ergänzen sich die beiden Bücher zu einer ausgewogenen Gesamtbetrachtung mit allerlei Synergieeffekten. Sie profitieren in dem einen Band von der Betrachtung durch die Brille des Entscheiders. Im vorliegenden Buch gehen wir das Thema aus der Perspektive des Realisierers oder Projektleiters an.

Thomas Spitz   Seelbach, im Juni 2005
Lindenmatten 23
D 77960 Seelbach
EMail: Info@Netzarchitektur.de

Inhaltsübersicht

Abbildungsverzeichnis XVII

1 Die Projektorganisation 1

2 Fallbeispiel 1: Netzwerksanierung in einem Altbau 39

3 Fallbeispiel 2: Netzwerk-Fertigung in einem Neubau 101

4 Fallbeispiel 3: WAN zwischen zwei Standorten mit VPN 127

5 Der Investitionsantrag 151

6 Netzwerkaudit und Sicherheit 179

7 Beschaffung: Organisation und Implementierung 195

8 Netzwerk, Controlling, Personal im Betrieb 205

9 Executive Summary, Schlussbemerkungen 223

10 Verwendete Checklisten und Formulare 227

11 Glossar 237

12 Literaturverzeichnis 258

Sachwortverzeichnis 259

Inhaltsverzeichnis

Abbildungsverzeichnis XVII

1 Die Projektorganisation 1
   1.1   Einleitung 1
   1.2   Nutzungshinweise für das Buch 4
       1.2.1   Modulare Nutzung des Buchs 4
       1.2.2   Unterstützung und weitere Infos im Internet 5
   1.3   Die Bedeutung eines Netzwerks im Unternehmen 5
   1.4   Die Schnittstelle zwischen Entscheider und Realisierer 6
       1.4.1   Struktur der Schnittstelle, Sechs-Punkte-Plan 7
       1.4.2   Kommunikation und Marktausrichtung 9
       1.4.3   Sicherstellung der Dienste IT und Kommunikation ... 10
       1.4.4   Der Realisierer im Umfeld eines Unternehmensnetzwerks ... 11
       1.4.5   Checkliste Netzwerk für Entscheider – Technik 12
       1.4.6   Checkliste Netzwerk Wirtschaftlichkeit 14
   1.5   Theoretische Lösungswege einer Netzwerkprojektierung 16
   1.6   Das konkrete Netzwerkprojekt 18
       1.6.1   Die Zielsetzung des Projekts 18
       1.6.2   Erfordernisse im Projekt 18
       1.6.3   Notwendigkeit der Veränderung des Netzwerks 19
   1.7   Grobplanung 20
       1.7.1   Das Projektteam 21
       1.7.2   Projektleiter 22
       1.7.3   Projektteammitglieder 23
       1.7.4   Externe Beratung 25
   1.8   Das operative Projekt 28
       1.8.1   Gestaltung des Ressourcenmanagements 29
       1.8.2   Gestaltung des Personalmanagements 29
       1.8.3   Gestaltung des Zeitmanagements 32
       1.8.4   Gestaltung des Kostenmanagements 34
   1.9   Feinplanung 36
       1.9.1   Planung der Systeme und Einrichtungen 36
       1.9.2   Grobe Definition des Netzwerks 36
       1.9.3   Physikalisches Layout 37
       1.9.4   Logisches Layout 38

2	**Fallbeispiel 1: Netzwerksanierung in einem Altbau**	**39**
2.1	Die Ausgangssituation und die Zielsetzungen	39
2.2	Ausgangssituation Standort 1	42
2.3	Zielsetzung, Sollkonzept Standort 1	44
2.4	Netzwerkauditierung Fallbeispiel 1	46
2.5	Neues Inhouse-LAN, die Lösung	46
2.6	Primär-, Sekundär- und Tertiärverkabelung (Exkurs)	47
2.6.1	Die Primärverkabelung	48
2.6.2	Die Sekundärverkabelung	49
2.6.3	Die Tertiärverkabelung	49
2.7	Layouts Fallbeispiel 1	50
2.7.1	Gebäudeunterteilung Fallbeispiel 1	51
2.7.2	Keller	51
2.7.3	Erdgeschoss	53
2.7.4	Obergeschoss	53
2.7.5	Vertikalschnitt des Gebäudes	54
2.7.6	Physikalisches Layout Gebäude Kabel	54
2.7.7	Logisches Layout Gebäude Topologie	55
2.7.8	Logisches Layout Hardware	56
2.8	Die Mengengerüste SV, abgeleitet aus den Layouts	57
2.9	Passive Komponenten	60
2.9.1	Planung der passiven Komponenten	60
2.9.2	Leistungseinheit Verteilerraum	60
2.9.3	Schaltschränke und Schaltschrankzubehör	63
2.9.4	Kabelverlege-Infrastruktur	64
2.10	Exkurs Normen, Standardisierung	69
2.10.1	Gründe für Normen und Standardisierung	69
2.10.2	Normen, Standardisierung	70
2.10.3	Drei heikle Punkte der Normen und deren Kenntnis	72
2.11	Vorschriften, Gesetzgebung	73
2.11.1	EMV-Gesetz	73
2.11.2	CE	74
2.12	Sprach- und Datenkabel	74
2.12.1	LWL (Lichtwellenleiter) oder Kupfer bis zum Arbeitsplatz?	74
2.12.2	Lichtwellenleiterkabel (Glasfaserkabel)	76
2.12.3	Kupferkabel	79
2.13	Anschlusstechnik	84
2.13.1	Anschlusstechnik Kupfer	84
2.13.2	LWL-Anschlusstechnik	88

2.14		Messung	90
	2.14.1	Messung der LWL-Strecken	91
	2.14.2	Das Einfügeverfahren	91
	2.14.3	Das Rückstreuverfahren	91
	2.14.4	Messung der Kupferkabel	93
	2.14.5	Abgrenzung Permanent Link, Channel	94
2.15		Dokumentation	95
2.16		Aktive Komponenten	96
	2.16.1	Netzwerkkarten	96
	2.16.2	Switch (Schalter)	97
	2.16.3	Aktive Redundanzkonzepte	98
	2.16.4	Netzwerksegmentierung oder Neuverkabelung	98

3 Fallbeispiel 2: Netzwerk-Fertigung in einem Neubau 101

3.1		Ausgangssituation	101
3.2		Zielsetzung Sollkonzept Standort 2	102
3.3		Gebäudebeschreibung Fallbeispiel 2	103
	3.3.1	Das Erdgeschoss Fallbeispiel 2	104
	3.3.2	Das Obergeschoss Fallbeispiel 2	105
	3.3.3	Gebäudeschnitt	106
	3.3.4	Das physikalische Layout Fallbeispiel 2	107
	3.3.5	Das logische Layout Fallbeispiel 2	108
	3.3.6	Das logische Layout Hardware Sprachdienste	111
	3.3.7	Aus den Layouts abgeleitete Mengengerüste	112
3.4		Die passiven Komponenten	112
	3.4.1	Verteilerraum mit Unterflursystemen (Doppelboden)	112
	3.4.2	Infrastruktur	113
3.5		LWL-Verbindungsleitung Standort 1 und 2, LWL Standort 2	115
3.6		Kupferkabel Telekommunikation	116
3.7		Aktive Komponenten Fallbeispiel 2	116
	3.7.1	Hub	116
	3.7.2	Switch	117
	3.7.3	Router	120
	3.7.4	Switch (Schalter)	121
	3.7.5	Weitere aktive Komponenten	121
3.8		Schnurlose Datennetzwerke	122
	3.8.1	Richtfunk im Primär- und Sekundärbereich	123
	3.8.2	Wireless LAN im Primär- und Sekundärbereich	124
	3.8.3	Funk im Tertiärbereich für Datenübertragung	124
	3.8.4	DECT (Digital European Cordless Telephone) mit Funkzellen	125

4 Fallbeispiel 3: WAN zwischen zwei Standorten mit VPN 127

- 4.1 Ausgangssituation 127
- 4.2 Zielsetzung 128
- 4.3 Netzwerkaudit Wide Area Network (WAN) 128
- 4.4 Grundlagenwissen als Verständnisbasis 130
  - 4.4.1 VPN 130
  - 4.4.2 Firewall 132
  - 4.4.3 Paketfilter – Firewall auf Netzwerkebene 133
  - 4.4.4 Application Level Gateway – Firewall auf Applikationsebene 135
  - 4.4.5 Intrusion Detection – Zeitnahe Angriffserkennung 136
  - 4.4.6 Firewall-Konzepte 138
  - 4.4.7 Formen von IP-Vernetzungen im Internet 140
  - 4.4.8 Stufenkonzept Beseitigung des Gefahrenpotenzials Netzwerk 141
  - 4.4.9 Gefahren bei der Benutzung des Internets 141
  - 4.4.10 Sicherheitsanforderungen eines VPN im Internet 142
- 4.5 Sicherheit im VPN 143
  - 4.5.1 Verpacken und Verschlüsseln von Daten 143
  - 4.5.2 Firewall-Systeme 143
  - 4.5.3 Kombination von Firewall-Einzelkomponenten 144
  - 4.5.4 Das technische Netzwerkmanagement 144
- 4.6 Die Lösungen – 2 x VPN (Virtuell Private Network) 146
  - 4.6.1 Lösung 1 – Firewall „Königslösung" 146
  - 4.6.2 Lösung 2 - Firewall abgespeckt und praxisnah 148
  - 4.6.3 Ausschreibung 150

5 Der Investitionsantrag 151

- 5.1 Die Projektvision 152
- 5.2 Projektvision und Zeit 154
- 5.3 Technische und wirtschaftliche Zielsetzungen der Aufgabenstellung 155
- 5.4 Eine Informationsbasis als Steuerungselement für den Entscheider 158
- 5.5 Der Kosten-/Nutzenvergleich 159
  - 5.5.1 Nutzen, harte Faktoren 159
  - 5.5.2 Nutzen, weiche Faktoren 160
  - 5.5.3 Kosten einer Vernetzung 161
  - 5.5.4 Amortisation 162
  - 5.5.5 Kennzahlen für grobe Hochrechnungen 163
- 5.6 Kalkulation und Amortisation Fallbeispiel 1 165
  - 5.6.1 Uptime, Downtime, Lowtime (Exkurs) 166
  - 5.6.2 Wirtschaftlichkeit für alle Fallbeispiele übergreifend 168

	5.6.3	Wirtschaftlichkeit Fallbeispiel 1	170
	5.6.4	Kostenbilanz	171
5.7		Kalkulation und Amortisation Fallbeispiel 2	172
	5.7.1	Wirtschaftlichkeit alle Fallbeispiele übergreifend	173
	5.7.2	Wirtschaftlichkeitsbetrachtung Fallbeispiel 2	173
5.8		Kalkulation und Amortisation Fallbeispiel 3	175
	5.8.1	Wirtschaftlichkeit alle Fallbeispiele übergreifend	176
	5.8.2	Wirtschaftlichkeit Fallbeispiel 3	176
5.9		Migrationsfähigkeit, Zukunftssicherheit	177
5.10		Zeit	178
5.11		Personal, Projektteam	178
5.12		Initialisierung des Projektstarts	178

6 Netzwerkaudit und Sicherheit ... 179

6.1		Die Kernbereiche des Netzwerkaudit	181
	6.1.1	Aufbau- und Ablauforganisation	182
	6.1.2	Die Auditierung des Netzwerks im Gebäude	183
	6.1.3	Auditierung der Komponenten der Verkabelung	184
6.2		Die Security-Police	184
6.3		Risikoanalyse	185
6.4		Elemente der Sicherheitsstruktur	187
6.5		Normen und Vorschriften der Sicherheitstechnik	187
	6.5.1	Sicherheit im Verteilerraum, Verteilerstandorte	188
	6.5.2	Elementare Risiken	188
	6.5.3	Falsche Organisation	190
	6.5.4	Technische Ausfälle	191
	6.5.5	Fremdeinfluss	192

7 Beschaffung: Organisation und Implementierung ... 195

7.1		Ausschreibung	195
	7.1.1	Pflichtenheft/Lastenheft	196
	7.1.2	Leistungsverzeichnis	196
	7.1.3	Fragenkatalog	197
7.2		Der Beschaffungsvorgang	199
	7.2.1	Die Auswahl der Lieferanten	199
	7.2.2	Angebotsauswertung, Beurteilungsmatrix	199
	7.2.3	Vergabegespräche, Liefervertrag, Bestellung	202
7.3		Umsetzung	203

7.4	Abnahme und Rechnungsprüfung	204

8 Netzwerk, Controlling, Personal im Betrieb 205

8.1	Die Ausgangssituation	205
8.2	Die Zielsetzung	206
8.3	Einflussfaktoren auf das Netzwerk	206
8.4	Der Aufbau einer Netzwerkverwaltung	207
8.4.1	Personalstruktur der Netzwerkverwaltung	208
8.5	Netzwerk-Controlling und Unternehmens-Controlling	212
8.6	NMIS – das Netzwerkmanagement-Informationssystem	213
8.7	Budgetierung der Kommunikation	214
8.8	Roulierendes Kosten- und Ressourcen-Management	214
8.8.1	Konzept roulierendes Kosten- und Ressourcen-Management	214
8.8.2	Controlling und Buchhaltung	215
8.9	Technisches Netzwerkmanagement	216
8.9.1	Aufgaben des Netzwerkmanagements	216
8.9.2	Abrechnungsmanagement	216
8.9.3	Fehlermanagement	216
8.9.4	Sicherheitsmanagement	217
8.9.5	Konfigurationsmanagement	217
8.9.6	Leistungsmanagement	217
8.10	Technischer Aufbau eines Netzwerkmanagementsystems	217
8.11	Notwendigkeit des Netzwerkmanagements	218
8.12	Technisches Kennzahlenpaket für NMIS (Netzwerkmanagement-Informationssystem)	219
8.12.1	Definition der Kennzahlen	219
8.12.2	Fehlermanagement	219
8.12.3	Performancemanagement	220
8.12.4	Accountingmanagement	220
8.12.5	Sicherheitskennzahlen	220
8.12.6	Konfigurationskennzahlen	221

9 Executive Summary, Schlussbemerkungen 223

9.1	Executive Summary	223
9.2	Schlussbemerkungen	225

10 Verwendete Checklisten und Formulare 227

10.1	Checkliste Erdung	227

10.2	Checkliste Vernetzung Technik	228
11.3	Checkliste Vernetzung Betriebswirtschaft	229
11.4	Checkliste Projektgestaltung	230
11.5	Checkliste Verkabelung aktiv und passiv (Grobplanung)	231
11.6	Checkliste Security	232
11.7	Checkliste Aufbau- und Ablauforganisation	233
11.8	Checkliste Gebäude	234
11.9	Beantwortung von Leserfragen	235
11	**Glossar**	**237**
12	**Literaturverzeichnis**	**258**
Sachwortverzeichnis		**259**

Abbildungsverzeichnis

Abb. 1.1	Schnittstelle Entscheider – Projektrealisierer	6
Abb. 1.2	Sechs-Punkte-Programm Netzwerkstrategie	7
Abb. 1.3	Managementaufgabe	9
Abb. 1.4	Statische Pyramide eines Unternehmensnetzwerks	12
Abb. 1.5	Checkliste Netzwerktechnik	13
Abb. 1.6	Checkliste Benchmark: Wirtschaftlichkeit für Entscheider	15
Abb. 1.7	Mögliche Vorgehensweise einer Vernetzungsplanung	16
Abb. 1.8	Erfordernisse im Vernetzungsprojekt	18
Abb. 1.9	Abbildung Managementaufgabe	19
Abb. 1.10	Grobplanung	20
Abb. 1.11	Aufbau Projektteam	21
Abb. 1.12	Projektteammitglieder	23
Abb. 1.13	Erfordernis externer Beratung	26
Abb. 1.14	Arten des Projektmanagements	28
Abb. 1.15	Personalplanung Vernetzungsprojekt	31
Abb. 1.16	Zeitmanagement	32
Abb. 1.17	Zeitplanung Vernetzungsprojekt	33
Abb. 1.18	Budgetplanung	34
Abb. 1.19	Checkliste Projekt Fazit	35
Abb. 1.20	Feinplanung	36
Abb. 1.21	Physikalisches Layout, Schnitt	37
Abb. 1.22	Logisches Layout schematisch	38
Abb. 2.1	Aufgabenstellung Gebäudevernetzung 1, 2, 3	39
Abb. 2.2	Ausgangssituation Standort 1, Gelände 1	40
Abb. 2.3	Ausgangssituation Fallbeispiel 2, Gelände 1	41
Abb. 2.4	Ausgangssituation Standortintegration Gelände 1 mit Gelände 2	41
Abb. 2.5	Ausgangssituation	42
Abb. 2.6	Sollkonzept Vernetzung Standort 1	45

Abb. 2.7	Projektschritte	47
Abb. 2.8	Primär-, Sekundär-, Tertiärbereich einer Gebäudeverkabelung	47
Abb. 2.9	Grundriss Kellergeschoss	51
Abb. 2.10	Grundriss Erdgeschoss	53
Abb. 2.11	Querschnitt Obergeschoss	53
Abb. 2.12	Vertikalschnitt Verwaltungsgebäude	54
Abb. 2.13	Physikalisches Layout Gebäude Kabel	55
Abb. 2.14	Logisches Layout Gebäude Topologie	56
Abb. 2.15	Logisches Layout Hardware	57
Abb. 2.16	Einflussfaktoren Mengengerüste	58
Abb. 2.17	Differenziertes Mengengerüst	58
Abb. 2.18	Checkliste Layout	59
Abb. 2.19	Verteilerraum	61
Abb. 2.20	Verteilerschrank	63
Abb. 2.21	Kabelbahn	66
Abb. 2.22	Brüstungskanal	67
Abb. 2.23	Permanent Link, Channel	72
Abb. 2.24	Anwendungsvergleich Kabelarten Tertiärbereich	75
Abb. 2.25	LWL-Kabel	77
Abb. 2.26	Aufbau eines symmetrischen Kupferkabels	80
Abb. 2.27	Kupferkabel Twisted Pair	80
Abb. 2.28	Schirmung und Erdung	81
Abb. 2.29	Patchkabel Kupfer	85
Abb. 2.30	Buchse RJ 45	86
Abb. 2.31	Verteilerfelder, Anschlussdose Kupfer	87
Abb. 2.32	Verteilerfelder, Anschlussdose LWL	89
Abb. 2.33	Duplexkabel, Simplexkabel	90
Abb. 2.34	Rückstreuverfahren	92
Abb. 3.1	Anforderungsprofil Fallbeispiel 2	101
Abb. 3.2	Querschnitt Erdgeschoss für Funkausleuchtung	103
Abb. 3.3	Querschnitt Erdgeschoss	104

Abb. 3.4	Querschnitt Obergeschoss	105
Abb. 3.5	Schnitt Produktionsgebäude	106
Abb. 3.6	physikalisches Layout Gebäude Kabel	108
Abb. 3.7	Logisches Layout Gebäude	109
Abb. 3.8	Logisches Layout Hardware Datendienste	109
Abb. 3.9	Logisches Layout Hardware Sprachdienste	111
Abb. 3.10	‚Installationskanal	114
Abb. 3.11	Hub	117
Abb. 3.12	Switch	118
Abb. 3.13	Router	120
Abb. 3.14	Richtfunk	123
Abb. 3.15	Funk im Tertiärbereich	124
Abb. 3.16	DECT mit Funkzellen	125
Abb. 4.1	Standortintegration Istzustand	127
Abb. 4.2	Checkliste Security-Anforderungen	129
Abb. 4.3	Leistungs- und Funktionsmerkmale von Firewalls	132
Abb. 4.4	Paketfilter schematisch	133
Abb. 4.5	Paketfilter	134
Abb. 4.6	Application Level Gateways, Proxies	135
Abb. 4.7	Application Level Gateway schematisch	136
Abb. 4.8	Intrusion Detection-Systeme	137
Abb. 4.9	Zentralkonzept Firewall	138
Abb. 4.10	Stufenkonzept und Sicherheitszonen	139
Abb. 4.11	DMZ (Demilitarisierte Zone)	140
Abb. 4.12	Mögliche IP-Vernetzungsformen im Internet	140
Abb. 4.13	Gefahren bei der Benutzung des Internet	142
Abb. 4.14	Was ist bei VPN zu sichern?	142
Abb. 4.15	Firewall-Systeme	144
Abb. 4.16	Technischer Aufbau eines Netzwerkmanagementsystems NMS	145
Abb. 4.17	Sollkonzept VPN	146
Abb. 4.18	Sollkonzept VPN	148

Abb. 5.1	Strategie, Zielsetzung	151
Abb. 5.2	Vision Netzwerk und Zeit	154
Abb. 5.3	Aufgabenstellung Gebäudevernetzung 1, 2, 3	155
Abb. 5.4	Ausgangssituation Standort 1, Gelände 1	156
Abb. 5.5	Ausgangssituation Fallbeispiel 2, Gelände 1	156
Abb. 5.6	Ausgangssituation Standortintegration Gelände 1 (Standort 1) mit Gelände 2 (Standort 3)	157
Abb. 5.7	Organisation der Info-Basis	159
Abb. 5.8	Kosten einer Vernetzung	161
Abb. 5.9	Kostenvergleich Verkabelung	162
Abb. 5.10	Kostenabhängigkeit einer Gebäudeverkabelung	163
Abb. 5.11	Vernetzung Istzustand	165
Abb. 5.12	Fallbeispiel 1 Realisierung aus technischer Sicht	171
Abb. 5.13	Fallbeispiel 2 Realisierung aus technischer Sicht	172
Abb. 5.14	Fallbeispiel 3 Ist-Zustand	175
Abb. 5.15	Innovationstempo, Investitionen und Standzeit der Kommunikationssysteme	177
Abb. 6.1	Flussdiagramm Netzwerkverwaltung Zyklus	180
Abb. 6.2	Kernbereiche Netzwerkaudit	181
Abb. 6.3	Die Auditierung des Netzwerks im Gebäude	183
Abb. 6.4	Security Police als fortlaufender Prozess	185
Abb. 6.5	Sicherheitsrisiken	186
Abb. 6.6	Sicherheitselemente Gebäudestruktur	187
Abb. 6.7	Gefahrenpotenzial	187
Abb. 7.1	Aufbau einer Ausschreibung	195
Abb. 7.2	Leistungsverzeichnis	197
Abb. 7.3	Fragenkatalog	197
Abb. 7.4	Beurteilungsmatrix gesamt	200
Abb. 7.5	Ebenen und Struktur einer Beurteilungsmatrix	201
Abb. 7.6	Umsetzung	203
Abb. 8.1	Einflussfaktoren auf das Netzwerk	207
Abb. 8.2	Aufbau Netzwerkverwaltung	207

Abb. 8.3	Mögliche Einbindung der Kommunikationsverwaltung in die Aufbauorganisation	209
Abb. 8.4	Technische Bereiche und Aufgaben der Kommunikationsverwaltung	210
Abb. 8.5	Unternehmenscontrolling	212
Abb. 8.6	Beispiel eines Teilbereichs des BAB	215
Abb. 8.7	Aufgaben des Netzwerkmanagements nach ISO	216
Abb. 8.8	Netzwerkmanagement NMS	218

1 Die Projektorganisation

Was muss ich eigentlich vor dem ersten Spatenstich wissen?

1.1 Einleitung

Auf dem Buchmarkt gibt es eine große Anzahl von technisch orientierten Büchern über Netzwerktechnik. Darin findet man in der Regel den Aufbau von technischen Geräten, von Kabeln und von Normen bis auf das letzte Bit beschrieben.

Unser Anliegen ist, für einen Praktiker, der sich mit Menschen, Gebäuden und vorgegebenen Mechanismen in Betrieben zu beschäftigen hat, eine praktische Hilfestellung zu geben, um ein perfektes und erfolgreiches Vernetzungsprojekt zu gestalten.

Ausrichtung des Buches	Wenn sich ein Realisierer mit dem Entscheider oder Unternehmer über Netzwerke unterhalten will, muss er in einer Sprache reden, die sein Gegenüber auch verstehen kann. Aus diesem Grund haben wir in unserem Buch das Thema Netzwerk mit dem Schwerpunkt Schnittstellenbeschreibung und Projektmanagement verknüpft. In drei Fallbeispielen ist für typische Netzwerkkonstellationen technisches Grundlagenwissen in Verbindung mit konkreten Projektabläufen beschrieben und dargestellt.

Ziele — Entscheider im Unternehmen werden oft vor Investitionsanforderungen gestellt, deren Tragweite hinsichtlich Kosten und Leistungen sie selber nur schwer beurteilen können. Die vorteilhafte Vorgehensweise bei der Planung und Projektierung eines Unternehmensnetzwerks, gepaart mit der kosten- und leistungsmäßigen Transparenz, sollte ihm ermöglichen, eine Investitionsanforderung aus den Bereichen EDV und Telekommunikation zu prüfen und zu beurteilen. Hierauf muss sich ein Realisierer einstellen und dem Entscheider diese Transparenz liefern.

Ein weiteres Ziel ist es, durch ein geschickt gestaltetes Projekt dem Unternehmen ein leistungsfähiges und preisgünstiges Netzwerk zur Verfügung zu stellen, um auf diesem die kompletten betrieblichen Aufgaben abwickeln zu können.

Jedem Kapitel in der Folge liegen ein oder mehrere Fragestellungen zugrunde, denen sich ein Realisierer bezüglich der gestellten Thematik widmen kann.

Aufbau des Werkes

Kapitel 1: Die Projektorganisation

In Kapitel 1 werden nach einer kurzen Einleitung Nutzungshinweise und weitergehende Unterstützung im Internet beschrieben. Danach wird auf die Bedeutung des Netzwerks, die Schnittstelle zwischen Entscheider und Realisierer sowie die Grundlagenermittlung von der Vision bis zur Realisierung eines Unternehmensnetzwerks dargestellt. Für das Projekt werden die personellen, strukturellen und ressourcenabhängigen Voraussetzungen abgebildet.

Kapitel 2 bis 4: Fallbeispiele

In den Kapiteln 2 bis 4 sind in drei Fallbeispielen die praktischen Vorgehensweisen einer Netzwerkprojektierung in Verbindung mit technischen Basisinformationen skizziert. Diese Detailkapitel sind wie ein Frage- und Antwortspiel gestaltet, bei dem der Praxisbezug im Vordergrund steht.

In Kapitel 2 ist mit dem Leitsatz „Die vereinigten Hüttenwerke sind Vergangenheit" angedeutet, dass durch gewachsene Strukturen Unternehmensnetzwerke verfilzt sein können. Gleichermaßen können sie aus mehreren autarken Inseln zusammengesetzt sein. In beiden Fällen erfordert dies eine neue Strukturierung.

In Kapitel 3 ist mit dem Leitsatz „Die grüne Wiese – ein Neubau – der ideale Ausgangspunkt für ein professionelles Netzwerk" eine Netzwerkplanung für ein neues Gebäude beschrieben.

In Kapitel 4 wird die Frage gestellt: „Kann ein Unternehmensnetzwerk im Internet sicher sein?" Es wird beschrieben, wie dies mit Techniken der heutigen Zeit gewährleistet wird.

Kapitel 5 – 8 Thema „Unternehmen und Netzwerkprojekt"

In den Kapiteln 5 – 8 werden Themen aufgegriffen, die dem Realisierer helfen, das Projekt Netzwerk in das unternehmerische Geschehen zu integrieren.

1.1 Einleitung

Kapitel 5 beschreibt den Vorgang der Investitionsbeantragung, der groben Vorkalkulation sowie der Argumentationshilfe, um den beteiligten Entscheidern die Vorteile von funktionierenden Netzwerken darzustellen.

In Kapitel 6 wird das Netzwerkaudit erläutert, welches quasi als Qualitätssicherheitssystem für das Unternehmensnetzwerk dafür Sorge trägt, dass der jeweilige Ist-Zustand mit einem dem technischen und organisatorischen Stand „State-of-the-Art" immer wieder angepasst werden kann. Dabei bezieht sich das Audit auf ablauf- und aufbauorganisatorische Belange, die Gebäudestruktur und die rein technische Gestaltung des Netzwerkaufbaus.

Kapitel 7 beschreibt die Schnittstelle der Technik zur Beschaffung im Unternehmen. Dabei werden Belange wie Leistungsverzeichnisse, Ausschreibung und Auftragsvergabe behandelt.

In Kapitel 8 wird die Frage des Netzwerkcontrollings und des Netzwerkmanagements angerissen. Diese Aspekte dienen einem Realisierer für die aufwands- und kostenseitige Betrachtung einer sich schon in Betrieb befindlichen Unternehmensvernetzung.

In Kapitel 9 „Schlussbemerkungen" sind auf wenigen Seiten die wichtigsten Vorgänge in der Projektierung sowie bei der Behandlung des Netzwerks nach der Implementierung zusammengefasst.

Das Glossar in Kapitel 10 stellt ein Nachschlagewerk für technische Begriffe dar, die im Buch verwendet wurden.

1.2 Nutzungshinweise für das Buch

Um das Buch und die von den Autoren angebotenen Zusatzinformationen optimal zu nutzen, sind in der Folge wesentliche Hinweise beschrieben.

1.2.1 Modulare Nutzung des Buchs

Realisierer und Projektleiter ...

- bekommen meist keine Freiräume von den Entscheidern zugebilligt und erstellen deshalb häufig Planungen und Konzepte außerhalb der normalen Arbeitszeit.
- haben wenig Zeit und kümmern sich in der Regel immer zuerst um Engpässe im Unternehmen.
- wollen erst danach unternehmenspolitische oder strategische Gesichtspunkte einer Problemstellung (wie z. B. einer Unternehmensvernetzung) aufarbeiten. Dazu bleibt aber in der Regel kaum Zeit.
- haben unterschiedliche Kenntnisse auf Grund ihrer Berufsausbildung oder des bisherigen beruflichen Werdegangs hinsichtlich Technik, Projektmanagement und Betriebswirtschaft,
- lesen deshalb häufig nur selektiv!

Im Buch wird unterstellt, dass es sich bei einem Realisierer um einen Menschen handelt, der für seine Arbeit im Projekt praktische, technische und gebäudeabhängige Informationen benötigt. Deshalb ist es unterschiedlich, wie man am besten in Abhängigkeit von eigenen Kenntnissen und Fähigkeiten sowie angesichts vorgegebener Prioritäten die für die entsprechende Phase der Netzwerkgestaltung wichtigsten Informationen erhält.

Kapitel 1 dient als Leitfaden für eine Projektierung überhaupt.

In den Kapiteln 2 bis 4 sind standort- und gebäudeabhängige Vernetzungsformen im Detail beschrieben.

Die Kapitel 5 bis 8 sind für den praktischen Realisierer Ergänzungskapitel, um in dem Unternehmen selbst eine Vernetzungsplanung und Projektierung, auch unter dem Aspekt einer praktischen Umsetzung mit anderen Unternehmensbereichen, Rechnung zu tragen.

Die Kapitel sind deshalb in sich relativ autark gehalten, damit ein selektives Lesen problemlos ermöglicht wird.

1.2.2 Unterstützung und weitere Infos im Internet

Beim Schreiben dieses Werks haben wir nicht unterstellt, dass mit drei Fallbeispielen und den darin gemachten Basisvoraussetzungen eine komplette, allumfassende Beschreibung aller möglichen Netzwerkausprägungen realisierbar wäre. Wir möchten dem Leser über die Bücher hinaus die Möglichkeit zu weiteren Informationen geben und den gezielten Kontakt zu den Autoren anbieten.

Auf der Internetseite http://www.netzarchitektur.de können Sie unter der Rubrik „Akademie" einen individuellen, geschützten Bereich mit dem Passwort „netzarchitektur - 8341" weitere Informationen über Themen, welche die Bereiche Netzwerktechnik, Netzwerkplanung sowie Netzwerkorganisation betreffen, abrufen.

Diese Informationen sind bei der Anfrage eines unter Kapitel 11.9 abgelegten Fragebogens und dessen Beantwortung kostenfrei.

Sollte sich nach dieser Frageaktion ein weiterer Kontakt herstellen lassen, so ist dies für die Autoren und auch für den Leser von Vorteil. Kommt kein Kontakt zustande, weil der Leser die Zusatzinformationen als ausreichend erachtet, ist ebenfalls dem Autor wie dem Leser gedient.

1.3 Die Bedeutung eines Netzwerks im Unternehmen

Die strategische Bedeutung, die ein Entscheider seinem Unternehmensnetzwerk beimisst, beeinflusst seine Einstellung zu dessen Notwendigkeit. Es kommt deshalb darauf an, sein Bewusstsein über den Bedarf an funktionierenden Systemtechniken und der dazugehörigen Komponente Mensch zu sensibilisieren. Der Realisierer *muss* diesen Prozess sinnvoll unterstützen.

> **Standpunkt** Am besten wird das Netzwerk an seinem „Krankenstand" beschrieben. Fällt der „Patient" häufig aus, muss er etwas für seine Gesundheit tun und investieren!

Ähnlich wie im Buch *Netzarchitektur – Entscheidungshilfe für Ihre Investition* ist die Vorgehensweise im Netzwerkumfeld auch für den Realisierer zu gestalten. Die nachfolgend beschriebene Schnittstelle liefert Daten und Anhaltspunkte an den Entscheider zum jeweiligen Zeitpunkt zurück.

1.4 Die Schnittstelle zwischen Entscheider und Realisierer

Wichtig Wie häufig in der Praxis festgestellt, sprechen Entscheider und Realisierer nicht die gleiche Sprache. Dem Entscheider ist das technische Kauderwelsch nicht geläufig. Dem Realisierer sind die Ziele und Vorgaben häufig zu ungenau. Es sind deshalb Anstrengungen notwendig, eine gemeinsame Sprache zu erlernen bzw. zu benutzen. Deshalb wurde im Buch eine Schnittstelle zwischen Entscheider und Realisierer geschaffen, auf deren Basis eine effektive Zusammenarbeit stattfinden kann.

Um den Entscheider mit dem Netzwerkprojekt nicht über Gebühr zu belasten, werden Aufgaben an den Projektrealisierer delegiert. Diese Aufgaben werden vom Realisierer selbst oder vom speziell für das Projekt zusammengestellten Team entgegengenommen und abgearbeitet. Die gesammelten Ergebnisse dieser Arbeiten werden wiederum in einer vordefinierten Form an den Entscheider zurück gegeben. Wie in Abbildung 1.1 dargestellt, greift der Entscheider in nachfolgenden Punkten auf den Realisierer zu und erhält wiederum ein Feedback über geleistete Arbeiten und deren Ergebnisse. Dabei werden

- Strategie und Zielsetzung,
- Grobplanung,
- Feinplanung,
- Umsetzung

in einem zyklischen Verfahren betrachtet und abgearbeitet. Auf den entsprechenden Informationsgehalt gehen die nachfolgenden Unterkapitel detailliert ein.

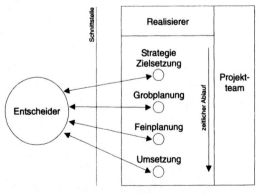

Abb. 1.1 Schnittstelle Entscheider – Projektrealisierer

1.4.1 Struktur der Schnittstelle, Sechs-Punkte-Plan

Die beste Form für das Austauschen von Informationen ist ein schriftliches Berichtswesen. Dabei werden nicht nur Informationen weitergegeben, sondern auch der Istzustand zum jeweiligen Zeitpunkt dokumentiert.

Ergänzend dazu werden in regelmäßigen Abständen Besprechungen oder Sitzungen durchgeführt, deren Ergebnisse dokumentiert werden sollten.

Die Schnittstelle selbst besteht einerseits aus dem im jeweiligen Status geforderten Anforderungsprofil an den Realisierer, andererseits führt die Erfüllung dieser Profile durch den Realisierer wiederum stetig zu weiteren, im Projekt notwendigen Anforderungen des Entscheiders.

Ein Realisierer kann mit dem Entscheider dabei gedanklich folgende Ansatzpunkte (nachfolgende Tabelle) abarbeiten.

Pos.	Fragestellung	Aktion	Ergebnis
1	Worum geht es?	Gedankliche Definition des Umfangs der Maßnahme „Unternehmensnetzwerk"	Grobdefinition der Maßnahmen
2	Wie hat sich das Netz in der Vergangenheit entwickelt?	Analyse der Historie	Grobe Darstellung des Istzustands
3	Wie passt das Netz der Vergangenheit in die heutige Zeit?	Darstellung der Anforderungen	Soll-Ist-Vergleich
4	Wo liegen die Risiken einer Status-Quo-Strategie und wo liegen die Chancen der Neukonzeption?	Auf der Basis der Anforderungsprofile werden die Leistungen des Sollkonzepts definiert	Profil der Vorteilhaftigkeit
5	Wie ist die Wirtschaftlichkeit der neuen Lösung?	Gegenüberstellung der Kosten und Leistungen	Betriebswirtschaftliche Entscheidungsbasis
6	Wann soll das neue Konzept greifen?	Ressourcenplanung für Zeit, Personal und Kosten	Initiierung des Projektstarts

Abb. 1.2 Sechs-Punkte-Programm Netzwerkstrategie

Nach der Erarbeitung einer Projektvision, inklusive unternehmerischer Zielsetzungen und Maßnahmen, ist es wichtig, im Rahmen einer Kalkulation des Netzwerks eine Kosten-/Nutzenanalyse anzufertigen. Dabei sollten sich die Berechnungen an den wesentlichen Elementen der Budgetierung, nämlich Investitionskosten, Zeit-, Ressourcen- und Personalmanagement ausrichten. Als Abschluss dieser Phase sollte eine Initialisierung stattfinden, die den Projektstart für das weitere Vorgehen zur Folge hat.

Zur weiteren Sensibilisierung sollte der Realisierer in Zusammenarbeit mit dem Entscheider mittels der Checklisten *Netzwerk Technik* sowie *Wirtschaftlichkeit* in den nachfolgenden Unterkapiteln 1.4.5 sowie 1.4.6 den eigenen Wissensstand ermitteln. Die 10 Punkte der jeweiligen Checkliste sind ein Querschnitt über technische und wirtschaftliche Fragen, die ein solches Netzwerk aufwirft.

Ein Realisierer unterstützt den Entscheider durch seine Detailvorbereitung. Er geht dabei wie folgt vor:

- Durch eine saubere Vorbereitung wird ein technisches Konzept in der Grobplanung erstellt.

- Die Grobplanung wird mit einer Kalkulation versehen, die zwar noch einen gewissen Grad der Ungenauigkeit besitzt, jedoch als komplette Größe Aussagekraft besitzt.

- Der Kostengröße wird eine Kostenersparnisgröße gegenübergestellt, die letztlich zu einer Wirtschaftlichkeitsverbesserung und einer Amortisation führt.

- Diese Daten werden in Form eines Berichts sowie einer Präsentation aussagekräftig darstellt. Die Aussagekraft beruht nicht primär auf technischen Features, sondern eher auf verständlichen betriebswirtschaftlichen Erklärungen.

1.4.2 Kommunikation und Marktausrichtung

Unternehmen haben nur dann Bestand, wenn sie sich an den Märkten erfolgreich ausrichten. In Verbindung mit der unternehmerischen Zielsetzung und dem technischen Fortschritt entsteht daraus, weil ein Netz permanent verändert wird, auch eine Managementaufgabe im täglichen Business.

In der heutigen Zeit sind Schlagworte wie

- Just in Time,
- Customer Relationship Management,
- Knowledge Management,
- Kunden- und Lieferantenbindung

in aller Munde.

Bei der Bewältigung dieser Aufgaben entstehen gewaltige Datenmengen, die mit modernen und leistungsfähigen Kommunikationssystemen gepflegt und verwaltet werden müssen. Durch die Sicherstellung der Leistungsfähigkeit des Netzwerks wird automatisch auch die Wettbewerbsfähigkeit des Unternehmens zu einem hohen Anteil gewährleistet.

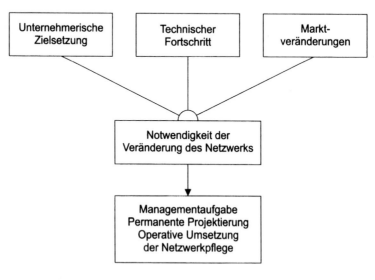

Abb. 1.3 Managementaufgabe

1.4.3 Sicherstellung der Dienste IT und Kommunikation

Das zunehmende Gewicht der Systemdienste im Gesamtumfeld des Unternehmens zwingt die Verantwortlichen, im Vorfeld eines möglichen Ausfalls präventiv zu agieren. Durch weitsichtige Planung und entsprechende personelle Ausgestaltung der verantwortlichen Stellen sind die Sprach- und Datendienste sicherzustellen.

Zu den technischen Gestaltungsmöglichkeiten gehören dabei vor allem die Berücksichtigung

- eines stabilen Unternehmensnetzwerks mit einer strukturierten Gebäudeverkabelung,
- einer der betrieblichen Unternehmenssoftware angepassten Hardwarestruktur der Server und Workstations,
- einer Datensicherheits- und Datenschutzfunktion im Netzwerk,
- einer leistungsfähigen Telekommunikationsanlage,
- eines Ausfallkonzepts und Prophylaxe durch redundante Systeme oder Ersatzteilkomponenten.

Zu den organisatorischen Gestaltungsmöglichkeiten gehören dabei vor allem die Berücksichtigung

- der Organisation im Unternehmensbereich IT und Kommunikation,
- der Organisation des gesamten Unternehmens in Fragen der Anpassung an die Unternehmenssoftware,
- eines passenden Outsourcingkonzepts in Fragen strategischer Lösungen durch Consulter und Berater,
- eines passenden Outsourcingkonzepts in Fragen operationaler Unterstützung durch Lieferanten bei der Unterstützung der Installation, Wartung und Reparatur der Netzwerkkomponenten,
- der Schulung des Managements bezüglich der strategischen Ausrichtung des Unternehmens,
- der Schulung der Mitarbeiter in Fragen der Anwendung und Umsetzung der Betriebsziele mit Hilfe des Werkzeugs Software und Hardware im Unternehmen.

1.4 Die Schnittstelle zwischen Entscheider und Realisierer

Recht

Basel II und das Unternehmensrating sind heute in aller Munde! Viele Entscheider sind sich nicht bewusst, dass sie bei Vernachlässigung der Aufgabe *adäquate und ausreichende Vernetzung* in der Haftung stehen. Dabei ist es unwesentlich, ob Mitarbeiter oder der Entscheider selbst den Schaden verursacht hat. Ebenfalls stehen die im Unternehmen für den IT-Bereich zuständigen Mitarbeiter in der Haftung, insofern sie nicht rechtzeitig und ausreichend die Entscheider über den Stand und die Qualität des Unternehmensnetzwerks unterrichtet haben. Diese Unterrichtung muss, damit sie entsprechend Geltung bekommt, in *schriftlicher* Form ausgeführt sein, was in der Praxis häufig viel zu selten geschieht.

1.4.4 Der Realisierer im Umfeld eines Unternehmensnetzwerks

Auch der Realisierer hat im täglichen Kerngeschäft seine zeitlich größte Belastung. Sein Interesse ist es deshalb, genau wie das Interesse des Entscheiders, seine Aufgaben schnell und optimierter zu lösen. Dies gilt für ihn und auch für seine Mitarbeiter. Deshalb muss es das Interesse des Realisierers sein, den Anwendern ein schnelles und stabiles Netzwerk zur Verfügung zu stellen.

Richtige Entscheidungen werden auf der Basis guter und richtiger Informationen getroffen. Die auf den IT-Systemen gepflegten Daten und die daraus resultierende Basis der Entscheidungsvorbereitung müssen sich deshalb auf einer stabilen Plattform befinden. Alle Mitarbeiter in allen Unternehmensbereichen müssen in Abhängigkeit von ihrer Aufgabenstellung auf diese Plattform Zugriff haben. Die Basis für diese Aufgabenerfüllung ist deshalb zwangsläufig das funktionierende Netzwerk.

Wichtig

Fakt ist, dass sich bei unzureichender Gestaltung der physikalischen Netzaufbauten gerade durch Netzausfälle, Instabilitäten und schlechte Performance die Produktivität der Mitarbeiter drastisch reduziert.

Die Gebäudeverkabelung oder alternative Medien sind die Basis jeglicher Kommunikation im Unternehmen. Darauf aufgesetzt sind die Werkzeuge Telekommunikation und Datenverarbeitung, als Komponenten die Hardware und das Betriebssystem. Auf diesen Systemen arbeiten die Mitarbeiter die operationalen Aufgaben des täglichen Unternehmensgeschehens mit Anwendersoftware ab.

Das System als Ganzes ist entscheidend. Fällt eine dieser Komponenten aus, ist das ganze System in sich lahm gelegt.

1.4.5 Checkliste Netzwerk für Entscheider – Technik

Die komplette Abwicklung von Aufträgen und Bestellungen wird über das Unternehmensnetzwerk operativ abgewickelt. Damit diese Abwicklungsprogramme einwandfrei funktionieren, muss der darunter angeordnete Aufbau stabil sein (siehe Abbildung 1.4).

Abb. 1.4   Statische Pyramide eines Unternehmensnetzwerks

Jedes Bauwerk ist so gut wie seine Statik. Deshalb ist es – in der Architektur wie in der Netzwerktechnik – entscheidend, dass das Fundament ausreichend stabil ausgelegt worden ist. Dies bedeutet: Zurück zum Anfang und die Hausaufgaben machen!

In Abbildung 1.5 sind zehn Fragen gestellt. Sie stellen die technischen Basisvoraussetzungen für die Gestaltung und Benutzung eines Unternehmensnetzwerks dar. Beantworten Sie deshalb einmal testweise für Ihr Unternehmen die Fragen anhand der Checkliste.

Die Beurteilungskriterien liegen auf einer Skala von 0 bis 10, wobei der Mittelwert einer Teilerfüllung gedanklich beim Wert +5 liegt. Sinn und Zweck dieser Checkliste ist die Überprüfung einer gesamten Leistungsfunktion von Netzwerken. Dabei liegt der Fokus auf den jeweiligen Diensten, welche die Mitarbeiter mit dem Unternehmensnetzwerk für die Zielerreichung von unternehmerischen Vorgaben erbringen.

Diese Aussagen werfen zehn grundsätzliche Fragen auf und bilden eine Querschnittsfunktion der technischen Basisvoraussetzungen für die Gestaltung und Benutzung eines vorteilhaften Unternehmensnetzwerks. Stellen Sie deshalb einmal kritisch und

1.4 Die Schnittstelle zwischen Entscheider und Realisierer

testweise die Aussagen für Ihr Unternehmen in Frage und bewerten Sie den Ist-Zustand (eventuell mit externer Hilfe).

In der Praxis wird man wohl eine Punktzahl von 100 nur schwierig erreichen können. Punktwerte zwischen 85 und 100 entsprechen einem sehr hohen Standard, Ergebnisse zwischen 60 und 85 Punkten einem doch schon reduzierten Leistungsspektrum. Bewertungsstufen unter 60 Punkten sind zwingend zu überarbeiten, da die Qualität der Systeme nicht mehr die Funktionalität und Effizienz von operativen Maßnahmen im Unternehmen gewährleisten.

Pos.	Fragestellung	Punkte 1 ... 10
1	Für Verkabelungen und Transportmedien für Sprache und Daten liegt ein Unternehmensstandard zugrunde, der flächendeckend zur Verfügung steht.	
2	Die Verkabelung ist skalierbar und sichert somit eine ausreichende Zuordnung von Bandbreite zum Bedarf des Anwenders.	
3	Durch Patchtechnik werden auch bei größeren Umzugsmaßnahmen keine sonderlichen Aufwendungen erforderlich.	
4	Die Verkabelungssysteme sind EMV-tauglich und schützen somit die Mitarbeiter vor schädlicher Strahlung.	
5	Die Systeme sind abhörsicher.	
6	Per Netzwerkmanagement werden die Netze zentral von einer Stelle aus administriert. Die Fehlerbearbeitung wird dadurch erleichtert, Engpässe im Netz werden erkannt und behoben.	
7	Für Sprache und Daten wird ein einheitliches Corporate Network verwendet.	
8	Die Systeme sind gegen das Eindringen von internen oder externen Unbefugten geschützt.	
9	Das System ist so performant, dass Anwender ihre Arbeit ohne Wartezeit ausführen können.	
10	Jeder Mitarbeiter ist ohne Medienbruch mit allen Servern verbunden.	
	Summe	

Abb. 1.5   Checkliste Netzwerktechnik

Tipp	Zu einem hohen Prozentsatz wird der Realisierer die Checkliste nicht selbst beantworten können. Nach der Prüfung, ob es im Unternehmen ausreichend Know-how gibt, sollte angedacht werden, ob im Projekt externe Hilfe notwendig ist oder nicht. Viele Realisierer machen den Fehler, sich zu überschätzen und auf neutrale, externe Hilfe zu verzichten. Allerdings hat das dann fatale Folgen, wenn im Projekt selbst zu Tage tritt, dass Kompetenz bei der Planung gefehlt hat.

1.4.6 Checkliste Netzwerk Wirtschaftlichkeit

Ein anderer Denkansatz ist nicht die technische Leistungsfähigkeit der Systeme, sondern deren wirtschaftlicher Einsatz. Beantworten Sie deshalb ebenfalls die in Abbildung 1.6 dargestellte Checkliste.

Wie in der Praxis festgestellt, ist die Beantwortung einer eher technisch orientierten Stückliste einfacher, da ein gewisses technisches Know-how in den IT- oder TK-Abteilungen vorhanden ist. Technische Sachverhalte, wie z. B. Häufigkeit und Dauer von Netzwerkausfällen, können überschlagsmäßig geschätzt werden. Die Quantifizierung der wirtschaftlichen Sachverhalte fällt erheblich schwerer.

Bei der Quantifizierung der Daten in der Wirtschaftlichkeitscheckliste hat man häufig nicht die Möglichkeit, die Sachlage in Abhängigkeit zu einer Netzwerkstruktur abzubilden.

Diese Aussagen werfen Fragen auf und bilden eine Querschnittsfunktion der wirtschaftlichen Basisvoraussetzungen für die Gestaltung und Benutzung eines vorteilhaften Unternehmensnetzwerks. Stellen Sie deshalb auch hier einmal kritisch und testweise für Ihr Unternehmen die Aussagen in Frage und bewerten Sie den Ist-Zustand (eventuell auch mit externer Hilfe).

Anmerkung	Im Buch wird unterstellt, dass durch die Nichtbeantwortung vieler Fragen aus den beiden Checklisten und durch aktuelle Anforderungen an das Unternehmen ein Netzwerkaudit mit einem externen Fachunternehmen durchgeführt wurde. Die im Buch abgeleiteten Fallbeispiele sind als Folge des Ergebnisses der Auditierung erforderlich geworden.

1.4 Die Schnittstelle zwischen Entscheider und Realisierer

Pos.	Fragestellung	Punkte 1 ... 10
1	Ist mit der Veränderung auf ein neues Netzwerk automatisch die Verbesserung der Wirtschaftlichkeit gewährleistet?	
2	Wo liegt das größte Potenzial der Maßnahmen?	
3	Wie kann diese Verbesserung im Unternehmen umgesetzt werden?	
4	Passen die Maßnahmen monetär wie zeitlich in das Konzept des Unternehmens?	
5	Sind die Ziele klar quantifizierbar?	
6	Machen sich die Maßnahmen in den Bereichen Material- und Informationsfluss direkt bemerkbar und wie können sie quantifiziert werden?	
7	Sind in der operationalen Umsetzung in Produktion und Materialwirtschaft Ressourcen schaffbar oder sind diese besser nutz- und einsetzbar?	
8	Wird durch ein perfektes Netzwerk Personal eingespart? In welchen Bereichen?	
9	Können durch diese Maßnahmen Durchlauf- und Reaktionszeiten gesenkt werden?	
10	Ist das Unternehmen dadurch an den Märkten einfach schlagkräftiger und wird das Netzwerk zum Erfolgsfaktor?	
	Summe	

Abb. 1.6   Checkliste Benchmark: Wirtschaftlichkeit für Entscheider

1.5 Theoretische Lösungswege einer Netzwerkprojektierung

Kann der Realisierer die Kommunikation im Unternehmen wirklich so beeinflussen, dass Wettbewerbsvorteile entstehen?

Ein Netzwerk aufzubauen kann auf verschiedene Art und Weise von statten gehen Die aus unserer Sicht möglichen, in der Praxis vielfach angewandten Lösungsansätze sind in der Abbildung 1.7 „Mögliche Vorgehensweise einer Vernetzungsplanung" dargestellt. Für nahezu alle Konstellationen gibt es drei Modelle, die Erfolg versprechen.

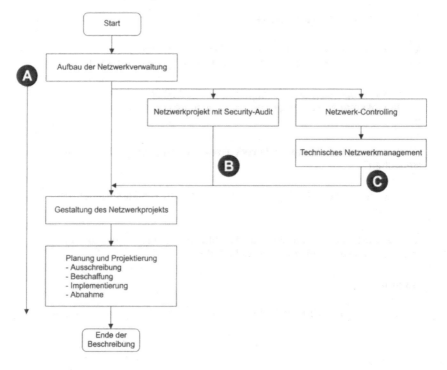

Abb. 1.7 Mögliche Vorgehensweise einer Vernetzungsplanung

Aufgabenstellung A: Hier wird das Projekt ohne Security Audit und ohne den Aspekt des Netzwerk-Controlling umgesetzt.

Aufgabenstellung B: In Verbindung mit A wird hier das Projekt mit Security-Audit realisiert.

Aufgabenstellung C: Hier wird entweder nur oder in Verbindung mit A und/oder B die Projektierung vorgenommen.

1.5 Theoretische Lösungswege einer Netzwerkprojektierung

Mischformen aus den drei Modellen sind sicherlich bei gewissen Konstellationen denkbar.

Konkret bedeutet dies:

- Ein erfolgreiches Projekt kann nur in Verbindung mit einer erfolgreichen Aufbau- und Ablauforganisation erreicht werden.

- Ist die Netzwerkverwaltung nur unzureichend aufgebaut, muss im Rahmen einer Auditierung dieses Thema aufgearbeitet werden. Dies ist allerdings in der Regel nicht der Zuständigkeitsbereich des Realisierers. Deshalb wurde dieses Thema im Buch in die hinteren Kapitel nach der Projektierung verschoben.

- In den meisten Unternehmen findet eine Netzwerkauditierung nicht statt. Dies bedeutet, dass nicht zyklisch untersucht wird, ob es sich um ein vorteilhaftes oder nicht vorteilhaftes Netzwerk handelt. Gleiches gilt für dessen Betreuung.

- Eine Projektierung ohne Netzwerkaudit ist nicht erfolgversprechend, weil es die Ganzheit des Themas in der Regel nicht berücksichtigt.

- Ein effektives Netzwerkcontrolling ist in den meisten Unternehmen ebenfalls nicht vorhanden, es liegt allerdings wohl auch eher nicht in der Verantwortung des Realisierers.

Anmerkung	Wie bereits beschrieben, lässt das Buch gerade ab Kapitel 2 einen differenzierten Durchlauf in der Abarbeitung von Aufgabenstellungen zu, wobei auch hier angemerkt ist, dass die gesamte Bearbeitung anhand des roten Fadens im Buch natürlich das Optimum darstellt.
Leitsatz für das Unternehmensnetz	Das Unternehmensnetz als Werkzeug für die Erledigung sämtlicher operativer Aufgaben darf nicht ausfallen. Die zunehmende Bedeutung eines stabilen und funktionierenden Sprach- und Datennetzes lässt sich am besten beschreiben, wenn man sich die Mühe macht, die Anzahl der Betriebsstunden hochzurechnen, die sämtliche Benutzer pro Tag/Woche/Monat das System für ihre täglichen operativen Arbeiten nutzen. Es macht gerade deshalb auch Sinn, die Zahl der Betriebsstunden, in der das Netz nicht zur Verfügung steht, auf ein Minimum zu reduzieren. Dazu dient eine funktionierende Netzwerkverwaltung.

1.6 Das konkrete Netzwerkprojekt

Schon wieder ein Projekt, für das ich keine Zeit habe?

Die Gestaltung eines Netzwerks ist auf Grund der Komplexität und der Wichtigkeit einer guten Realisierung meistens nur mittels eines gut organisierten Projekts zu bewältigen.

1.6.1 Die Zielsetzung des Projekts

Die Zielsetzung des Projekts stellt sich wie folgt dar:

- Übernahme und kritische Beurteilung der unternehmenspolitischen Vorgaben aus Buch 1 „Netzarchitektur – Entscheidungshilfe für Ihre Investition", daraus resultierend eine entsprechende Machbarkeitsanalyse,
- Ableitung der sich daraus ergebenden Eckpunkte und Maßnahmen zur planerischen und ablaufmäßigen Strukturierung der Budgets und der Ressourcen,
- Umsetzung der Planung in technische und betriebswirtschaftliche Konzepte,
- Implementierung der Netzwerke bis zur Abnahme der Systeme.

Dabei müssen die Erfordernisse im Vernetzungsprojekt geplant, gesteuert und die in der Folge beschriebenen Schritte beachtet werden.

1.6.2 Erfordernisse im Projekt

Für die komplexe Aufgabe einer Projektierung einer Gesamtvernetzung eines Unternehmens benötigt man, wie in Abbildung 1.8 skizziert, Zeit, Personal, betriebliche Ressourcen sowie Kapital für Investitionen und Folgekosten.

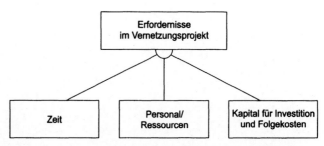

Abb. 1.8 Erfordernisse im Vernetzungsprojekt

1.6 Das konkrete Netzwerkprojekt

Das Projekt wird auf dieser Basis gestartet, die Ziele werden entsprechend verfeinert und entwickelte Anforderungsprofile in die weiterführenden Planungen integriert. Die Planung und Steuerung aller Erfordernisse ist die Hauptaufgabe des Projektleiters bzw. in der Folge des gesamten Projektteams.

1.6.3 Notwendigkeit der Veränderung des Netzwerks

Abbildung 1.9 stellt die Zusammenhänge zwischen unternehmerischer Zielsetzung, technischem Fortschritt und Marktveränderungen in Verbindung mit der Veränderung des Unternehmensnetzwerks dar.

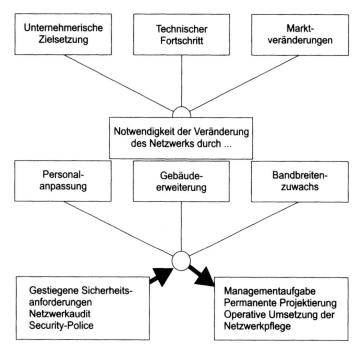

Abb. 1.9   Abbildung Managementaufgabe

Hinzu kommen stetig gesteigerte Sicherheitsansprüche, deren Anforderungen sich beispielsweise aus einem Netzwerkaudit ergeben können. Solche Entwicklungen sind ein weiterer Grund, die Veränderung des Netzwerks als Managementaufgabe zu sehen. Die Qualität der Umsetzung hängt stark von den Prioritäten, die das Management setzt, ab.

1.7 Grobplanung

Nach der Fertigstellung der Dokumentation der Netzwerk-Analyse wird als letzter Schritt der Strategie- und Zielfixierung von Seiten der Entscheider eine Projektinitialisierung für die Planung und Einführung veranlasst.

Es folgt die Grobplanung für das komplette Projekt. Der Realisierer hat nun die Arbeit, die Aufgabe in sich zu strukturieren. Abbildung 1.10 zeigt eine erste Grobstruktur.

Abb. 1.10   Grobplanung

Das Kostenmanagement benutzt als Ausgangsdaten die in Kapitel 5.5.5 geschätzten Beträge. Diese werden oft durch Einholung eines in etwa entsprechenden Angebots bei einem Anbieter nochmals konkretisiert.

Die Gestaltung des Zeitmanagements regelt im Zusammenhang mit einer zielgerichteten Maßnahmenplanung bis zur Implementierung des Netzwerks die erforderlichen Termine und die dafür erforderlichen Aktionen.

Bei der Gestaltung des Personalmanagements wird in Abhängigkeit von Zeitplan, technischem Know-how und den Ressourcen im Unternehmen eine differenzierte Aufgabenverteilung vorgenommen. Dieser Projektabschnitt regelt auch die Vergabe von Leistungen an interne oder externe Dienstleister bis ins Detail.

Mit der Beschreibung der Grobplanung inklusive Beschaffungsvorgang wird für die Fallbeispiele 1 bis 3 (Kapitel 2 bis 4) die theoretische Abwicklung eines Netzwerkprojekts dargestellt.

Ist ein Projekt initiiert worden, so wird ein Projektteam gebildet. Dem Aufbau und der Zusammensetzung dieses Teams kommt große Bedeutung zu, der Erfolg bei der Projektdurchführung wird so besser planbar.

Sollte bis dato das Projektteam noch nicht zusammengestellt worden sein, so ist es nun die erste Aufgabe des Realisierers, die personellen Aspekte im Projekt zu betrachten und für eine Entscheidung vorzubereiten.

1.7.1 Das Projektteam

Das Projektteam muss sowohl die technische Gestaltung der Netzwerkkonzeption als auch die internen organisatorischen Strukturen berücksichtigen. Dies bedeutet, dass Mitarbeiter aus allen Unternehmensbereichen einzubinden sind.

Genauso wichtig ist es, dass bei geringer technischer oder organisatorischer Kompetenz im Projektteam externe Fachkräfte eingebunden werden.

Als sehr wichtiger Aspekt muss die Einbindung der Entscheider in das Projektteam oder zumindest die Einbindung der Entscheider in das Berichtswesen gesehen werden. Dadurch hat das Projektteam im Unternehmen die erforderliche Rückendeckung und somit auch das notwendige Durchsetzungsvermögen.

Ein beispielhafter Aufbau ist in Abbildung 1.11 dargestellt.

Abb. 1.11   Aufbau Projektteam

1.7.2 Projektleiter

Dem Projektleiter kommt im Team die wichtigste Rolle zu. Bei der Auswahl der Person sind folgende persönliche Eigenschaften von großem Vorteil:

- Disziplin, Durchsetzungsvermögen,
- Kreativität,
- Gefühl für Zeit, Personal und Budget,
- Führungs-, Delegationsfähigkeit,
- Strukturiertes, analytisches Denken,
- Fähigkeit, aus vielen analytisch ermittelten Faktoren eine Synthese als Gesamtlösung zu bilden.

Der typische Projektleiter muss nicht unbedingt ein technischer Fachmann sein. Hat die Person technische Kenntnisse, so ist dies sicherlich von Vorteil. Viel wichtiger ist es allerdings, die Fähigkeit und die notwendige Integration aller Teammitglieder zu fördern und die Zeit-, Personal und Kostenstruktur des Projekts im Griff zu behalten. Das Aufgabenspektrum eines typischen Projektleiters kann wie folgt dargestellt werden:

- Projektsitzungen einberufen,
- Projektsitzungen leiten (evtl. gemeinsam mit Entscheider),
- Projektkoordination der Teilnehmer,
- zeitliche und räumliche Koordination der Sitzungen,
- Protokollführung oder deren Delegierung,
- Dokumentation und Publikation der Projektergebnisse,
- Kontrolle der Projektschritte im Projekt selbst,
- Festlegen der Abstimmungs-Algorithmen mit dem Entscheider,
- Trouble-Shooting.

1.7.3 Projektteammitglieder

> **Wichtig**
>
> Die Projektteammitglieder vertreten möglichst alle Unternehmensbereiche!
> In kleineren Betrieben könnte das Projektteam theoretisch auch aus einer Person bestehen, wobei dies ein glücklicher wie auch für das Unternehmen ein gefährlicher Umstand wäre. Die Abhängigkeit von dieser Person, die das erforderliche Know-how besäße, wäre ungeheuer groß.

In Abbildung 1.12 sind diejenigen Teilnehmer dargestellt, die in einem größeren Projekt beispielsweise vertreten sein sollten. Mit der Festlegung, wer in den Projektteams oder dem eventuell zu gestaltenden Unterprojektteam mitwirkt, ist gleichzeitig eine Ressourcen-Verfügbarkeit der einzelnen Teammitglieder zu prüfen und mit dem von der Projektleitung vorgegebenen Zeitraster abzustimmen.

Die mit * dargestellten Teilnehmer sind nur an der Bedarfsermittlung sowie der Umsetzung beteiligt. Die nicht mit * dargestellten Teilnehmer führen die Planung und Projektierung bis zur Installation des Netzwerks durch. Die Wichtigkeit, den Entscheider schon an der Bedarfsermittlung zu beteiligen, ist mit der Schriftgröße eindeutig dokumentiert. Der Entscheider wird ins Berichtswesen integriert und nimmt an den wichtigen Sitzungen aktiv teil. Kosten-, Zeit- und Personalaspekte können somit viel effizienter und schneller beraten und notwendige Entscheidungen umgehend getroffen werden.

Abb. 1.12   Projektteammitglieder

Im Projektteam sollten neben den rein technischen Mitarbeitern auch Mitarbeiter der Organisationsabteilung vertreten sein, insofern sie für die Gestaltung des Netzwerks im Unternehmen mitverantwortlich gemacht werden müssen.

Ebenfalls im Team sind die internen Dienstleister, die die IT-Netze, die strukturierte Verkabelung und die Telekommunikation im Unternehmen betreuen. Weiter sollten diejenigen Mitarbeiter in den Teams beteiligt werden, die als „Satelliten" die Dienstleister unterstützen (Benutzerservice). Dazu kommen Mitarbeiter aus den zentralen Diensten, die den/die Baukörper verwalten und betreuen.

Sollten Projektuntergruppen erforderlich sein, so gilt analog zur Gestaltung des Gesamtprojekts durch den Projektleiter die gleiche Vorgehensweise.

Die von den Entscheidern verabschiedeten unternehmerischen Ziele sowie die als Ergebnisse daraus abzuleitenden Strategien und Maßnahmen sind dem Projektteam uneingeschränkt zur Verfügung zu stellen. Von Vorteil ist auch die Weitergabe dieser Unterlagen an die jeweiligen Führungskräfte der betroffenen Abteilungen des Unternehmens.

Wichtig ist es weiterhin, die Projektteammitglieder schriftlich über deren Aufgaben und Kompetenzen zu informieren. Dazu gehört auch, dass die bereichsverantwortlichen Mitarbeiter über das Projekt und dessen Auswirkungen auf die Ablauforganisation rechtzeitig und umgehend, ebenfalls schriftlich, informiert werden.

Wichtig	Die Dokumentation und Kommunikation wird über den Entscheider oder den Projektleiter abgewickelt. Damit wird die Wichtigkeit des Projekts dokumentiert. Zudem ist der Entscheider stets informiert!

1.7.4 Externe Beratung

> **Fragestellung**
>
> Das Unternehmensnetzwerk ist grundsätzlich Chefsache! Eine Chefsache kann nicht delegiert werden, aber die Detailaufgaben einer Netzwerkplanung sehr wohl.
> Es stellen sich allerdings dringende Fragen:
> Wie kann ein Entscheider beurteilen, ob sein Netzwerk für das Unternehmen ausreicht, um seine betrieblichen Vorgänge so vorteilhaft abzuwickeln, dass Wettbewerbsvorteile entstehen?
> Kann er ohne Hilfe externer Know-how-Träger für sich und sein Unternehmen die Wettbewerbsvorteile erarbeiten?
> Hat der Realisierer ausreichend Know-how, um den Entscheider adäquat und umfassend beraten und ihn bei dieser Aufgabe unterstützen zu können?

In der heutigen Zeit wird die Kernkompetenz des Unternehmens in der Regel nicht in der Planung von Netzwerken liegen.

Aus Erfahrung sind gerade im Bereich passives und aktives Netzwerk nur Grundkenntnisse im Unternehmen vorhanden. Häufig werden in den Unternehmen nur der Benutzerservice sowie die Anwenderbetreuung vorgehalten. Ist man der Ansicht, dass in der Firma das nötige Know-how fehlt, um den Markt zu überblicken, so sollte auf externe Beratung zurückgegriffen werden. Lieber einmal zu viel als zu wenig!

Externe Beratung kann aus mehreren Gründen in einem Netzwerkprojekt erforderlich sein. In Abbildung 1.13 wird in Abhängigkeit zur Betriebsgröße oder einer damit verbundenen Größe des Netzwerks der entsprechende Bedarf dargestellt. Die drei Kurven ergeben sich aus den Abhängigkeiten technisches Know-how sowie externe Projektleitung in Verbindung mit der Komplexität des Projekts.

Die Kurve für die technische Aufgabenstellung bedeutet, dass bei geringer Betriebsgröße nur noch geringes Know-how vorhanden ist, um richtige Entscheidungen für die Planung eines Netzwerks zu treffen.

Der Bedarf einer externen Projektleitung ist ebenfalls, wie bei der rein technischen Aufgabenstellung, eher bei kleineren und mittelständischen Betrieben gegeben.

1 Die Projektorganisation

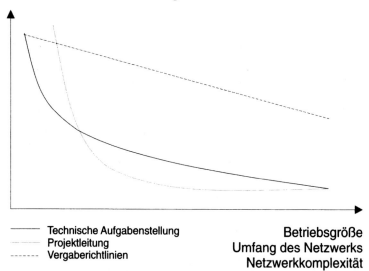

Abb. 1.13   Erfordernis externer Beratung

Grundsätzlich	Je kleiner das Unternehmen, um so größer der Bedarf an externem Know-how, da spezialisierte Experten meist fehlen. Von großem Vorteil ist gerade bei kleineren Unternehmen mit komplexen Netzwerkaufbauten und nicht vorhandenem Know-how die Integration eines externen Gesamtprojektleiters, der die Komponenten Technik wie auch Projektorganisation in sich vereint und das Projektteam führt und betreut.

Für eine stark nach Vergaberichtlinien orientierte Beschaffungsweise wie z. B. bei einer Baumaßnahme über Architekten oder der kommunalen Vergabe einer Netzwerkbeschaffung wird die Notwendigkeit eines Beraters nahezu unabhängig von der Größe der zu beschaffenden Leistung erforderlich. Dies hängt dann allerdings auch sehr von der genauen Einhaltung der Vergabevorschriften wie VOB und VOL ab (Vergaberichtlinien für Bauleistungen, Lieferungen).

1.7 Grobplanung

Anmerkung

Externe Berater können bei einer technischen Aufgabe hersteller- und lieferantenneutral sein – oder auch nicht! Legt man Wert auf Neutralität, so fallen Beratungskosten an. Eine Beratung durch Hersteller oder Lieferanten ist in der Regel „kostenlos". Allerdings bedarf es einigen Vertrauens, wenn man sich nicht neutral beraten lässt. Ein Lieferant will in der Regel verkaufen, nicht in erster Linie beraten. Er wird sich recht früh im Projekt auf Produkte, und nicht auf Leistungsmerkmale festlegen. Das Risiko einer Fehlinvestition ist bei komplexen Aufgabenstellungen deshalb sehr hoch. Die bei einer Beratung entstehenden Kosten sind in der Regel deshalb gut investiert.

Das Unternehmen sollte dabei beachten, dass der Bedarf des Kunden im Vordergrund steht und nicht der Vertrieb des Lieferanten. Gute neutrale Berater sparen durch Kenntnis der Märkte und Technologien, professionelle Ausschreibungen sowie Preisanfragen, Erfahrungen bei der Projektplanung, insbesondere auch bei der Beschaffung, die entstandenen Kosten wieder ein.

Sollte zu Komponentenherstellern oder Systemhäusern ein gutes geschäftliches Verhältnis bestehen, so kann man eine technische Lösung auch mit einem Fachingenieur dieser Lieferanten erreichen. Vielfach fällt dabei kein Honorar an, die Beratung geht allerdings meist nicht so in die Tiefe und erfordert bessere Detailkenntnisse im Unternehmen. Auch wird dabei häufig die technische Lösung vordefiniert und die Preisanfrage damit während der Beschaffung eventuell keinem offenen Wettbewerb ausgesetzt.

Fazit Projekt

Wenn ein *Realisierer* folgendes im Projekt beachtet, kann er gut schlafen und hat Zeit für sein Kerngeschäft:

- Schnittstelle zum Entscheider mitgestalten und diese ausleben
- Sich vom Entscheider Freiräume geben lassen
- Regelmäßig und konsequent das Team und die gesamte Arbeit einem gewissen ‚Controlling' unterziehen
- Projektteammitglieder sorgfältig auswählen und motivieren
- Fehlendes Know-how zukaufen
- Budgets, Kosten, Zeit und Personal konsequent dimensionieren und fortschreiben
- Nicht zu eng planen, Reserven mit einrechnen (Zeit, Personal, Kosten)

1   Die Projektorganisation

Der Realisierer sollte darauf hinwirken, dass der Entscheider folgendes im Projekt beachtet:

- Projektteammitglieder sorgfältig auswählen und motivieren
- Fehlendes Know-how zukaufen
- Mit Budgets, Kosten, Zeit und Personal nicht „herumknausern"
- Nicht zu eng planen, Reserven mit einrechnen (Zeit, Personal, Kosten)
- „Sich sehen lassen und dann aktiv mitwirken"

1.8 Das operative Projekt

Kann es nun endlich losgeben?!

Mit dem Projektteam gestaltet der Realisierer nun
- das Kostenmanagement
- das Zeitmanagement
- das Personalmanagement
- das Ressourcenmanagement

Abbildung 1.14 stellt die vier Arten des Projektmanagements dar.

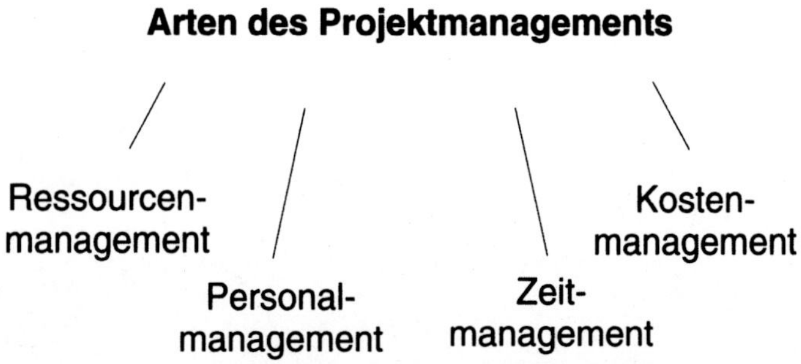

Arten des Projektmanagements

Ressourcen-management   Personal-management   Zeit-management   Kosten-management

Abb. 1.14   Arten des Projektmanagements

1.8.1 Gestaltung des Ressourcenmanagements

Die Gestaltung eines Netzwerks in einem Gebäude stellt auch Anforderungen an betriebliche Ressourcen, die nicht personalabhängig sind. Deshalb werden diese separat betrachtet. Bei der Projektdurchführung sollten dabei nachfolgende Aspekte bereits im Vorfeld beleuchtet werden:

- Veränderungen am Baukörper wie z. B.
    - durch neue oder zu erweiternde Verteilerräume,
    - durch Brandschutzvorschriften,
    - durch Sicherheitsaspekte,
    - durch Renovierungen.
- Planerische Hilfsmittel für das Projektteam wie z. B.
    - Hard- und Software für Projektmanagement,
    - Schulung und Weiterbildung,
    - Hilfsmittel für die Projektabwicklung (Plantafel),
    - Reservierung von Sitzungszimmern,
    - darstellungsunterstützende Apparaturen wie z. B. Beamer etc.
    - In Abhängigkeit des Projekts noch vieles mehr.

Die Ressourcenverwaltung ist von Unternehmen zu Unternehmen unterschiedlich und sehr vielschichtig, daher notwendigerweise individuell. Dieser Individualität wird Rechnung getragen, wenn die Rahmenbedingungen im Vorfeld unternehmensspezifisch erkannt und berücksichtigt werden.

1.8.2 Gestaltung des Personalmanagements

Es soll hier nicht der Eindruck entstehen, dass man durch Prioritäten nicht vieles erreichen kann, aber jede Zeitplanung ist nur so gut wie die Menschen, die sie umsetzen können.

Es gilt deshalb immer: Qualität geht vor Zeit!

1   Die Projektorganisation

> **Praxistipp** Entgegen der theoretischen Betrachtung, dass nach Zeitvorgaben das Personal die anzupassende Größe darstellt, tut man im operativen Projekt gut daran, die Zeitplanung nach vorhandenen Personalressourcen auszurichten und damit einen Kompromiss zu gestalten.

Während der Konzepterstellung sind vor allem die internen Dienstleister aus IT, TK und SV gefordert. In der Phase der Beschaffung ist der Einkauf mit eingespannt, bei der Installation sind es die Mitarbeiter der zentralen Dienste. Die Mitarbeiter sollten für diese Aufgaben in den geplanten Zeitfenstern Freiräume bekommen – oder man genehmigt Überstunden durch den Projektleiter oder einen Entscheider.

Externes Personal sollte je nach Leistungsumfang die Terminkoordination mit dem Projektleiter abstimmen, wenn es um Konzeptionen, die technische Beurteilung der Angebote sowie die Vergabe der Aufträge geht.

Als Tool für die Planung kann man in der Praxis MS Excel verwenden, siehe Abbildung 1.15. Bei der Gestaltung des Personalplans sollte nachfolgender Check Personalplan berücksichtigt worden sein:

- Wurden die aus der Zeitplanung definierten Kriterien tatsächlich dem Istzustand der Personalressourcen angepasst?
- Sind Kriterien bekannt, die auf Grund unternehmerischer Zielsetzungen die Verschiebung eines Zeitfensters sowie den damit verbundenen Ressourcen unmöglich machen?
- Wurde ein grober Zeitplan für die wichtigsten Teilprojekte erstellt?
- Wurde dieser Zeitplan an Urlaub, Feiertage und Ferien angepasst?
- Wurden bei kritischen Ressourcen für Mitarbeiter Überstunden oder Urlaubssperren in die Überlegungen mit einbezogen?
- Sind diese Festlegungen mit dem Betriebs- oder Personalrat abgestimmt?
- Besteht gemessen an den verfügbaren Ressourcen überhaupt eine Chance, das Projekt im vorgegebenen Zeitraum zu bewältigen?

1.8 Das operative Projekt

Personalplanung Vernetzungsprojekt Fallbeispiel 1										
Projektteil 1										
Erstellt von:_____										
Am:___/___/____				Kalenderwoche						
Pos.	Name	Abteilung	Aufgabe	23	24	25	26	27	28	29	30
1	Mustermann 1	Netzwerk	Layout erarbeiten	20	20						
2	Mustermann 2	Netzwerk	LV erstellen			40	40				
3	Musterfrau 3	Einkauf	Versand Ausschreibung				25				
4	Musterfrau 4	Einkauf	Lieferanten betreuen						5		
5	Mustermann 5	Projektleiter	Angebote sichten							20	20

Abb. 1.15   Personalplanung Vernetzungsprojekt

1 Die Projektorganisation

1.8.3 Gestaltung des Zeitmanagements

Das Zeitmanagement besteht, nach Abgleich mit den personellen Ressourcen, aus der Planung und dem Abgleich der Planzeiten mit den Istwerten. Der Projektleiter ist dafür zuständig und koordiniert alle erforderlichen Schritte.

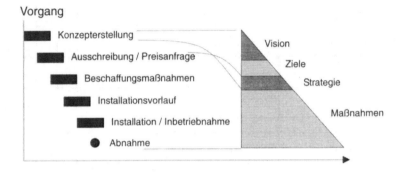

Abb. 1.16   Zeitmanagement

Unbedingt beachten	Projekte werden durch Menschen realisiert. Entsprechend hat der Realisierer im Rahmen seiner Kompetenz Sorge dafür zu tragen, dass das Personal die Aufgaben auch gemäß den Zeitplanungen umsetzen kann. Fehlende Projektressourcen führen zu Zeitverzug, qualitativ schlechter Arbeit im Projekt und Demotivation. Dadurch kann sich auch das Projekt in einem Zeitraster verschieben, das von vornherein betrieblichem Geschehen widerspricht. Dies kann nicht das Ziel des Entscheiders sein. Bei problematischen Situationen sucht ein guter Projektleiter deshalb auch den sofortigen Kontakt zum Entscheider!

Zwangsläufig sollten Projektabschnitte nicht in Phasen von Urlaub oder Jahreswechsel gelegt werden. Ebenfalls sollte man beachten, Außenarbeiten nicht im Winter durchzuführen, da Kälte für die Verlegung von Kabeln physikalische Probleme wie z. B. Kabelbruch der Glasfaser bereiten kann.

Praxistipp	Sollte die Konzepterstellung (Vision, Zielfixierung, Strategiedefinition) länger als 6 Monate dauern, so besteht die Gefahr, dass eine Planung durch den technischen Fortschritt nicht mehr auf dem neuesten Stand ist! Die Planung müsste überarbeitet oder eventuell neu erstellt werden.

1.8 Das operative Projekt

Zeitplanung Vernetzungsprojekt Fallbeispiel 1															
Projektteil 1															
Erstellt von:_____															
Am:___/___/____		Kalenderwoche													
Pos.:	Aufgabe	Abteilung	5	6	7	8	9	10	11	12	13	14	15	16	17
1	Layout erarbeiten	Netzwerk	x	x	x	x									
2	LV erstellen	Netzwerk					x	x	x						
3	Versand Ausschreibung	Einkauf								x					
4	Lieferanten betreuen	Einkauf										x	x	x	
5	Angebote sichten	Projektleiter													x	x

Abb. 1.17   Zeitplanung Vernetzungsprojekt

In Abbildung 1.17 ist ein Projektablauf beispielhaft dargestellt.

Die Kunst bei der Zeitplanung besteht darin, schon in der Planung einzelne Projektschritte realistisch abzuschätzen.

Werte aus der Praxis

Einige realistische Werte aus der Praxis:

- Konzepterstellung (Vision, Ziele, ...), physikalisches Layout, logisches Layout 3 bis 6 Monate
- Ausschreibung 4 Wochen (Anfrage 3 Wochen), Angebote auswerten 2 Wochen, Beschaffungsgespräche 3 Wochen, Vergabe (Bestellung) 1 Woche – somit insgesamt 3 bis 4 Monate

- Vorlauf Materialbeschaffung 3 bis 6 Wochen
- Installation je nach Größe des Netzwerks und Kapazität des Lieferanten mehrere Wochen bzw. Monate

Bis zur Installation des Netzwerks sind alle Maßnahmen von der Größe des Netzwerks relativ unabhängig, da die einzelnen Schritte des Netzkonzepts seine Gesamtheit betreffen.

Die Größe eines Netzwerks kann die Installation in einem Stufenkonzept erforderlich machen, wenn kapazitiv unbeeinflussbare Engpässe im Unternehmen selbst oder bei den Lieferanten entstehen. Als sinnvoll für jedes Projekt hat sich die Festlegung von Meilensteinen herausgebildet, welche die Eckpunkte der Zeitplanung darstellen.

Die Abnahme der Netzwerke erfolgt zeitnah nach Inbetriebnahme (inklusive Abgabe der Mess- und Dokumentationsdaten) oder nach spezieller Vereinbarung mit dem Lieferanten.

Als Werkzeug wird entweder ein Projektierungstool wie MS Project oder noch einfacher ein Standard-Tool wie MS Outlook oder Lotus Notes eingesetzt. Für kleinere Projekte genügt auch MS Excel.

1.8.4 Gestaltung des Kostenmanagements

Das Kostenmanagement besteht aus dem Abgleich der Plandaten mit den Istwerten einer überarbeiteten Kalkulation. Der Projektleiter ist dafür zuständig und koordiniert alle erforderlichen Schritte, insofern er das nicht an weitere Projektteammitglieder delegiert. Sinnvollerweise wird als Werkzeug ein standardisiertes Projektierungstool wie z. B. Microsoft Excel eingesetzt (Abbildung 1.18).

| Budgetplanung Vernetzungsprojekt Fallbeispiel 1 (alle Beträge in EUR) ||||||
| Projektteil 1 | | Erstellt von: _____ | Am: __/__/__ | | |
Pos.:	Kostenart	Budget-ansatz	Tatsächlicher Wert	Differenz	geprüft von	Maßnahme
1	Infrastruktur	30.000,00	20.000,00	- 10.000,00	EK	Keine
2	Verteilerschränke	4.000,00	4.500,00	500,00	EK	Keine
3	Datenkabel Tertiär	25.000,00	35.000,00	10.000,00	EK	Keine
4	Datenkabel Sekundär	8.000,00	9.500,00	1.500,00	EK	Keine
5	Anschlussdosen	12.000,00	15.000,00	3.000,00	EK	Keine
			Summe	5.000,00		im Budget

Abb. 1.18 Budgetplanung

1.8 Das operative Projekt

Bei erheblicher Abweichung von Plan- zu Istdaten wird im Projektteam unter Beisein des Entscheiders eine Korrektur vorgenommen und protokolliert.

Bei der Gestaltung des Kostenmanagements darf nicht außer Betracht gelassen werden, dass das Personal ein für die Projektierung notwendiges Potenzial an sonstigen Ressourcen wie z.B. ein Softwaretool für die Projektplanung benötigt. Diese Freigabe der Mittel sollte möglichst zu einem frühen Zeitpunkt stattfinden und in das Kostenmanagement mit aufgenommen werden.

Fazit Projekt — Haben Sie bei der Projektgestaltung etwas vergessen? In der Checkliste können Sie dies überprüfen (Abbildung 1.19).

Checkliste Projekt Fazit					
Pos.:	Wurden folgende Punkte bei der Projektierung beachtet?	nein	teilweise, noch nicht fertig	bis wann erledigt	ja
1	Umwandlung der Unternehmensvision in konkrete Ziele, die mit dem Projektteam erarbeitet werden können				
2	Freigabe des Entscheiders über die Projektverantwortung				
3	Gestaltung des Aufbaus der Projektgruppe(n) und Strukturierung der Aufgaben				
4	Zeitplanung				
5	Personal- und Ressourcenplan				
6	Roulierender Budget-/Kostenabgleich				
7	Berichtswesen zwischen Projektteam, Geschäftsleitung und Betriebsrat (Schnittstelle)				

Abb. 1.19 Checkliste Projekt Fazit

1.9 Feinplanung

Nach Verabschiedung der Grobplanung kann nun der Realisierer in die Feinplanung einsteigen. Wie in Abbildung 1.20 dargestellt, teilt sich dieser Projektabschnitt ein in

- die Planung des Systems,
- die Gestaltung der technischen Layouts (Kapitel 2 – 4),
- eine Ausschreibung oder Preisanfrage (Kapitel 7),
- die Beschaffungsorganisation (Kapitel 7).

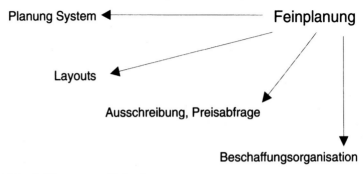

Abb. 1.20 Feinplanung

1.9.1 Planung der Systeme und Einrichtungen

Standpunkt: Wir geben neben unseren rein ingenieurmäßigen Tätigkeiten auch Seminare. Bei diesen Veranstaltungen haben wir festgestellt, dass die Systematik der Vorgehensweise am besten an Fallbeispielen darstellbar ist. In diesem Buch ist deshalb für die jeweils im Projekt beteiligten Mitarbeiter die Planung der Systeme an den drei Fallbeispielen technisch und organisatorisch dargestellt.

1.9.2 Grobe Definition des Netzwerks

Bevor man an die Planung der in die Gebäude einzubringenden Vernetzungssysteme denkt, ist eine für den Beschaffungsvorgang notwendige Grobspezifikation erforderlich. Diese teilt sich auf in:

- grobe Definition der Netzwerkstrukturen,
- die im Umfeld der Anwender auf dem Netzwerk zu betreibenden Anwendungen,
- die Definition der Netzwerkprotokolle und Betriebssysteme,
- den Migrationspfad der alten Lösung in eine neue Lösung bei Integration von Altlasten,
- die Ergebnisse der Security-Analyse.

1.9.3 Physikalisches Layout

Unter physikalischem Layout versteht man die Darstellung des physikalischen Aufbaus einer Vernetzung.

In Gebäudeplänen (Grundrisse und Schnitte) werden die erforderlichen Verkabelungskomponenten dargestellt und abgebildet (Abbildung 1.21). Die Abhängigkeit der Komponenten der Vernetzung sind damit mit dem Gebäude abgeglichen.

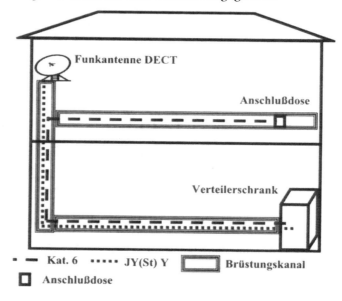

Abb. 1.21   Physikalisches Layout, Schnitt

Das physikalische Layout kann als Schnitt oder im Grundriss dargestellt sein. Bei sehr großen Räumlichkeiten können auch mehrere Layouts erforderlich werden.

In den drei Fallbeispielen wird die Vorgehensweise der Erstellung eines passiven Layouts in Kapitel 2 – 4 vertieft.

1 Die Projektorganisation

Vorgehensweise	Man unterteilt das oder die Gebäude in Abhängigkeit von physikalischen Eigenschaften wie z. B. maximale Länge der benutzten Kabel. Auf der Basis der physikalischen Gegebenheiten werden die Standorte für die Verteilerräume in den Gebäuden bestimmt. Weiterhin ergeben sich daraus wiederum die Trassen für Infrastruktur und Kabel sowie Anzahl und Anordnung der Anschlussdosen an den Arbeitsplätzen.

1.9.4 Logisches Layout

Unter einem logischen Layout versteht man die Darstellung aller Faktoren, die mit aktiven Komponenten und der Übertragung von Sprache und Daten zu tun haben. Es deckt die Gestaltung der Topologien, der Protokolle und der Komponenten ab.

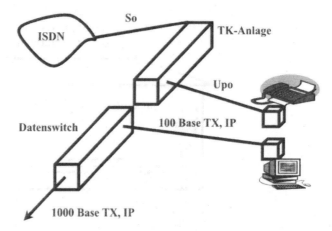

Abb. 1.22   Logisches Layout schematisch

Im logischen Layout ist, wie beim physikalischen Layout, eine Darstellung auf mehreren Grundrissen oder Schnitten möglich. Der Einfachheit halber ist es in diesem Beispiel gebäudeunabhängig gezeichnet (Abbildung 1.22). Das logische Layout beschreibt die Schnittstelle und die Protokolle, die auf den jeweiligen physikalischen Strukturen abgebildet werden. Es sind dies insbesondere die S_0-Schnittstelle vom ISDN zur TK-Anlage, die UP_0-Schnittstelle von der TK-Anlage an das Telefonendgerät, die Backboneschnittstelle 1000 Base TX mit IP-Protokoll vom Datenswitch zu weiteren Switchen, sowie die Schnittstelle vom Datenswitch zum IT-Endgerät 100 Base TX.

2 Fallbeispiel 1: Netzwerksanierung in einem Altbau

Die Zeit der „vereinigten Hüttenwerke" ist Vergangenheit!

2.1 Die Ausgangssituation und die Zielsetzungen

Wie Sie der Abbildung 2.1 entnehmen können, stehen auf dem Unternehmensgelände 1 zwei Standorte. Dabei handelt es sich sich auf dem Betriebsgelände um ein vorhandenes Gebäude (Altbau, Standort 1) sowie ein Neubau (Standort 3), der gerade erstellt wird.

Beim Unternehmensgelände 2 befindet sich nur ein Gebäude auf dem Gelände, das ebenfalls bereits besteht (Standort 3).

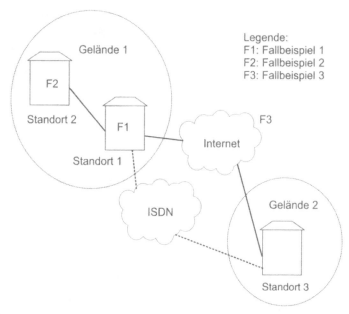

Abb. 2.1   Aufgabenstellung Gebäudevernetzung 1, 2, 3

Auf dem Gelände 1 sind somit die zwei Gebäude, auf dem Gelände 2 ist ein Gebäude in die Betrachtung mit einzubeziehen. Die drei Gebäude sind miteinander zu vernetzen.

2   Fallbeispiel 1: Netzwerksanierung in einem Altbau

Grundsätzlich	Bei der Gesamtvernetzung werden generell und unternehmensunabhängig die Regeln Any to any-Beziehung (jedes Mitglied des Netzes hat Kontakt zu jedem anderen Netzwerkteilnehmer) sowie Vermeidung von Medienbrüchen zu Grunde gelegt. Weitere Zielsetzungen sind unternehmensspezifisch und zwar in unternehmensübergreifender und auch in differenzierter Form pro Gebäude vorhanden. Diese werden nachfolgend beschrieben.

In der Folge sind die standortbezogenen Aufgabenstellungen differenziert als einzelne Abbildungen dargestellt.

Am Standort 1 Verwaltungsgebäude F1 sind drei Netzsegmente vorhanden, die als Inseln sehr unwirtschaftlich betrieben werden (Abbildung 2.2). Eine neue Gebäudeverkabelung steht deshalb in diesem Altbau an.

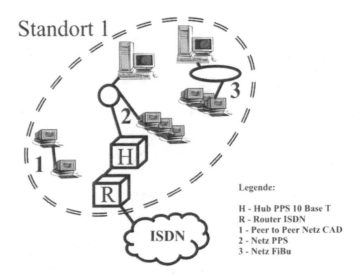

Abb. 2.2   Ausgangssituation Standort 1, Gelände 1

Der Standort 2 Fertigungsgebäude F2 wird neu gebaut (Abbildung 2.3). Es findet ein Umzug aus der alten Fertigungsstätte in die neue statt. Die Standorte 1 und 2 werden in diesem Zuge vernetzt.

2.1 Die Ausgangssituation und die Zielsetzungen

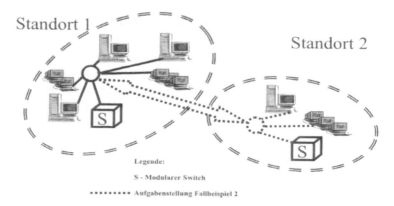

Abb. 2.3 Ausgangssituation Fallbeispiel 2, Gelände 1

Auch das Neubaugebäude wird in diesem Zuge verkabelt (Fallbeispiel 2, Kapitel 3).

Der außenliegende, auf dem Betriebsgelände 2 liegende Standort 3 wird im Fallbeispiel 3, Kapitel 4 über das Internet an Standort 1 angebunden. Die Anbindung ist in der Abbildung 2.4 dargestellt.

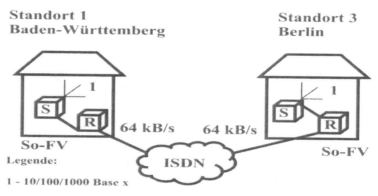

Abb. 2.4 Ausgangssituation Standortintegration Gelände 1 mit Gelände 2

2.2 Ausgangssituation Standort 1

Kaum ein Unternehmen wird es in der heutigen Zeit schaffen, alle Netzwerkprobleme auf einen Schlag zu lösen. Die *grüne Wiese* in Form eines Neubaus trifft man selten an. Gedanklich ist an dieser Stelle der Begriff *Vereinigte Hüttenwerke* genannt. Über eine lange Zeit sind gewachsene Netzwerkinfrastrukturen entstanden. Diese Systeme sind entweder als Inseln ausgeprägt oder in sich derart verfilzt, dass eine Entflechtung der Strukturen vorgenommen werden muss.

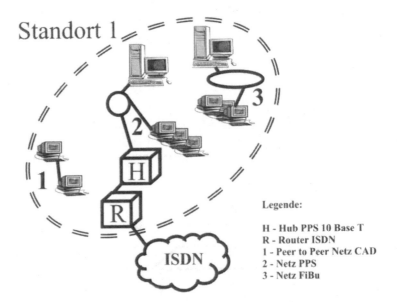

Abb. 2.5   Ausgangssituation

Fallbeispiel 1 hat den Schwerpunkt in der Gestaltung des LAN für ein repräsentatives Gebäude eines mittelständischen Betriebs, im Speziellen hier ein Verwaltungsgebäude.

Wie in Abbildung 2.5 zu erkennen, ist Netzwerksegment 1 eigentlich kein Netzwerk mit eindeutiger Serverarchitektur. Vielmehr ist jede Workstation auch gleichzeitig ein Server. Diese Architektur wird auch Peer-to-Peer-Netz genannt. Angestrebt werden die Integration in die beiden anderen Netzwerksegmente, die Ablage der Daten auf einem gemeinsamen Datenträger (Server CAD – Computer Aided Design – ein Server für alle Konstruktionsdaten) und damit die Verbesserung des Performanceverhaltens auf dem Netzwerk (durch eine schnellere Topologie).

2.2 Ausgangssituation Standort 1

Netzwerksegment 2 ist ein Client-Server-Netzwerk (ein oder mehrere Server bedienen sämtliche Workstations) mit einem zentralen Schaltgerät NetzwerkHub. Netzsegment 2 hat keine Netzwerkverbindung zu den Segmenten 1 und 3. Das Netz ist zu langsam und soll durch ein schnelleres ersetzt werden.

Netzsegment 3 am Standort 1 ist ein TokenRing-Segment mit sternförmiger Anschlussstruktur. An diesem TokenRing-Segment sind eine mittlere Datentechnik IBM sowie die Workstations mit einer IBM-Verkabelung angeschlossen. Eine Netzwerkverbindung dieses Netzwerksegments 3 zu den Segmenten 1 und 2 besteht nicht. Dieses Netzwerk ist ebenfalls langsam und wird durch ein neues ersetzt.

Unter Berücksichtigung des Ist-Zustands bringt folgender Ansatz erhebliche Vorteile:

- Alle Netzwerksegmente in ein planerisches Gesamtkonzept packen;
- Netzwerksegmente, die technisch oder wirtschaftlich nicht mehr vertretbar sind, ersetzen;
- Netzwerksegmente, die zwar nicht mehr auf dem neuesten Stand der Technik sind, den Anforderungen aber noch genügen, im Sinne eines Migrationskonzepts integrieren (Workstations);
- Sicherstellen, dass das integrierte Netz mit anderen Netzwerken auf dem Campus oder im Internet nach dem Prinzip der Any to Any-Beziehung vernetzbar bleibt;
- Unternehmensübergreifende Nutzung von Ressourcen wie z. B. Farblaserdrucker, Scanner, etc.

2.3 Zielsetzung, Sollkonzept Standort 1

Die drei Netzwerksegmente sollen aus technischer Sicht in unserem Netzwerkprojekt miteinander in Verbindung gebracht werden. Für Netzwerksegment 1 wird ein neuer Server installiert. In Netzwerksegment 2 wird die Netzwerkkarte des Servers getauscht. Die 10/100 Base TX Netzwerkkarten der Workstations können weiter verwendet werden. In Netzwerksegment 3 wird die mittlere Datentechnikmaschine gegen ein Client-Server-System ausgetauscht, für das neue PCs angeschafft werden müssen. Eine zentrale aktive Komponente wird für alle drei Netzwerksegmente erforderlich.

Die Vorteile

Die Vorteile der Integration der drei Netzwerke sind:

- einheitliche Benutzeroberfläche für alle Mitarbeiter und Administratoren,
- standort- und unternehmensübergreifendes Netzwerkmanagement,
- Integration von Workflow und Bürokommunikationsdiensten in allen drei Standortbereichen,
- Standardisierung und Vereinfachung der Ersatzteilhaltung im Rahmen der Systemadministration,
- Ressourcenoptimierung.

Festlegung Es wird davon ausgegangen, dass sämtliche Protokollstrukturen, die im kompletten Netzwerk vorkommen, auf IP-Basis implementiert werden. Eine Multiprotokollwelt der IT-Systeme, wie beim Istzustand, entfällt somit ersatzlos.

Zentrales aktives Schaltelement der Verbindung der drei Netzwerke ist ein modularer Switch, der im Projekt nachfolgend beschrieben wird. Der momentan vorhandene Router, der die Verbindung des Netzwerks ins ISDN darstellt, entfällt später ersatzlos. In Kapitel 4 werden die Komponenten beschrieben, die mit der Außenwelt des Standorts 2 in Verbindung stehen:

- der Router, der für den Anschluss des Netzwerks am Standort 3 vorgesehen ist,
- die dazu erforderlichen Schutzmechanismen hinsichtlich Firewall und Sicherheit.

In der folgenden Abbildung 2.6 ist das Sollkonzept der Vernetzung am Standort 1 grafisch dargestellt.

2.3 Zielsetzung, Sollkonzept Standort 1

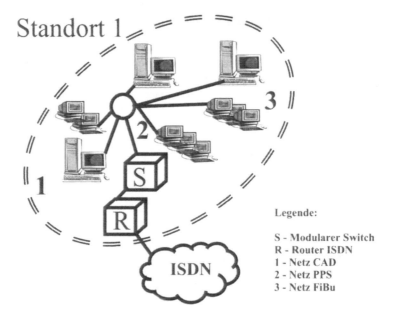

Legende:

S - Modularer Switch
R - Router ISDN
1 - Netz CAD
2 - Netz PPS
3 - Netz FiBu

Abb. 2.6   Sollkonzept Vernetzung Standort 1

Das Inhouse-LAN basiert auf einer strukturierten sternförmigen Gebäudeverkabelung, die mit einem Kreis dargestellt ist. An diesen Kreis (Verteilerräume, Verteilerschränke) werden die jeweiligen Server sowie die Workstations für alle Subnetze angeschlossen. Somit ist die in den Zielsetzungen geforderte einheitliche Benutzeroberfläche physikalisch wie logisch geschaffen.

2.4 Netzwerkauditierung Fallbeispiel 1

Beim Vorgang der Gebäudeauditierung ist eine Ergebnisliste ermittelt worden, welche die Risiken des Istzustands definiert. Als Schwachpunkte bei der Auditierung eines LAN–Netzwerks am Standort ergaben sich nachfolgende Aspekte:

- Es besteht keine Any to Any-Beziehung, die Benutzer können keine zentralen Ressourcen benutzen.

- Da die drei Netzsegmente nicht miteinander verbunden sind, gibt es erhebliche Nachteile bei der Gestaltung einer durchgängigen Benutzer- und Softwarestruktur. Dies führt zu hohen Kosten beim Austausch von systemübergreifenden Daten.

- Da zwischen den drei Netzwerken keine Verbindung besteht, entstehen bei Administration und Benutzerservice sehr hohe Aufwände, da weder Hard- noch Software, Protokollebenen und aktive Komponenten einheitlich sind. Die Verwaltung dieser einzelnen Netzwerkelemente ist umständlich, erfordert viel Zeit und verursacht hohe Kosten.

- Der Sicherheits- und Firewallstandard des Ist-Konzepts, mit dem ISDN-Router als Zugang für Internet und eMail und ohne Schutzmechanismen entspricht nicht den unternehmerischen Sicherheitsvorgaben hinsichtlich der Gefahren der Internet-Nutzung.

- Das Datensicherungskonzept erfordert auf Grund der drei getrennten Welten drei verschiedene Datensicherheitssysteme, die wiederum für Administration und Verwaltung aufwändig zu bedienen sind und hohe Kosten für Hard- und Software verursachen.

2.5 Neues Inhouse-LAN, die Lösung

Bei der Gestaltung des Netzwerks werden in der Folge die notwendigen Schritte abgearbeitet:

- Erstellung physikalisches Layout,
- Erstellung logisches Layout,
- Daraus Ableitung der einzelnen technischen Anforderungen für die Komponenten.

Dabei ist die angegebene Reihenfolge für die Strukturierung in der Praxis vorteilhaft.

2.6 Primär-, Sekundär- und Tertiärverkabelung (Exkurs)

Diese technischen Anforderungen wiederum werden in das Pflichtenheft, das Leistungsverzeichnis und einen Fragenkatalog gebündelt eingebracht. Eine vorteilhafte Gestaltung einzelner Projektschritte ist in der folgenden Abbildung dargestellt.

Abb. 2.7 Projektschritte

2.6 Primär-, Sekundär- und Tertiärverkabelung (Exkurs)

Exkurs Theorie Eine universelle strukturierte Gebäudeverkabelung teilt sich in die Bereiche Primär-, Sekundär- und Tertiärbereich. Diese drei Bereiche sind in Abbildung 2.8 dargestellt.

Der Primärbereich beschreibt die Verbindung von Gebäuden, der Sekundärbereich die Verbindung von Verteilern in einem Gebäude und der Tertiärbereich die Verbindung eines Verteilers zum Benutzerarbeitsplatz.

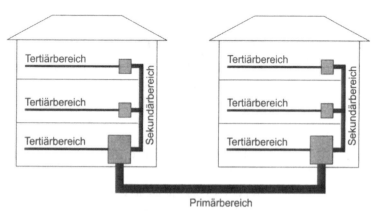

Abb. 2.8 Primär-, Sekundär-, Tertiärbereich einer Gebäudeverkabelung

> **Wichtig**
>
> Würde man, wie im Fallbeispiel 1 Istzustand versuchen, die einzelnen Bereiche der Vernetzung mit den unterschiedlichen Topologien zu kombinieren, erhielte man zwangsläufig eine Vielzahl an Kombinationsmöglichkeiten und somit auch Lösungsansätzen.
> Es wird dabei klar, dass es verschiedene, miteinander verbundene Topologien im Netzwerk geben könnte. Dies führt allerdings in der Regel zu suboptimalen und teuren Lösungen, wenn diese Einzelsegmente verbunden würden.
> Viel besser dagegen ist eine einheitliche Plattform der Topologien.

Dabei ist die Primär- und Sekundärverkabelung der sogenannte Backbone, das Rückgrat des Netzwerks. Die Tertiärverkabelung gestaltet den Anschluss der Anwender an die jeweiligen Verteiler des Backbones.

Beim Design von Netzwerken kommt es darauf an, die einzelnen Bereiche der Systeme gut zu skalieren und daraus mit Kreativität folgende Kriterien zu erreichen:

- Ausfallsicherheit,
- hohe Datenraten,
- Redundanzkonzepte,
- hohe Flexibilität,
- Senkung von Betriebskosten,
- Minimierung von Kosten bei der Fehlersuche,
- Reduzierung von Netzausfall.

2.6.1 Die Primärverkabelung

Die Primärverkabelung, auch Campus- oder Arealverkabelung genannt, stellt die Verbindung zwischen einzelnen Gebäuden dar. Den Endpunkt der Verbindungskabel bildet ein Verteiler im jeweiligen Gebäude.

Für diese Verbindungsleitungen werden für die Daten Kabel in Lichtwellenleitertechnik, für die Sprache Telefon- oder Lichtwellenleiterkabel eingesetzt.

Mit den Lichtwellenleitern erreicht man eine galvanische Trennung von Gebäuden. Sie sind gegen elektromagnetische wie elektrostatische Störungen resistent, übertragen hohe Datenraten und sind weitgehend abhörsicher. Die symmetrischen Telefonkabel sind für

2.6 Primär-, Sekundär- und Tertiärverkabelung (Exkurs)

Anwendungen mit wenig Bandbreite im Bereich der Telekommunikation einsetzbar (Achtung, Spannungsverschleppungen zwischen Gebäuden sind auf den geschirmten Kabeln möglich).

2.6.2 Die Sekundärverkabelung

Der Sekundärbereich, auch Steigzonenbereich genannt, ist derjenige Bereich, der in größeren Gebäuden den/die Gebäudehauptverteiler mit einzelnen Stockwerksverteilern verbindet. Der Endpunkt der Verbindungskabel ist der Gebäude- bzw. Stockwerksverteiler. Diese Verbindungsleitungen werden für die Daten in Lichtwellenleiter, für die Sprache in Telefonkabel abgebildet.

Die Begründung für die Auswahl der jeweiligen Komponenten entspricht den Kriterien des Primärbereichs.

2.6.3 Die Tertiärverkabelung

Unter Tertiärbereich versteht man die Strecke zwischen dem Etagenverteiler und der Netzwerkkarte des Rechners oder des Telefon-Endgeräts. Als Übertragungsmedien für die tertiäre Verkabelung werden symmetrische 8-adrige Kupferkabel eingesetzt, die sternförmig und am Arbeitsplatz bedarfsgerecht, flächendeckend, sternförmig verlegt werden. Als Alternative können auch hier Lichtwellenleiter für die Datentechnik Verwendung finden. Die Telekommunikationsverkabelung im Tertiärbereich ist momentan nur mit Kupferkabeln wirtschaftlich möglich.

Die Normen empfehlen, pro Stockwerksverteiler eine maximale Anschlussdichte von 500 Anschlüssen sowie eine maximale Stockwerksfläche von 1.000 Quadratmetern nicht zu übersteigen.

> **Wichtig** Ziel einer strukturierten Verkabelung ist es dabei, die Tertiärverkabelung dienstneutral und damit topologieunabhängig zu machen. Das geht nur mit einem sternförmigen Aufbau.

2.7 Layouts Fallbeispiel 1

Unter Layout ist die gedankliche Aufgliederung und Darstellung von Gebäudeeinheiten in Verbindung mit dem Anforderungsprofil des Netzwerks zu verstehen. Dazu verwendet man Grundriss- und Schnittpläne und bringt die entsprechenden Anforderungsprofile in diese Einheiten ein. Beispielhaft zu erwähnen wäre der Bedarf, den ein Mitarbeiter an seinem Arbeitsplatz in Verbindung mit dem Raumplan und seinem Aufgabenspektrum verursacht. Für die Verkabelung wäre dies die Anzahl der Anschlussports oder Anschlussdosen, die Menge an Kabel und Kabelkanälen, usw.. Die Summe all dieser Grundrisse und Schnitte stellt somit nach Beendigung der Planung eine Dokumentation dar, die dem Layout entspricht.

Praxistipp	Bei der Erstellung der Layouts teilt man die Komponenten eines Netzwerks gedanklich in einen aktiven und in einen passiven Bereich auf.

Die Struktur im Kapitel ist im passiven Bereich so beschrieben, wie es in der Praxis im Ablauf von Vorteil ist. Man beginnt mit dem Verteilerraum und den Schaltschränken, plant danach die Verkabelungs-Infrastruktur, um die Basis für das Einbringen von passiven Komponenten zu erhalten. Die Sprach- und Datenkabel sowie die Anschlusstechnik werden danach in diese planerisch bereits bestehenden Systemelemente eingebracht. Als Abschluss der Planung dient die Vorbereitung einer ordentlichen Messung und einer vollständigen Dokumentation sämtlicher Netzwerkkomponenten.

Ähnlich wie beim passiven Layout wird auch beim aktiven Layout schrittweise vorgegangen. Es werden die LAN-, danach die WAN-Komponenten und am Ende der Support und die Wartung für die elektronischen Schaltelemente durchgearbeitet.

Anmerkung	Die vorgestellte Lösung ist ein planerisches Optimum, das in der Praxis bereits erfolgreich realisiert ist. Die Schritte, welche seitens des Unternehmens zu einer solchen Lösung geführt haben, werden jeweils bei den nachfolgenden Unterkapiteln für jede Komponente erläutert und dargestellt.

2.7.1 Gebäudeunterteilung Fallbeispiel 1

Das komplette Verwaltungsgebäude ist in drei Geschosse (Keller, Erd- und Obergeschoss) unterteilt. Für jede Etage liegt ein Grundriss vor, der den jeweiligen Tertiärbereich sowie die Zuführung des Sekundärbereichs aufnimmt. Weiterhin wird das Gebäude in die Vertikalkomponente Gesamtschnitt unterteilt. Der Schnitt deckt die Steigbereiche aller Verkabelungsbereiche ab.

2.7.2 Keller

Im Keller befindet sich der zentrale EDV-Raum für das gesamte Unternehmen. Der EDV-Raum dient weiterhin als zentrale Einheit für den Standort 1. Da die bisher dezentral platzierten Server des Verwaltungsnetzes sowie des PPS-Netzes auch in dem zentralen EDV-Raum untergebracht werden sollen, ist eine Erweiterung der bisherigen EDV um zwei Schaltschränke erforderlich. Zusätzlich wird für den Bereich CAD-Netzwerk ebenfalls ein Server in die Schaltschränke eingebaut. Angenommen wird, dass der Platz für diese Erweiterung ausreicht.

Die Verkabelungsinfrastruktur lässt sich somit auch über die Nutzungsdauer von einzelnen Kabelsystemen hinaus immer wieder reproduzieren. Man kann in diese Strukturen später andere Verkabelungssysteme implementieren.

In Abbildung 2.9 sind vier Deckendurchbrüche als Kernbohrung D dargestellt. Diese sind die Basis für die vertikale Kabelverlegung in das Erd- bzw. Obergeschoss.

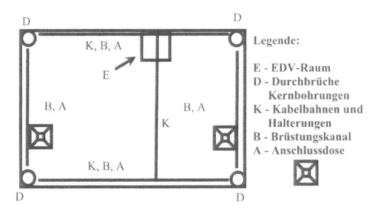

Abb. 2.9   Grundriss Kellergeschoss

Praxistipp	Kernbohrungen sind gegenüber sonstigen Durchbrüchen von Vorteil, da sie durch die Schneidetechnik mit Diamantfräsen die Gebäudestruktur am wenigsten angreifen. Die Technik benötigt Kühlwasser für den Fräsvorgang und verursacht in der Regel wenig Staub. Die darunter liegenden Baukörper sind gegen Kühlwasser entsprechend zu schützen. Die Arbeiten sollte ein spezialisierter Fachbetrieb ausführen.

Die mit K bezeichneten Kabelbahnen gehen zentral vom EDV-Raum an die vier Durchbrüche.

Die Infrastruktur aus Kabelbahnen wird im Kellergeschoss durch Brüstungskanäle für die Tertiärverkabelung ergänzt. Die Kabelbahnen dienen somit der Versorgung des Erd- und Obergeschosses sowie der Brüstungskanäle des Kellers. Die mit A bezeichneten Anschlussdosen für die multifunktionalen Arbeitsplätze sind beispielhaft an die jeweiligen Brüstungskanäle (pro Geschoss) dargestellt. Aus der Anzahl der Dosen wird das Mengengerüst sowohl für das Leistungsverzeichnis wie für die weitere Gestaltung aller passiven und aktiven Komponenten abgeleitet.

Sehr wichtig	Um sämtliche, zu einem späteren Zeitpunkt wie heute entwickelten Topologieformen optimal in allen drei Verkabelungsbereichen (primär, sekundär, tertiär) einsetzen zu können, wird im Fallbeispiel 1 eine Infrastruktur aufgebaut, die sowohl ring-, stern- als auch baumförmige Vernetzungen zulässt. Durch die Art und Weise der Anordnung der Durchbrüche und der Verkabelungsinfrastruktur kann so in jedem Gebäudeteil durch entsprechende Kabelverlegung jegliche Topologieform erzielt werden.

2.7.3 Erdgeschoss

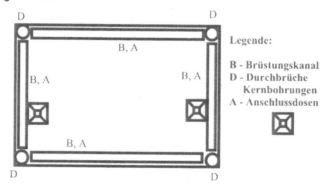

Abb. 2.10   Grundriss Erdgeschoss

In Abbildung 2.10, Grundriss Erdgeschoss, ist die Infrastruktur für die Aufnahme der Kabel- bzw. Anschlusstechnik dargestellt. Die Verlegung des kompletten Systems erfolgt in Brüstungskanälen.

Die vom Durchbruch des Kellergeschosses zur Decke des Erdgeschosses verlaufende Kabelzuführung für das Obergeschoss ist aus dekorativen Zwecken ebenfalls als Brüstungskanal ausgelegt. Auch hier ist durch den Aufbau der Kabelkanäle und Durchbrüche eine durchgängige Abbildung sämtlicher erforderlichen Topologiearten in den drei Verkabelungsbereichen ermöglicht.

2.7.4 Obergeschoss

Wie beim Erdgeschoss liegt hier ebenfalls eine Infrastruktur im Brüstungskanal vor. Die Vertikalverkabelung im Steigbereich endet auf der Höhe des horizontalen Brüstungskanals (siehe Abbildung 2.11).

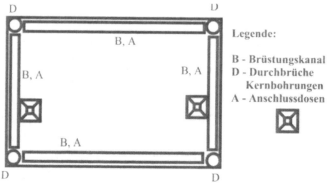

Abb. 2.11   Querschnitt Obergeschoss

2 Fallbeispiel 1: Netzwerksanierung in einem Altbau

Auch hier ist durch den Aufbau der Kabelkanäle und Durchbrüche eine durchgängige Abbildung sämtlicher erforderlichen Topologiearten in den drei Verkabelungsbereichen ermöglicht.

2.7.5 Vertikalschnitt des Gebäudes

Abbildung 2.12 stellt die Verkabelung nicht von oben, sondern von der Seite dar.

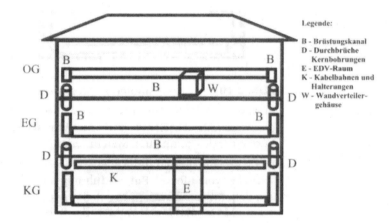

Abb. 2.12   Vertikalschnitt Verwaltungsgebäude

Die infrastrukturellen Aufnahmeeinheiten der vorhergehenden Grundrisse sind nun geschossübergreifend abgebildet. Auch hier erkennt man im Vertikalbereich ebenfalls deutlich eine ringförmige Infrastruktur, die allen späteren Möglichkeiten offen steht.

2.7.6 Physikalisches Layout Gebäude Kabel

In Abbildung 2.13 ist die Leitungsführung vom Hauptverteiler im Keller zum Wandverteilergehäuse im OG sowie auch die Verteilung von den Verteilereinheiten zu den Endgeräten dargestellt. Vom Hauptverteiler Keller ist ein mehrfasriges Lichtwellenleiterkabel zum Wandverteilergehäuse im OG angedacht. Das Wandverteilergehäuse im Obergeschoss gilt gleichzeitig als Übergabe- oder Patchpunkt für die im Bereich CAD benötigten Lichtwellenleiterkabel. Der Grund für eine solche Verkabelungsform:

- Das CAD-Netz erbringt sehr große Datenmengen, diese liegen auf den neuen Servern im Keller.

- Das normale Netz soll mit diesen Daten nicht belastet werden.

- Alle CAD-Plätze sollen deshalb hoch performant über den Zentralswitch geführt sein. Ein 2. Switch im OG für den Bereich CAD erübrigt sich damit.
- Durch die Länge der Strecke vom Switch bis zur Datendose kommt nur Glasfaser in Betracht.

Von den jeweiligen Verteilern im Keller und im Obergeschoss gehen darüber hinaus sternförmig Kupferkabel Kategorie 6 Class E zu den multifunktionalen Arbeitsplätzen. Das Gehäuse im OG wird erforderlich, weil die Länge der Leitung vom Keller ins OG mehr als 90 Meter beträgt.

Die Telekommunikationsverkabelung zwischen dem Hauptverteiler Keller und dem Wandverteilergehäuse im OG ist über mehradrige Telefonkabel gestaltet. Diese werden auf Verteilerfelder Kategorie 3 in den Wandverteilergehäusen sowie im Hauptverteiler aufgelegt und mit Patchkabeln Kategorie 3 durchrangiert.

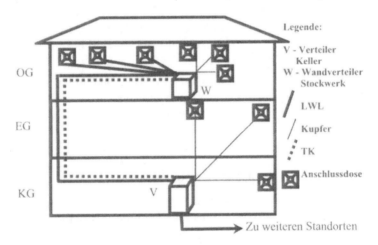

Abb. 2.13   Physikalisches Layout Gebäude Kabel

2.7.7 Logisches Layout Gebäude Topologie

Wie in Abbildung 2.14 dargestellt, wird die zentrale aktive Komponente, die sich im Hauptverteiler im Keller befindet, mit den Etagenkomponenten im Obergeschoss über Gigabit-Ethernet 1000 Base SX angebunden. Gleiches gilt für die Anbindung der CAD-Arbeitsplätze im Bereich der Konstruktion, die über den Etagenverteiler LWL-seitig gepatcht ist.

2 Fallbeispiel 1: Netzwerksanierung in einem Altbau

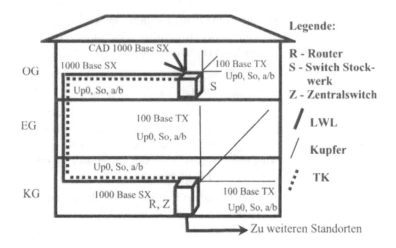

Abb. 2.14 Logisches Layout Gebäude Topologie

Die Anbindung der sonstigen IT-Arbeitsplätze im Tertiärbereich durch den Zentralswitch bzw. die Etagenswitche wird mit Fast-Ethernet 100 Base TX vorgenommen.

Für den Anschluss der Telekommunikationsendgeräte werden die für Telefonanlagen üblichen Schnittstellen Up_0, S_0 oder a/b verwendet. Die Verschaltung im Verteiler des Obergeschosses findet nur physikalisch statt. Die Telefonanlage befindet sich, wie die IT-Server, ebenfalls in einem der 19"-Schaltschränke im Keller.

2.7.8 Logisches Layout Hardware

In Abbildung 2.15 sind die aktiven Hardwarekomponenten für die Topologieverschaltung schematisch für die Datentechnik dargestellt. Gleiches gilt natürlich in ähnlicher Form auch für die Komponenten der Telekommunikation, ist aber in diesem Fall nicht erforderlich. Die TK-Anlage ist die aktive Komponente.

Die aktive Komponente für die Datentechnik im Keller verfügt über n x Anschlussports Giga-Ethernet zum Anschluss des Stockwerksverteilers sowie der CAD-Arbeitsplätze im Obergeschoss. Auch steht ein Port zur Anschaltung des zweiten Standorts zur Verfügung (Fallbeispiel 2, Kapitel 3). Weiterhin sind darin n x 100 Base TX Ports für den Anschluss von EDV-Equipment im Keller- und im Erdgeschoss vorgehalten.

Die aktiven Komponenten im Obergeschoss sind mit einem Modul Gigabit Ethernet 1000 Base SX für den Anschluss des Col-

2.8 Die Mengengerüste SV, abgeleitet aus den Layouts

lapsed Backbone im Keller ausgestattet. Darüber hinaus haben sie noch n x 100 Base TX-Ports für den Anschluss von EDV-Equipment im Obergeschoss.

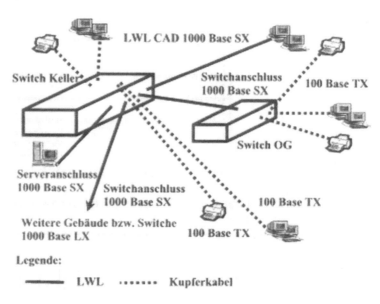

Abb. 2.15   Logisches Layout Hardware

Für die Telekommunikation wurde kein logisches Layout entwickelt, da nur die passive Verkabelung benötigt wird. Die Logik wird durch die vorhandene TK-Anlage abgedeckt.

Warum wurden diese Topologien angedacht?	Die in der Grafik dargestellten Anschlüsse bieten für dieses Fallbeispiel das beste Preis-/Leistungsverhältnis bei Schnittstellen bzw. Topologieformen.

2.8 Die Mengengerüste SV, abgeleitet aus den Layouts

Abbildung 2.16 stellt die Einflussfaktoren für den Mengenbedarf an aktiven und passiven Komponenten dar.

Das Mengengerüst wird in Abhängigkeit der Gestaltung der Arbeitsplätze und Serverstrukturen (TK und IT am multifunktionalen Arbeitsplatz) auf die jeweilige Komponente in Abbildung 2.17 der Verkabelung heruntergebrochen.

2 Fallbeispiel 1: Netzwerksanierung in einem Altbau

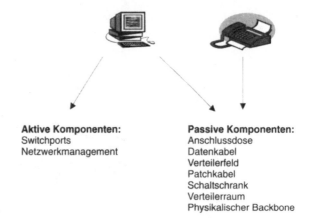

Aktive Komponenten:
Switchports
Netzwerkmanagement

Passive Komponenten:
Anschlussdose
Datenkabel
Verteilerfeld
Patchkabel
Schaltschrank
Verteilerraum
Physikalischer Backbone

Abb. 2.16   Einflussfaktoren Mengengerüste

In Abbildung 2.17 ist ein solches Mengengerüst tabellarisch dargestellt.

Pos.	Dienst, Person	Abteilung, Bereich	PC	Netzwerkdrucker	Scanner	Laptop	Telefon	DECT	Fax	So oder a/b Equipment	Anzahl Ports Kupfer	Anzahl Ports LWL	Switchport 100 Base TX	Switchport 1000 Base SX	Anschlussdose 2 x RJ 45	Anschlussdose 2 x SC Duplex	Datenkabel Kupfer	u.s.w.
1	Mustermann, Peter	Einkauf	1	1		1	1	1	1		6		2			4	200	
2	Zeichner, Rolf	CAD	2	1	1		1		1		4	2	2	2	3	2		
3	File Server	EDV												1				
	Summe:		3	2	1	1	2	1	2	0	10	2	4	3	7	2	200	

Abb. 2.17   Differenziertes Mengengerüst

Ein Unternehmen wächst im Regelfall schneller als geplant. Somit steigt auch die Summe der Netzanschlüsse im Laufe der Zeit. Durch die Tatsache, dass eine strukturierte Verkabelung Reserveanschlüsse in die Planung mit einbezieht, ist der größte Teil dieser Wachstumsanforderung abgedeckt, da das Gebäude in die Planungen mit einbezogen wird (Achtung – Arbeitsstättenverordnung berücksichtigen).

2.8 Die Mengengerüste SV, abgeleitet aus den Layouts

Praxistipp

Mit einer geschickten Abschätzung des Wachstumspotenzials des Unternehmens sollte durch reproduzierbare Infrastrukturen bei der passiven Verkabelung und durch genügend Reserveanschlüsse entsprechend für die zukünftige Entwicklung der Bedarfssituation im Netzwerk vorgesorgt werden. Nachträgliche Installationen werden somit entweder gar nicht erforderlich oder sind zu günstigen Preisen zu realisieren.
Im Übrigen: Die Norm richtet sich bei der Verkabelung an deren maximaler Nutzung des Gebäudes, somit auch an deren maximaler Anzahl der Mitarbeiter im Gebäude aus!

Fazit und Checkliste Layout

Für das Gestalten der Layouts ist an dieser Stelle die Checkliste mit einem Sieben-Punkte-Programm für den Leser abgebildet, mit dem er seine bisherigen Aktivitäten der Planung nochmals kurz überprüfen kann (Abbildung 2.18). Sollten alle Fragen mit ja beantwortet werden können, kann die Komponentendefinition gestartet werden.

Pos.	Betrifft	Ja	Nein
1	Welche Protokollstrukturen liegen vor? Sind diese getreu der Vorgabe alle auf IP umgestellt?		
2	Ist bekannt, welche IT-Systeme zukünftig auf der neuen Netzwerkplattform arbeiten?		
3	Ist die Menge der Anschlüsse als Istzustand und als Sollkonzept für den Maximalausbau des Gebäudes bedacht worden?		
4	Ist die Infrastruktur derart planbar, dass sämtliche Topologieformen auf ihr abgebildet werden können? Sind die Längenrestriktionen für alle Kabeltypen ausreichend berücksichtigt?		
5	Ist das Gebäude für das Einbringen von Kabelinfrastruktur und sonstigen passiven Komponenten geeignet?		
6	Ist ein ausreichend dimensionierter und auch geeigneter Verteilerraum vorhanden? Sind auch für abgesetzte Verteiler geeignete Standorte vorhanden? Haben diese ganzen Verteilersysteme ausreichend Platzreserve?		
7	Sind die geplanten Kabelinfrastrukturen ausreichend für die Aufnahmen der jeweiligen Kabelmassen?		

Abb. 2.18 Checkliste Layout

2.9 Passive Komponenten

Unter passiven Komponenten versteht man das Equipment einer strukturierten Gebäudeverkabelung, das man mit seinen Händen anfassen kann und welches keine elektronische oder optische Intelligenz besitzt, um Sprache oder Daten über ein Netzwerk zu transportieren. In den nachfolgenden Unterkapiteln sind die Komponenten in Grafiken bildlich dargestellt.

2.9.1 Planung der passiven Komponenten

Nach Erstellung der passiven sowie aktiven Layouts kann man nun in die Detailplanung einsteigen. Sie umfasst die jeweiligen Einzelkomponenten.

Vorgehensweise

Die für die entsprechende Entscheidung herangezogenen Kriterien sowie die kritischen Problemstellungen bei der Auswahl einzelner Systemkomponenten sind im dazugehörigen Kapitel beschrieben.

> **Wichtig**
>
> Grundsätzlich gilt die Aussage, dass bei einem Permanent Link oder einem Channel die passiven Komponenten zueinander passen müssen. Die Komponenten eines oder mehrerer Hersteller müssen füreinander zertifiziert sein. Dies betrifft die Komponenten Kabel, Anschlussdose, Patchfeld und Patchkabel. Das bedeutet auch, dass man zum jetzigen Zeitpunkt der Planung der Komponenten wissen muss, welche Materialien wirklich zueinander passen, um diese in die Planung übernehmen zu können. Die restlichen passiven Systemkomponenten betrifft dies nicht.

2.9.2 Leistungseinheit Verteilerraum

Warum ein Verteilerraum?

Verteilerräume sind die infrastrukturelle Voraussetzung für die Gestaltung der drei Einzelbereiche Primär-, Sekundär- und Tertiärverkabelung. Sie sollten im Idealfall, wenn räumlich machbar, möglichst an einem oder bei Bedarf auch mehreren zentralen Punkten der Gebäude aufgebaut werden.

In einem Verteilerraum sind als zentrales Element vor allem die Schaltschränke untergebracht. Zusätzlich werden häufig noch Telekommunikations- und IT-Server und aktive Komponenten installiert, um das komplette Netzwerk kompakt und bedienerfreundlich zentral zu konzentrieren. Die Räume sollten daher auch ausreichend groß bemessen werden.

Verteilerräume sind

- eine Aufnahmeeinheit für aktive und passive Komponenten,
- die Bindeeinheit zu weiteren Verteilerräumen als Segment des Backbones sowie einer weiteren hierarchischen Abstufung von Verkabelungsbereichen,
- die Verteilereinheit der jeweiligen Etage,
- der Aufenthaltsraum für die Techniker und Ingenieure bei Wartung und Störungsdienst,
- die Rangierstelle für die Endgeräte bei sternförmiger Tertiärverkabelung.

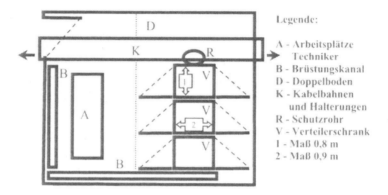

Abb. 2.19   Verteilerraum

Die in der vorstehenden Abbildung 2.19 dargestellten Komponenten beinhalten die Verteilerschränke (V), die Brüstungskanäle (B) sowie die Kabelbahnen und Halterungen (K) für die Zufuhr der Kabel in die jeweiligen Geschosse. In dem Verteilerraum ist ein Doppelboden (D) unter den Verteilerschränken eingebaut, sodass nachträgliche Erweiterungen oder Ergänzungen des Kabelnetzes ohne großen Aufwand getätigt werden können. Das unter A dargestellte Viereck ist ein Symbol für Arbeitsplätze der Techniker oder Monteure, die mit schnellem Zugriff auf die in den Schränken enthaltenen Komponenten ihre Arbeit durchführen können. Das von der Decke in den Doppelboden führende Schutzrohr (R) bildet die vertikale Zuführung zwischen der Kabelbahn und den jeweiligen Verteilerschränken.

2 Fallbeispiel 1: Netzwerksanierung in einem Altbau

Praxistipp

Häufig wird der Fehler begangen, die Anzahl bzw. den Ausbau der Schränke zu klein zu wählen. Ein Netzwerk ist dynamisch und erfordert zwangsläufig durch Migration oder Vergrößerung immer wieder Platz in den jeweiligen Aufnahmeeinheiten. Durch eine systematische Verteilung auf die jeweiligen Schrankeinheiten kann die thermische Situation in den einzelnen Schränken positiv beeinflusst werden. Ist die Bedarfssituation im Unternehmen mittelfristig noch nicht fixierbar, sollten entweder der Verteilerraum selbst oder die Schränke mit einer gewissen Reserve ausgelegt werden. Dies kann im speziellen Fall 50 % der momentanen Anforderung oder durchaus noch höher sein.

Der Verteilerraum muss eine bestimmte Größe haben, damit am Schrank vorne, hinten und auch eventuell an der Seite der Zugriff optimal möglich wird. Dies bedeutet, dass für einen 19" Verteilerschrank mit Standardmaß 0,8 m x 0,8 m Grundfläche eine Raumlänge oder -breite von mindestens 2,40 m erforderlich wird. Hinzu kommt der notwendige „Spielraum" für die Techniker. Bei Schränken mit größerer Grundfläche wird der Platzbedarf entsprechend wachsen.

Sollten mehrere Schränke in diesem Raum untergebracht werden, erhöht sich der Raumanspruch automatisch mit der Anzahl der Schränke. Diese können in einer sogenannten Anreihvariante (zwei Seitenbleche fehlen) an den bestehenden Schrank angeflanscht werden.

Trivial oder Praxistipp?!

Bitte beachten Sie, dass ein Verteilerschrank meistens in einem Stück geliefert wird. Er muss durch das Treppenhaus, durch die Tür zum Verteilerraum passen und im Raum auch aufstellbar sein. Wie oft wird bei der Installation eines Schranks der Türrahmen demontiert oder ein Loch in die Decke eingesägt, damit der Schrank überhaupt erst montiert werden kann. Generell sind alle Verteilereinheiten im Vorfeld von Maßnahmen zu begehen und gebäudebedingte Restriktionen zu beseitigen!

Für die Erdung empfiehlt sich eine zentrale Potenzialausgleichsschiene, die im EDV-Raum montiert wird. Die Potenzialausgleichsschiene ist an die Gesamterdung des Gebäudes angeschlossen. Sternförmig verlegt werden von dieser Potenzialausgleichsschiene jeweils ein Erdungskabel an jeden einzelnen Schrank. Die Erdung wird im Schrank mittels eines Anschluss-Kabelschuhs ausgeführt.

Für die Stromversorgung werden separate Zuleitungen oder, bei größeren Verteilerräumen, auch Unterverteiler erforderlich.

2.9 Passive Komponenten

Es gibt Hersteller, die einen kompletten Serverraum inklusive Decke, Boden und Mauern liefern, der sämtlichen Kriterien der Sicherheitsvorgaben nach DIN oder Europanormen entsprechen kann. Der Serverraum ist meist modular aufgebaut und kann bei Bedarf an jeder Stelle im Unternehmen auf und wieder abgebaut werden.

2.9.3 Schaltschränke und Schaltschrankzubehör

Warum Schaltschränke und Schaltschrankzubehör?

Wie bei der Gestaltung der gesamten Verkabelungsnormen hat man auch beim passiven Element Verteilerschrank eine Normung vorgenommen, die sich am Markt durchgängig als vorteilhaft herausgestellt hat.

Schaltschränke in 19"-Technik für strukturierte Gebäudeverkabelungen sind in der Geräteaufnahmeebene standardisiert und genormt. Damit wird es möglich, universell jegliche von Lieferanten unabhängige Komponenten in diesem Schaltschrank unterzubringen.

Gleichzeitig aber ist es möglich, durch verschiedene Hersteller hinsichtlich des Gesamtaufbaus der Schränke eine individuelle Schranklösung mit standardisiertem Innenausbau zu realisieren. In Abbildung 2.20 ist ein Schrank als technische Zeichnung und als Bild dargestellt.

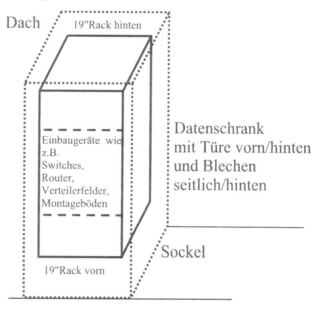

Abb. 2.20   Verteilerschrank

Klassische Schaltschränke für die Unterbringung von Kabeln haben eine Grundfläche von 800 x 800 mm und eine Höhe von 2000 bis 2200 mm. Schaltschränke können einen Sockel zur Kabeleinführung besitzen. Bei einem Doppelboden entfällt der Sockel. Seit neuestem verwendet man auch Schaltschränke mit einer Grundfläche von 800 x 900 mm [b x t] oder noch tiefer, um den Einbau von 19"-Servern zu erleichtern. Auch gibt es Hersteller, die mehrere Schaltschrankelemente als kompakte, entsprechend große Gesamteinheit liefern können.

Praxistipp	In einem Schaltschrank für den Einbau von aktiven Komponenten befindet sich im Standardausbau eine 19"-Ebene für die Aufnahme von aktiven Komponenten, Verteilerfeldern und Schaltschrankzubehör. Im Falle des Einbaus von Servern, Telefonanlagen und unterbrechungsfreien Stromversorgungen benötigt man entweder hinten eine zweite 19"-Ebene, um das Gewicht abzufangen oder einen EDV-Serverschrank ohne 19"-Ebene. Dieser Schrank hat dann Fachböden für die gesamte Breite.

In der Regel besteht die Front der Schränke aus einer Sicherheitsglastür, die Rückseite aus einer Metalltür. Beide Seitenbleche sind abnehmbar. Die Kabeleinführung erfolgt durch den Boden (Sockel) oder durch das Dach. Die Montage der Kabel von unten ist eleganter, da sich im Dach Abluftventilatoren befinden (bei starker Wärmeentwicklung in den Schränken erforderlich).

Praxistipp	Der Schrankaufbau im Inneren sollte derart gestaltet sein, dass die schweren Systemelemente Server (und/oder TK-Anlage) sowie unterbrechungsfreie Stromversorgungen (USV) sich im unteren Bereich des Schranks befinden (Gefahr des Kippens bei Herausziehen schwerer Komponenten). Es kann auch von Vorteil sein, die passiven und die aktiven Elemente in jeweils einem Schrank zu konzentrieren. Im oberen Bereich der Schränke befinden sich in der Regel die Verteilerfelder, Switche und Router.

2.9.4 Kabelverlege-Infrastruktur

Unter Kabelverlege-Infrastruktur versteht man die Aufnahmeeinheit von Kabelmaterial in den drei Verkabelungsbereichen Primär-, Sekundär- und Tertiärnetz. Auch beinhaltet die Kabelverlege-Infrastruktur im Bereich der Tertiärverkabelung häufig die Aufnahme der Anschlusstechnik (siehe Abbildungen in den nachfolgenden Kapiteln).

> **Anmerkung**
>
> Infrastrukturen sollten für mehrere Generationen von strukturierten Gebäudeverkabelungen aufgebaut werden. Eine vorteilhafte Infrastruktur ist dann gegeben, wenn ohne großen Aufwand weitere Kabel sowie Anschlusseinheiten in die Systeme eingebracht oder daraus entfernt werden können.

Alte Kabel, die nicht weiter Verwendung finden, werden häufig in den Infrastrukturen zurückgelassen. Dies ist von Nachteil, weil es die Brandlast deutlich erhöht, die Tonnage der Kabelmasse größer wird und der Platz in den zur Verfügung stehenden Infrastrukturen zwangsläufig reduziert wird.

In unserem Beispiel werden nach Abschluss der Maßnahmen alle alten Systemkomponenten demontiert und fachgerecht entsorgt.

> **Praxistipp**
>
> Als vorteilhaft haben sich getrennte Verlegestrukturen für Spannungsversorgung und Sprach- und Datenkabel erwiesen, die erst am multifunktionalen Arbeitsplatz zusammenlaufen. Damit erspart man sich die Trennstege und umgeht das Problem der elektromagnetischen Verträglichkeit (EMV). Häufig sind allerdings aus verschiedenen Gründen wie z. B. Platzbedarf, Altbausanierung oder Kosten für die zweite Verlegetrasse solche Strukturen nicht realisierbar.

2.9.4.1 Verwendbare Komponenten für eine Infrastruktur

Nachfolgende Kabelinfrastrukturen finden in der Praxis Verwendung:

- Kabelpritschen und Kabelbahnen (in der Regel im nicht sichtbaren Bereich, im Keller, im Dachgeschoss, in abgehängter Decke verwendet) – siehe Abbildung 2.21. Ausnahme für die Installation im Sichtbereich ist eine Frage des baulichen Aufbaus und des persönlichen Geschmacks.

- Installationskanäle (dto. Kabelbahnen im nicht sichtbaren Bereich),

- Brüstungskanäle (im sichtbaren Bereich, horizontal und vertikal verlegt zur Aufnahme von Anschlussdosen und Netzsteckdosen als Spannungsversorgung für die Arbeitsplätze), Abbildung 2.22,

- Leerrohrsysteme unterputz (Verwendung zum Einzug der Kabel in bereits fertiggestellte Gebäudestrukturen),

- Rohrsysteme aufputz (Schutzrohre, Rohre zur Überbrückung von bestimmten Gebäudestrecken),
- Leerrohr- und Schachtsysteme im Erdreich auf dem Betriebsgelände,
- Unterflursysteme in Doppelböden.

Die Kabelbahnen, Installationskanäle sowie Brüstungskanäle sind im Laufe des Kapitels grafisch dargestellt.

2.9.4.2 Kabelbahnen aus Stahlblech

Warum Kabelbahnen?

Kabelbahnen sind im nicht sichtbaren Bereich eine ideale Infrastruktur für die Verlegung von Kabeln, da sie im Gegensatz zum Kabelkanal als offene Einheit die Aufnahme von Kabeln ermöglichen (siehe Abbildung 2.21). Kabelbahnen gibt es je nach Bedarf in verschiedenen Größen. Sie sind auf Grund ihrer Befestigungstechnik an der Decke sowie an der Wand horizontal wie vertikal montierbar.

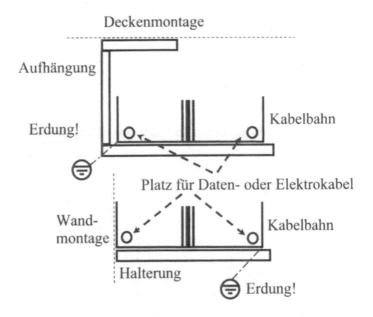

Abb. 2.21   Kabelbahn

Im Fallbeispiel 1 setzen wir im Keller im nicht sichtbaren Bereich die Kabelbahn 60 x 150 mm [Höhe x Breite] ein. Sie wird, wie in Abbildung 2.21, mit Auslegern an die Wand montiert. Auch das Abhängen an der Decke mit Hängestielen ist möglich.

2.9 Passive Komponenten

Kabelbahnen gibt es auch in den Ausführungen Gitterrinne oder Kabelleiter mit jeweils geänderten Loch- und Rastermaßen. Die Verlegeform Kabelbahn ist auch für Horizontal- und Vertikalmontage geeignet. Bei großen zu überbrückenden Entfernungen sind Weitspannkabelrinnen am Markt erhältlich.

Unbedingt beachten	Kabelbahnen müssen bei der gemischten Verlegung von elektrotechnischen sowie elektronischen Verkabelungselementen mit einem Trennsteg versehen werden. Ein Trennsteg stellt eine physikalische Abschirmung der beiden Verkabelungselemente dar und ist nach VDE gefordert. ***Kabelbahnen sind an das Erdungssystem anzuschließen!*** Ebenfalls sind die Vorschriften der Kabelnormen für die Art und Weise der Kabelverlegung in den Kabelbahnen zu beachten.

2.9.4.3 Brüstungskanal

Brüstungskanäle sind ideale Aufnahmeeinheiten für den Tertiärbereich. Im Brüstungskanal können das Sprach- und Datenkabel, die elektrotechnische Zuleitung sowie auch die Kupfer- oder LWL-Anschlussdose montiert werden. Brüstungskanäle gibt es je nach Bedarf in verschiedenen Abmaßen. Als Standardgröße für Fallbeispiel 1 hat sich der Kanal mit einem Abmaß 170 x 68 mm [Höhe x Breite] herausgestellt.

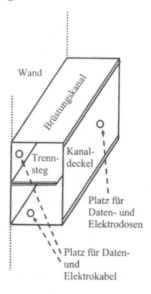

Abb. 2.22   Brüstungskanal

Brüstungskanäle werden aus Kunststoff, Stahlblech oder Aluminium gefertigt. Der preisgünstige Kunststoffkanal hat den Vorteil einer leichteren Bearbeitung auf der Baustelle. Allerdings wird dieser Kanal zum größten Teil aus halogenhaltigem Material gefertigt, das im Brandfall eine erheblich größere Gefahrenquelle für das Gebäude sowie die darin befindlichen Menschen birgt. Halogenfreie Kanäle sind aber auf Grund des Fertigungsverfahrens und der niedrigen Verkaufsstückzahlen erheblich teurer als halogenhaltige.

Kanäle in Stahlblech oder in Aluminium sind teurer als Kunststoffkanäle, haben aber den Vorteil der höheren Stabilität. Ferner sind Metallkanäle temperaturbeständiger (in der Nähe von Heizkörpern) und altern nicht so schnell. Die Montage dieser Kanäle ist in der Regel aufwändiger als bei Kunststoff.

Praxistipp	Bei raumübergreifenden Horizontalverkabelungen werden Brüstungskanäle am besten mit Außen- und Innenecken verarbeitet, die jeweils bei Kreuzungen von Wänden die Überbrückung von 90 Grad darstellen.

Für die Aufnahme der Datendosen wird je nach Fabrikat eine Geräteblende benötigt, um die Anschlussdose und den Kanaldeckel als Übergang zu verbinden. Generell werden Geräteeinbaudosen und häufig auch Zugentlastungsschellen in den Kabelkanal eingebaut.

Aus all diesen Gründen wurde für die Sanierung des Verwaltungsgebäudes das Keller-, Erd- sowie auch das Obergeschoss mit diesen Brüstungskanälen ausgestattet. Verwendung findet der Standardkanal, wie oben beschrieben, in Metallausführung.

Wichtig	Der Trennsteg, der zwischen Stromversorgung und Sprach- und Datenkabel (nach VDE) zu installieren ist, muss auch beim Brüstungskanal Beachtung finden. Analog der Vorschriften bei den Kabelbahnen sind auch Metallkanäle entsprechend den Vorschriften zu erden!

2.9.4.4 Sonstige Verlegesysteme

Der Installationskanal und das Unterflursystem werden im Fallbeispiel 2, Kapitel 3 behandelt.

Leerrohrsysteme, die unterputz eingebracht werden, können folgende Nachteile haben:

- nach dem Vergipsen kann das Rohr beschädigt sein,
- das Leerrohr ist nicht erweiterungsfähig,
- das Kabel kann leichter als sonst beim Einziehvorgang beschädigt werden.

> **Praxistipp**: Aus vorgenannten Gründen sollte man, wenn es alternativ geht, auf solche Verlegesysteme wie bei 2.9.4.4 in großem Umfang verzichten.

2.10 Exkurs Normen, Standardisierung

Um für sämtliche Anwendungen im IT- und Telekommunikationsumfeld einheitliche Strukturen zu schaffen, wurden Normen geschaffen, die eine Standardisierung der Vernetzungstechnik zur Folge hatte.

2.10.1 Gründe für Normen und Standardisierung

Um für die Zukunft den Aufwand für Systemtechniken mit Einfachnutzung zu reduzieren, wurden internationale Gremien gebildet, die sich mit der hersteller- und lieferantenneutralen Verkabelung beschäftigten. Jegliche Systeme sollten darauf lauffähig sein, die Technik sollte somit beide Welten, Sprache und Daten, abdecken. Dabei wurde unabhängig von Topologie (Netzwerkstruktur) und Netzwerkprotokoll folgender Anforderungskatalog zugrunde gelegt:

- topologieunabhängig sowie Netzwerkprotokoll-unabhängig, auch in Zukunft (bedeutet, dass man alle Anwendungen sämtlicher Hersteller über das Netz betreiben kann),
- Integration bestehender Systemwelten, gemischt mit neuem Equipment der Sprach- und Datentechnik,
- EMV-Tauglichkeit (Elektromagnetische Verträglichkeit zum Schutz der Mitarbeiter),
- Bandbreite (Netzwerkgeschwindigkeit) im System skalierbar, d. h. wo viel gebraucht wird, muss auch viel zur Verfügung stehen,
- wartungsarm und damit kostensenkend,
- leicht und einfach zu installieren.

2.10.2   Normen, Standardisierung

Bei den Normen unterscheidet man zwischen der Definition der Topologien (Netzwerkaufbau) und reinen Verkabelungsnormen. Die wichtigsten sind nachfolgend genannt:

- IEEE (Topologien)
- ATM-Forum (Topologien)
- TIA/EIA 568 (ANSI) – Verkabelung USA
- Europanorm EN 50173/50174 (CEN/CENELEC) – Verkabelung Europa
- ISO/IEC 11801 (International Standardisation Organisation) – Verkabelung weltweit

Bei den Normen unterscheidet man zwischen Geltungsbereichen, Topologiedefinitionen und reinen Verkabelungsnormen. Die wichtigsten sind nachfolgend genannt:

IEEE (Institute of Electrical and Electronical Engineers)

Das für uns entscheidende Gremium für die Gestaltung von Netzwerkstrukturen und Netzwerkdesign ist das IEEE. Seit 1986 beschäftigt es sich vor allen Dingen mit der Festlegung der Topologiefamilien (Aufbau von Netzwerkstrukturen). IEEE gestaltet die Architektur von Netzwerken. Diese ist wiederum die Basis für internationale Verkabelungsnormen.

ATM-Forum

Das Gremium zur Gestaltung der Netzwerkarchitektur ATM ist das ATM-Forum. Gleichwohl gestaltet dieses Forum, wie IEEE, die Definition der Grundausstattung der Topologien im ATM-Bereich ATM = Topologie Asynchroner Übertragungsmodus).

Verkabelungsnorm (TIA/EIA 568 (ANSY)

Die TIA/EIA-Norm hat ihren Geltungsbereich vor allen Dingen in Nord- und Südamerika. Die Norm spielte bis vor einigen Jahren bei uns keine Rolle, ist aber durch Kabelanbieter mit gänzlich physikalisch ungeschirmten Produkten in Verbindung mit Spannungsverschleppungen auf geschirmten Verkabelungssystemen ein Thema geworden.

Verkabelungsnorm Europanorm EN 50173 (CEN/CENELEC)

Die Europanorm 50173 hat ihren Geltungsbereich vor allen Dingen in den europäischen Ländern wie Deutschland, Frankreich, Schweiz und Österreich.

Hier werden im Unterschied zu TIA/EIA 568 Aspekte wie Vorschriften zur elektromagnetischen Verträglichkeit (EMV) und die Bestimmungen für Brandschutz stärker gewichtet.

Verkabelungsnorm ISO/IEC 11801 (International Standardisation Organisation)

Die ISO-Norm ist eine weltweite Verschmelzung sämtlicher Normen, die für die Datenverarbeitung und -übertragung zuständig ist. Das Deutsche Institut für Normung (DIN) ist Mitglied der ISO.

Verschmelzung von Normen

Die oben genannten Verkabelungsnormen wachsen kontinuierlich immer mehr zusammen. Dabei wird vor allen Dingen unterschieden zwischen geschirmten und ungeschirmten Kupferverkabelungen, was sich gerade in Europa stellenweise zu einem richtigen „Glaubenskrieg" entwickelt hat. Wir merken dazu an, dass viele der angepriesenen Vorteile reine marketingtechnische Aktionen darstellen. Dies gilt gleichermaßen für beide Lager (geschirmte/ungeschirmte Technik).

Standpunkt	Bei unseren Planungen haben wir gelernt, dass unter der Berücksichtigung von zugeordneter Norm und kompetenter Planung und Projektierung beide Netzformen (geschirmt/ungeschirmt) fehlerfrei funktionieren. Auch muss gesagt werden, dass vieles in der Theorie (und das sind die Normen) ganz anders aussieht als auf der Baustelle. Dies bedeutet: manches was in der Norm steht, ist in der Praxis nicht umzusetzen (z.B. Erden der Dose). Muss man deshalb diese Kabelnormen ernst nehmen? Ja, weil es die Basis einer ordentlichen Lieferung ist! Die Normen sind für die Lieferanten von Kabelnetzen wichtige und notwendige Leitparameter einer ordentlichen Ausführung!

2.10.3 Drei heikle Punkte der Normen und deren Kenntnis

In der Diskussion über die Normen werden immer wieder folgende Punkte aufgeführt:

- Kategorie,
- Verkabelungsklasse,
- Link oder Channel.

2.10.3.1 Die Kategorie

Alle drei Verkabelungsnormen schreiben für Einzelkomponenten der Kupferverkabelung Leistungswerte nach Kategorien vor.

Nach TAI/EIA 568 unterliegt dieser Kategorie auch die komplette Netzwerkverbindung!

2.10.3.2 Die Verkabelungsklasse

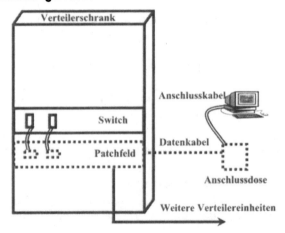

Abb. 2.23   Permanent Link, Channel

In der Europanorm 50173/50174 werden für bestimmte Einzelkomponenten wie Kabel oder Anschlussdose auch nach Kat. X Leistungswerte vorgegeben – allerdings nur für die Einzelkomponenten. Der in Abbildung 2.23 dargestellte permanent Link (gestrichelte Darstellung) unterliegt im Unterschied noch zusätzlich einer sogenannten Verkabelungsklasse. Dieser Link umfasst die Komponenten Verteilerfeld, Datenkabel und Anschlussdose.

Ein Channel hätte noch die Patch- oder Anschlusskabel integriert (Patchfeld/Switch, Datendose/Anschlusskabel, durchgängige Darstellung). Das hat für große Verwirrung gesorgt!

Wie passt das jetzt zusammen?

- Klasse A: Für Telekommunikation, bis 100 KHz (unwesentlich),
- Klasse B: Für Telekommunikation, bis 1 MHz (unwesentlich),
- Klasse C: Auch Kat. 3, bis 16 MHz – findet Anwendung bei Ethernet und TokenRing (beide werden nicht mehr entscheidend weiterentwickelt),
- Klasse D: Auch Kat. 5, bis 100 MHz
- Klasse E: Auch Kat. 6, bis 250 MHz – momentaner Standard im LAN
- Klasse F: Auch Kat. 7, bis 600 MHz

2.10.3.3 Permanent Link und Channel

Die Any to Any-Regel erfordert in der Vernetzungstechnik die in Abbildung 2.23 dargestellten Verbindungen. Der Permanent Link ist die gestrichelte Verbindung, die Patchkabel ergänzen ihn zum Channel.

2.11 Vorschriften, Gesetzgebung

Für die Verkabelungen gelten zwei wichtige Gesetze, die Beachtung finden müssen:

- EMV-Gesetz,
- CE-Zeichen.

2.11.1 EMV-Gesetz

Das EMV-Gesetz beschreibt das Umfeld, in dem elektrische und elektronische Anlagen in einem gemeinsamen elektromagnetischen System betrieben werden können. Die Systeme selbst sollen nicht gestört werden und sollen auch andere Systeme nicht stören.

Da der Betreiber eines Netzwerks zur Einhaltung der EMV-Bestimmungen verpflichtet ist, haftet er auch für die ordnungsgemäße Funktion des Systems hinsichtlich EMV.

Im schlimmsten Fall kann das Bundesamt für Post und Telekommunikation (BAPT) bestehende Sprach- und Datennetze außer Betrieb nehmen lassen, falls das Netz nicht den Anforderungen entspricht.

2.11.2 CE

In Europa müssen seit 1996 alle technischen Geräte die EMV einhalten und das CE-Zeichen besitzen.

Wichtig ist an dieser Stelle, dass passive Komponenten (das physikalische Netz) ohne aktive Komponenten (elektronische Schaltgeräte) kein CE-Zeichen besitzen. Erst mit den aktiven Komponenten (die ein CE-Zeichen besitzen müssen) greift das EMV-Gesetz, allerdings dann auch für die passiven Komponenten im gesamten Netz.

Standpunkt	Für uns sind das Widersprüche, da der Hersteller der aktiven Komponenten in der Regel keinen Einfluss auf die Entwicklung und Produktion von passiven Komponenten und deren Installation hat – im übrigen nicht der einzige Widerspruch, der sich in den Normen findet.

2.12 Sprach- und Datenkabel

Grundsätzlich unterscheidet man in der Datentechnik zwischen einem Kabel, das auf Kupfer elektronische Signale übermittelt, und einem Glasfaserkabel, auf dem man optische Signale transportiert.

2.12.1 LWL (Lichtwellenleiter) oder Kupfer bis zum Arbeitsplatz?

Hier ist schon der erste Knackpunkt bei der Festlegung eines Unternehmensstandards in der Netzwerktechnik!

Mit Lichtwellenleitervernetzungen hat man auf Grund der optischen Datenübertragung keinerlei Probleme mit elektromagnetischer Verträglichkeit. Des weiteren hat man bei Lichtwellenleiterkabel eine erheblich höhere Standzeit. Wir rechnen für Lichtwellenleiterkabel bis zu 20 Jahre, für Kupferkabel mindestens 10 Jahre mögliche Nutzungsdauer. Dabei sollte beachtet werden, dass sich eventuell Revisionsintervalle durch Alterung ergeben können, die das Kabel oder die Stecker in Mitleidenschaft ziehen.

Bei der Lichtwellenleitervernetzung brauchen wir für die Datenverkabelung in der Regel weniger Kabelmasse. Dies kann für eine solche Vernetzung sicherlich von Vorteil sein. Dadurch können Teile der Infrastruktur kleiner ausgelegt werden.

Bei einer ganzheitlichen neuen LWL-Vernetzung ist parallel zur Verkabelung für Daten eine Kupferverkabelung für die Telekommunikation sowie für sonstige Netzdienste aufzubauen. Sonstige Netzdienste wären hier die Anbindung von Netzdruckern oder Scannern, deren LWL-Anbindung teuer wäre.

2.12 Sprach- und Datenkabel

Anmerkung Es besteht das Vorurteil, dass Lichtwellenleiter-Vernetzungen noch immer wesentlich teurer sind als Kupferverkabelungen. Dem kann man nur in bestimmten Fällen zustimmen, denn es kann nicht pauschal beurteilt werden. Da immer noch der größte Anteil eines Mehrpreises im Bereich der aktiven Komponenten liegt, gilt es zu prüfen, ob bei entsprechender Portanzahl ein LWL-Switch teurer wäre. Gleichzeitig ist zu prüfen, ob sich durch eine Lösung mit LWL an anderer Stelle Minderpreise zu Kupfer ergeben.

Aspekte LWL-Kabel	Aspekte Kupferkabel
Höhere Bandbreite, schon heute genormt und migrationsfähig	Bandbreite weniger migrationsfähig
EMV-unabhängig	EMV-abhängig
Konzept Erdung und Stromversorgung ernsthaft anstreben	Konzept Erdung und Stromversorgung zwingend erforderlich
aufwändigere Installations- und Messtechnik	einfache Installations- und Messtechnik
aktivere Komponenten teurer als bei Kupfer	aktive Komponenten preiswerter als bei LWL
weniger Kabelmasse	mehr Kabelmasse
(noch) keine Telefonkommunikation möglich	hohe Anschlussdichte, auch bei Telefon

Abb. 2.24 Anwendungsvergleich Kabelarten Tertiärbereich

Weiterhin kann man eventuell durch Einsparung von Abteilungs- oder Etagenswitchen bei gleichzeitiger größerer Reichweitennutzung der LWL-Kabel Einsparungen erzielen, um eine Kostenneutralität zwischen den Lösungen LWL und Kupfer zu erhalten. Auch wird bei einem Zentralswitch-Konzept mit entsprechender Redundanz das Netz von sicherheitsrelevanten Aufbauten besser zu gestalten sein.

Fazit Im Anwendungsvergleich Kabelarten Tertiärbereich sind die Vor- und Nachteile der beiden Verkabelungsarten nochmals zusammengefasst:

- Gehen Sie unvoreingenommen an die Fragestellung heran.
- Vergleichen Sie die möglichen Designmöglichkeiten.
- Gewichten Sie die in Abbildung 2.24 genannten Faktoren nicht nur nach Preis, sondern auch nach Leistung im Laufe der Standzeit der Systeme.
- Mischen Sie, wie im Fallbeispiel 1, beide Techniken und erreichen damit eine für Sie optimale physikalische Skalierungen Ihres Netzes.

> **Praxistipp**
> Insbesondere in Verbindung mit der Weiterbenutzung von bestehenden Telefonverkabelungen kann eine Lichtwellenleiterverkabelung für das Datennetz eine passende Alternative für ein stabiles und schnelles Netzwerk darstellen.

2.12.2 Lichtwellenleiterkabel (Glasfaserkabel)

Das Lichtwellenleiterkabel, auch Glasfaserkabel genannt, ist ein optischer Leiter. Für die Datenübertragung wird in der Regel ein Faserpaar benötigt, eine Faser für das Senden und eine Faser für das Empfangen der optischen Signale. Als Außendurchmesser der Glasfaser hat sich in allen Kabeln das Maß von 125 μm durchgesetzt.

Die Faser dieses Lichtwellenleiterkabels besteht aus einem sehr transparenten Glas, über welches das optische Datenpaket transportiert wird. Das Glas besteht aus einem Kernglas und einem umhüllenden Mantelglas. Durch verschiedene Brechungsindizes findet am Mantelglas eine Reflektion des optischen Signals statt. Somit wird die Fortbewegung in der Faser gewährleistet. Um das Mantelglas ist eine Farbschicht angebracht, anhand der die Faser identifiziert werden kann.

Auf Grund diverser Anforderungen hinsichtlich der Verlegung von Glasfaserkabeln gibt es für den Innen- und für den Außenbereich verschiedene Kabelsorten. In Abbildung 2.25 ist jeweils ein typisches Außen- und Innenkabel dargestellt.

Außenbereich: Das Außenkabel hat einen stabileren Mantel und eine Glasarmierung zum Schutz gegen Nagetierbiss. Aus genau dem gleichen Grund hat man damit (auch gerade zum Teil im Sekundärbereich in kritischen Gebäudeteilen eingesetzt) keine Störungen zu erwarten. Für Außenkabel ist es sinnvoll, längs- und querwasserdichte Kabel zu verwenden, die ein Eindringen von Wasser in das Kabel nicht zulassen. Im Beispiel hat das Ka-

2.12 Sprach- und Datenkabel

bel Bündeladern für die Aufnahme von mehreren Fasern in einem Röhrchen.

Innenkabel: Das Innenkabel hat einen mechanisch einfacheren Aufbau und keine Glasarmierung und in der Regel für die Tertiärverkabelung nur wenige Fasern (z. B. vier bei Anschaltungen einer Doppeldose LWL am Arbeitsplatz). Natürlich gibt es für die Verbindungen im Sekundärbereich auch Kabel mit vielen Fasern zur Verschaltung von z. B. Fibre to the Desk (Glasfaserkabel bis zum Arbeitsplatz).

Lichtwellenleiterkabel gibt es weiterhin für den Innen- und Außenbereich in Form von vorkonfektionierten Kabeln. Bei diesen sogenannten Break-Out-Kabeln kann der ankonfektionierte Stecker bereits Gegenstand der Lieferung des Herstellers sein.

Typisches Außenkabel LWL:

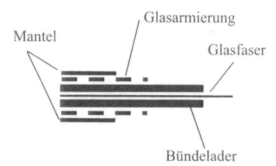

Typisches Innenkabel LWL:

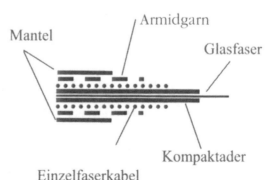

Abb. 2.25 LWL-Kabel

Von Vorteil ist es, Lichtwellenleiter in eine stabile Infrastruktur einzubringen, da auf Grund der mechanischen Empfindlichkeit hinsichtlich Knickung der Glasfaser eine saubere Verlegung während der Installation sowie ein entsprechender Schutz danach und bei Betrieb des Kabels gewährleistet sein muss.

LWL-Kabel gibt es in der Technik Monomode- und Multimodefaser.

2.12.2.1 Monomodefaser

Monomodefasern haben einen Kerndurchmesser von 9 µm, es kann sich im Kern nur ein Modus ausbreiten – daher der Name Monomode. Das Licht wird wenig gedämpft, die Reichweite des Signals ist sehr groß. Monomodekabel werden deshalb im Fernbereich oder bei größeren Campusverkabelungen eingesetzt. Monomodekabel sind daher in der Regel fast immer Außenkabel.

2.12.2.2 Multimodefaser

Im lokalen Netzwerk werden Fasern mit 50 oder 62,5 µm eingesetzt (der Fasertyp 62,5 hat die schlechteren Leistungswerte). Diese sind auf Grund der Fertigungs- und Verarbeitungstechnik preiswerter. Das Licht kann sich begrenzt ausbreiten. Damit entstehen wellenförmige Ausbreitungen, also mehrere Modi – daher der Name Multimode.

Das Multimodekabel wird in der Regel wegen seiner physikalischen Eigenschaften hauptsächlich im Kurzstreckenbereich von Campusverkabelungen sowie Inhouse eingesetzt.

Durch die Entwicklung immer schnellerer Topologien reduzieren sich die Reichweiten bei den Kabeln. Um eine Topologie zu erreichen, die schneller als Giga-Ethernet ist, sind auf mittlere Sicht schon im jetzigen Projekt Kabel für höhere Bandbreiten anzudenken. Es macht deshalb Sinn, im Primär- oder Sekundärbereich einen Kostenvergleich zwischen Mono- und Multimodekabeln zu machen. Monomodekabel sind teurer in der Fertigung sowie in der Anbindung der aktiven Komponenten. Spätere Austauschaktionen wegen Reichweitenproblemen bei neuen Topologien können teuer sein und durch Mitverlegen der Monomodekabel oder Hybridkabel (Monomode und Multimode in einem Kabel) vermieden werden. Auch werden am Markt bereits Kabel angeboten, die eine speziell optimierte Faser haben, um z. B. auf längeren Strecken 10 Gigabit-Ethernet zu realisieren.

2.12.2.3 Kabelarten LWL

Lichtwellenleiter- oder Glasfaserkabel gibt es in

- Volladerkonstruktion (Patchkabel),
- Hohl-/Bündeladerkonstruktion (Installationskabel).

Im Beispiel wird zwischen dem Hauptverteiler im Keller und dem Wandverteilergehäuse im Obergeschoss ein Außenkabel Multimode mit 120 Fasern verwendet. Für die Außenkabelvariante als Verteilerverbindung hat man sich entschieden, weil es durchaus möglich sein kann, dass auf Grund von physikalischer Belastung wie z. B. Nagetierfraß der Kabelaufbau in dieser Weise erforderlich wird. Zudem hat man mit der Faseranzahl eine passive Redundanz.

Für das Anschalten der CAD-Arbeitsplätze wurde ein 4-faseriges Innenkabel verwendet. Bei der CAD-Lösung hat man sich für das Innenkabel entschieden, da jedes Kabel eine Leistungsreserve von 2 Fasern, das entspricht 50 %, im Kabel hat. Darüber hinaus ist durch die kurze Strecke im 1. OG vom Verteiler zum jeweiligen CAD-Arbeitsplatz ein Austausch eines defekten Kabels sehr viel leichter möglich und würde den Mehrpreis für ein Außenkabel nicht rechtfertigen.

2.12.3 Kupferkabel

Sprach- und Datenkabel in Kupferausführung gibt es in mehreren Varianten am Markt zu kaufen. In Abbildung 2.26 sind ein ungeschirmtes und ein zweifach geschirmtes Kupferkabel schematisch dargestellt.

Aus diesem grundsätzlichen Aufbau sind nachfolgende Datenkabeltypen (auch für Sprache geeignet) am Markt erhältlich:

- UTP, Unshielded Twisted Pair, paarverseiltes, physikalisch ungeschirmtes Kabel,
- FTP, Foil Twisted Pair, paarverseiltes, foliengeschirmtes Kabel,
- S/FTP, Screend Foil Twisted Pair, paarverseiltes, geflecht- und foliengeschirmtes Kabel,
- S/STP, Screend Shielded Twisted Pair, paarverseiltes, geflecht- und paargeschirmtes Kabel.

2 Fallbeispiel 1: Netzwerksanierung in einem Altbau

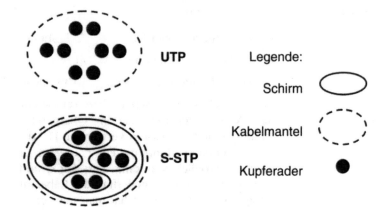

Abb. 2.26 Aufbau eines symmetrischen Kupferkabels

Vermerk Sternvierer	Die Kabel-Sternvierer sind derart aufgebaut, dass immer vier Adern verseilt sind. In der Grafik wurde auf die Darstellung eines Sternvierer-Kabels verzichtet, da dieses in der Regel für Systeme verwendet wird, die nur zwei Doppeladern auf den RJ 45-Stecker aufbringen. Da die Zukunft nach heutiger Sicht aus Systemen mit 4 x 2 Aderpaaren besteht, wurde hier auf weitere Erläuterungen verzichtet.

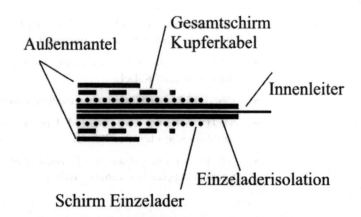

Abb. 2.27 Kupferkabel Twisted Pair

2.12 Sprach- und Datenkabel

Wie in Abbildung 2.27 dargestellt, sind bei einem S/STP–Kabel die äußere metallische Abschirmung und die pro Aderpaar vorhandene innere Abschirmung gleichzeitig ein mechanischer Schutz für die darin befindlichen Adern und Innenleiter. Gleichzeitig ist auch die Voraussetzung nach dem EMV-Gesetz gegebene Nichtbeeinflussung von den Adern und Innenleitern gewährleistet. Die Aderhüllen bestehen aus farblich kodierten Kunststoffmaterialien, ähnlich wie die des Außenmantels, sowie dem kupfermetallischen Innenleiter. Der Innenleiter ist standardmäßig nach der Norm mit einem Drahtdurchmesser nach AWG x __ bezeichnet.

Als Kabel wird hier aus unserer Sicht ein 300 MHz-taugliches Datenkabel 4 x 2 x AWG 23 verwendet, geschirmt oder ungeschirmt. Für die Gebäudeverkabelung eignen sich insbesondere symmetrische 100 Ω-Kupferkabel.

Auf dem Weltmarkt gibt es geschirmte und ungeschirmte Verkabelungssysteme. Verwendet man ein geschirmtes System, so muss der Schirm normgerecht aufgelegt werden. Über die geerdeten Schränke sind damit die Schirme mit der Erdung verbunden (siehe Abbildung 2.28). Somit können Störströme auf den Schirmungen der Kabel ins Erdreich abfließen (Grundansatz einer geschirmten Verkabelung).

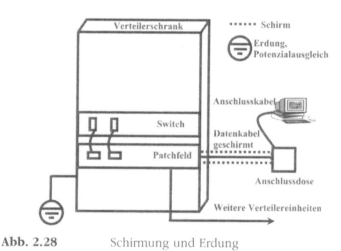

Abb. 2.28   Schirmung und Erdung

Bei physikalisch ungeschirmten Kabeln entstehen keine Störströme, da kein Schirm vorhanden ist.

Wichtig	Bei Glasfaserkabeln wird kein elektromagnetisches, sondern ein optisches Signal übertragen, daher können auch keine Störströme entstehen.

Es gibt darüber hinaus Hersteller, die Garantien für Verkabelungssysteme geben, die oben genannte Topologien unterstützen. Diese Garantien beziehen sich auf den Link oder den Channel für eine gewisse Anzahl von Jahren.

Anmerkung	Kategorie 7 Kabel bedeutet nicht, dass man ein besseres Kabel verwendet als ein Kategorie 6 Kabel. Es bedeutet nur, dass das Kabel eine Übertragungsfrequenz von max. 600 MHz aufweist gegenüber der Übertragungsfrequenz bei Kategorie 6 (Kat. 5E) von max. 250 MHz laut Norm.

2.12.3.1 Geschirmtes oder ungeschirmtes Kupferkabel

Anmerkung	Die Frage, ob man geschirmte oder ungeschirmte Kabel für sein Corporate Network verwenden will, ist zum Glaubenskrieg geworden, an dem wir uns nicht beteiligen möchten. Der Grund liegt auf der Hand, wir haben keinerlei marketingmäßige Interessen. Egal welche Norm, ob die europäische, die weltweite oder die amerikanische, es kann mit all diesen Systemen unter Beachtung der Randbedingungen ein funktionierendes Netz für Gigabit Ethernet und ATM 622 aufgebaut werden.

Das ungeschirmte Kabel hat den Vorteil, dass es auf Grund nicht vorhandener Schirmaufbauten einen kleineren Außendurchmesser besitzt und so im gesamten Netz kleinere Infrastrukturen benötigt und auch weniger Brandlast darstellt.

Bei geschirmten Kabeln haben wir, wie beschrieben, die etwas größeren Außendurchmesser. Es ist zusätzlich darauf zu achten, dass die Schirme normgerecht aufgelegt werden.

Das Kupferkabel für den Tertiärbereich im Fallbeispiel 1: In Fallbeispiel 1 hat man sich für ein ungeschirmtes Kupferkabel nach Kategorie 6 Standard TIA/EIA entschieden. Die Begründung dafür lag in den geringeren physikalischen Abmaßen sowie der Tatsache, dass es durch eine veraltete Elektroinstallation noch Gefahrenpotenziale hinsichtlich der im Glossar beschriebenen PEN-Problematik gab. Nach Gutachten eines Sachverständigen, der die Situation im Gebäude untersucht hat, wurde diese Festlegung getroffen.

2.12 Sprach- und Datenkabel

Praxistipp	Bei der Verlegung von Kabeln gleich welcher Art macht es Sinn, jeweils ein Stück Reserveleitung in der Infrastruktur zu belassen, um eventuell den Anschluss im Raum selbst verschieben zu können. Im Brüstungskanal wird eine Schleife Kupferkabel im Kanal untergebracht. Beim Lichtwellenleiter kann die Schleife in abgehängte Decken oder bei groß dimensionierten Installationskanälen sowie auch wiederum in den Brüstungskanal eingebracht werden.

2.12.3.2 Belegung 4 PIN oder 8 PIN an der Anschlussdose, Kabelsharing

Unter Kabelsharing versteht man die Verdrahtung eines achtadrigen Kupferkabels auf 2 x 4 PIN-Technik einer Anschlussdose. Somit könnte man theoretisch die Hälfte der Kabelmasse einer Tertiärverkabelung einsparen.

Für ein Kabelsharing benötigt man ein S/STP-Kabel, das im Fachjargon auch meistens PiMF (Pärchen in Metallfolie) genannt wird. Diesem PiMF-Kabel werden zwei Aderpaare auf die RJ 45 Buchse 1, die anderen beiden Aderpaare auf die PINs der Buchse 2 aufgelegt. Dabei ist eine Fixierung auf eine Topologie, wie z. B. ISDN 3645, unumgänglich. Bei einem Wechsel auf eine andere Topologie sind somit sämtliche Verdrahtungen hinfällig und müssen auf eine andere PIN-Belegung geändert werden. Ferner besteht die Möglichkeit, mit Cross-Over-Patchkabeln die Topologie umzustellen. Dies kann verwirrend sein, weil am Verteilerfeld die kommende wie abgehende Verdrahtung unterschiedlich ist.

Weiterhin gibt es Systeme mit Kabelsharing-Technik am Markt mit RJ 45-Einsätzen. Diese Einsätze (mit der entsprechenden Topologie) werden in einen Dosenrahmen eingesteckt. Bei einer Topologie-Änderung wird dieser Einsatz einfach ausgetauscht. Das Kabel bleibt dabei unverändert.

Wichtig!	Dazu kommt, dass eine bereits bestehende Kategorie 5-Verkabelung, die mit 4 PIN-Technik verdrahtet war, bei Austausch auf eine 8 PIN-Technologie die Hälfte aller Anschlüsse verlieren würde oder teilweise verlöre. Somit sind teure Nachinstallationen von Kabel und Dosen erforderlich.

Man konnte bis zu Kategorie 5 und Topologien bis Fast Ethernet 100 Base TX die RJ 45-Buchse mit 4 PIN-Belegung beschalten. Seit jedoch IEEE Topologien entwickelt hat, die 8 PINs benötigen, ist eine 4 PIN-Belegung aus unserer Sicht nicht mehr zu empfehlen.

Die Vorteile einer 4 PIN-Belegung:

- halbe Kabelmasse,
- dadurch weniger Infrastruktur,
- weniger Adern auflegen.

Die Nachteile:

- bei Topologiewechsel umverdrahten oder den Einsatz wechseln,
- wenn 8 Adern benötigt werden, dann nur noch die Hälfte an Anschlüssen vorhanden,
- unflexibel bei Netzen mit mehreren unterschiedlichen Topologien,
- eventuell erheblich höherer Messaufwand.

Empfehlung — Wir empfehlen unseren Kunden generell Systeme mit 8 PIN-Anschlussdosen und das Auflegen der 8 PIN an der Dose. Man tätigt zwar eine geringfügig höhere Investition, ist aber für die Standzeit des Systems wesentlich flexibler.

2.13 Anschlusstechnik

Unter Anschlusstechnik versteht man

- Patchkabel für den Anschluss der Netzwerkkarte an die Anschlussdose,
- Patchkabel für den Anschluss des Verteilerfelds an den Switch oder an die TK-Anlage,
- das Verteilerfeld,
- die Anschlussdose.

Man bringt damit die Endgeräte der Kommunikationstechnik an das fest verlegte Kabel heran. Für LWL- und für Kupferkabel gibt es unterschiedliche Anschlusstechniken.

2.13.1 Anschlusstechnik Kupfer

Unter Anschlusstechnik (Kupfertechnik) versteht man

- das Kupferpatchkabel,
- die Kupferanschlussdose,
- das Verteilerfeld Kupfer.

2.13.1.1 Patch- und Anschlusskabel Kupfer

Das Prinzip des Patchens ist im Glosssar dargestellt.

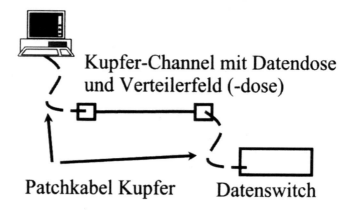

Abb. 2.29   Patchkabel Kupfer

Wie bereits mehrfach erwähnt, ist das Patch- oder Anschlusskabel immer technologisch an das verlegte Datenkabel hinsichtlich des Permanent Links oder des Channels anzupassen, damit eine durchgängige Ende-zu-Ende-Verbindung gleicher zertifizierter Systemkomponenten realisiert wird. Im Gegensatz zu normalen Datenkabeln sind Patchkabel flexibel. Patchkabel haben grundsätzlich nicht den gleichen Aufbau wie die starren Installationskabel.

Praxistipp	Es gibt Patchkabel in standardisierten Längen ab 0,5 m bis max. 5 m. Überlängen für Sonderinstallationen, wie z. B. das sternförmige Verlegen in Schulungsräumen in entsprechenden Kabelkanälen, die sich in den Büromöbeln befinden, sind grundsätzlich denkbar. Dabei muss beachtet werden, dass das Patchkabel nicht über die gleichen Übertragungseigenschaften wie das Datenkabel verfügt. Für große Strecken ist das Patchkabel einfach nicht konzipiert. Gerade bei billigem Material führt dies in der Regel zu Misserfolgen bei der Vernetzung.

Wie in Abbildung 2.29 dargestellt, hat ein Patchkabel zwei männliche Stecker. Patch- und Anschlusskabel verwendet man in den Verteilerschränken und an den multifunktionalen Arbeitsplätzen, um die Verbindung zwischen der Anschlussdose und der Netzwerkkarte oder im Verteilerschrank zwischen der aktiven Komponente und dem Verteilerfeld vorzunehmen. Auch wird die Verbindung vom Zugangsverteilerfeld der TK-Anlage Kategorie 3 zum Verteilerfeld Kat. 6 realisiert.

Man benötigt deshalb pro Endgeräteanschluss zwei Patchkabel, meistens in unterschiedlicher Länge. Die Länge beider Kabel darf nach der Norm insgesamt 10 Meter nicht überschreiten. Patchkabel gibt es in Kategorie 3 für Telefonanschlüsse, sowie in Kategorie 6 für EDV-Anschlüsse.

2.13.1.2 Anschlussdose Kupfer

Die Anschlussdose befindet sich in der Nähe des anzuschließenden Kommunikationsendgeräts. Sie ist die Aufnahmeeinheit des RJ 45-Steckers und dient dazu, das Datenkabel mit dem Patchkabel fest und stabil zu verbinden. In die Dose ist die RJ 45-Buchse (weiblich) eingebaut, in welche später das Patchkabel eingesteckt wird, um wahlweise die Dose mit der Netzwerkkarte des EDV-Rechners oder dem Telefonendgerät zu verbinden.

Der RJ 45-Stecker und die RJ 45-Buchse sind das Verbindungselement einer tertiären Gebäudeverkabelung mit Kupfer. Die RJ 45-Steckdose ist in Abbildung 2.30 dargestellt. Sie enthält im Gehäuse eine RJ 45-Buchse.

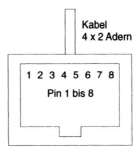

Abb. 2.30   Buchse RJ 45

Die RJ 45-Buchse ist auch im Verteilerfeld, ähnlich wie bei den Anschlussdosen eingebaut.

Anschlussdosen gibt es in zwei Varianten, unterputz und aufputz. Unterputzvarianten (siehe Abbildung 2.31) werden in Brüstungskanälen und Unterputzdosen eingebaut.

Anschlussdosen sollten für Telefonanlagenanschlüsse sowie EDV-Anschlüsse in Kategorie 6 als Corporate Networks installiert werden – natürlich nur bei einer reinen Kupferlösung im Tertiärbereich. In diesem Fall werden im Tertiärbereich ausschließlich Komponenten der Kategorien 6 benutzt, um aus einem Telefonanschluss ohne Aufwand einen EDV-Anschluss zu machen.

2.13 Anschlusstechnik

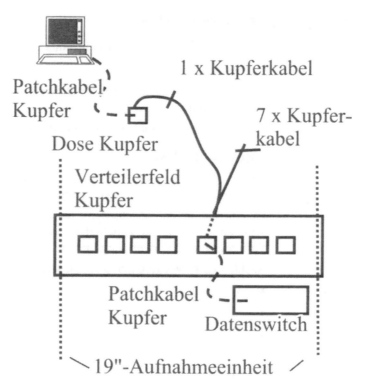

Abb. 2.31   Verteilerfelder, Anschlussdose Kupfer

Praxistipp	Es macht Sinn, statt Einfachdosen mit einem Port Doppel- oder Mehrfachdosen zu verwenden, da dies vorteilhaft für die Port-Reserve ist und nur geringfügig mehr kostet (Dose, Kabel, Anschluss und Messung).

2.13.1.3   Verteilerfeld Kupfer

Die Verteilerfelder sind wie eine auf höhere Portdichte optimierte Anschlussdose für die 19"-Verteilerschränke zu verstehen. Es gelten die technischen Beschreibungen wie bei der Anschlussdose.

Das in Abbildung 2.31 dargestellte Patchfeld ist für eine horizontale Variante konstruiert und hat in der Regel 24 Ports. Es gibt am Markt auch modulare Systeme in horizontaler oder vertikaler Form. Dort werden modulare Aufnahmeeinheiten oder sogar Steckdoseneinsätze RJ 45 (weiblich) in einen Montagerahmen eingeclipt. Die Portanzahl variiert stark.

2.13.2 LWL-Anschlusstechnik

Die LWL-Anschlusstechnik besteht ähnlich der Technik Kupfer aus

- der Anschlussdose LWL,
- dem Spleißverteilergehäuse mit Stecker und Pigtails für den 19"-Schrank,
- dem LWL-Patchkabel für den Schrank und die Anschlussdose.

2.13.2.1 Anschlussdose LWL

Für den Anschluss eines LWL-Endgeräts (Netzwerkkarte im Rechner) werden grundsätzlich zwei Lichtwellenleiterfasern benötigt.

Es gibt am Markt verschiedene Steckertypen, die an der Anschlussdose sowie im Verteilerfeld bzw. der Spleißbox im 19"-Verteilerschrank Verwendung finden.

Nachfolgende Steckertypen sind am Markt gängig:

- SC
- ST
- LC
- E2000
- MT RJ

2.13.2.2 LWL-Verteilerfeld, -Spleißbox, -Rangiergehäuse

Eine Spleißbox ist ein Aufnahmegerät für LWL-Fasern, die durch den sogenannten Spleiß thermisch mit einem Anschlusskabel mit Kupplung (Pigtail) verbunden wird.

Dieses thermische Fügeverfahren bietet im Bereich der LWL-Technik die höchste Sicherheit und die geringsten Dämpfungswerte. Das LWL-Pigtail wiederum wird mit ankonfektionierter Kupplung im Verteilergehäuse vorne montiert.

Als Ersatz für das Spleißverfahren wird häufig ein Klebeverfahren angewendet, das nicht so aufwändig, aber auch nicht so sicher ist.

In Abbildung 2.32 sind LWL-Gehäuse abgebildet, die dazu dienen, Anschlussdosen am LWL-Verteilerfeld anzuschalten.

2.13 Anschlusstechnik

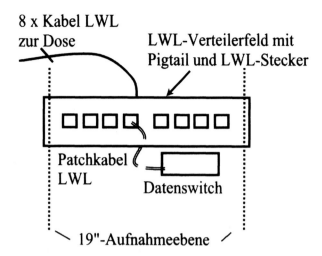

Abb. 2.32   Verteilerfelder, Anschlussdose LWL

Das LWL-Verteilerfeld beinhaltet die zum Patchen notwendigen Kupplungen in der Frontplatte. Das Verbindungskabel zur Anschlussdose sowie die Anschlussdose im Brüstungskanal sind ebenfalls in der Abbildung zu sehen.

Das LWL-Verteilerfeld könnte im Bedarfsfall mit einer Spleißbox kombiniert werden. In der Abbildung sind allerdings bereits vorkonfektionierte LWL-Kabel in das Verteilerfeld eingeführt. Der Spleiß erübrigt sich damit. Die Stecker für das Verteilerfeld können individuell und modular im Verteilerfeld kombiniert werden. Es gelten die gleichen Steckertypen wie bei der Anschlussdose in der Abbildung.

2.13.2.3   Patchkabel LWL

LWL-Patchkabel verbinden in der Primär- und Sekundärverkabelung LWL-Verteiler miteinander und schließen somit physikalisch den Backbone. Im Tertiärbereich werden dann analog zu den Patchkabeln bei Kupfer jeweils die Verbindungen von der aktiven Komponente bis zum Verteilerfeld sowie Anschlussdose zur Netzwerkkarte zugeschaltet. Auch hier benötigt man logischerweise pro Endgerät zwei Kabel (Abbildung 2.33). Diese können auf Grund ihres Einsatzzweckes im Verteilerschrank sowie an der Anschlussdose unterschiedlich lang sein. Eine Längenbeschränkung, wie wir sie bei den Kupfersystemen haben, besteht auch – bei weitem jedoch nicht so gravierend – in Abhängigkeit zur Topologie und deren physikalischen Grenzwerten.

2 Fallbeispiel 1: Netzwerksanierung in einem Altbau

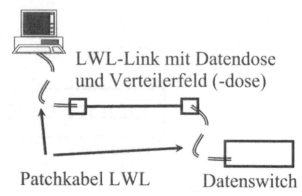

Abb. 2.33 Duplexkabel, Simplexkabel

2.14 Messung

Nach der Montage der Verkabelung sollte eine Messung der Kabelstrecken erfolgen. Damit werden

Warum Messungen?

- die Funktionalität der gesamten Strecke in Abhängigkeit von der Funktion sowie von den technischen Vorgaben für die jeweiligen Kategorien der Einzelkomponenten, der Verkabelungsklasse und der Topologie ermittelt,
- die erbrachten Leistungen des Lieferanten dokumentiert,
- die Längen der Kabelstrecken geprüft und festgehalten,
- auch diejenigen Anschlusspunkte überprüft, die nicht gleich in Betrieb genommen werden.

Für die Messung sind im Vorfeld das Verfahren sowie die Messgerätetypen festzuhalten.

Es hat sich als vorteilhaft erwiesen, die Archivierung bei großen Installationen auf einem elektronischen Datenträger vorzunehmen. Insofern sich im Unternehmen Fachpersonal mit Knowhow befindet, kann zusätzlich ein Viewer mit in das Profil der Ausschreibung aufgenommen werden. Es handelt sich hierbei um eine Software, welche die Weiterverarbeitung der gemessenen Daten per EDV ermöglicht.

2.14.1 Messung der LWL-Strecken

Bei der Messung der Glasfasern wird jede einzelne Faser zwischen den Verteilerfeldern in den Schaltschränken oder, bei fibre to the desk oder fibre to the office, zwischen den Verteilerfeldern und der Anschlussdose gemessen.

> **Ein bisschen Theorie**
>
> Eine Bemerkung zur Theorie von LWL–Messungen:
> Der wichtigste Leistungsparameter einer LWL-Strecke ist die Dämpfung (Signalverlust auf der Strecke), die auf der kompletten Kabelstrecke zwischen Anwender und aktiver Komponente anfällt. Vereinfacht bedeutet das, dass sich das Signal auf dieser LWL-Strecke in seiner Stärke reduziert.
> Für die Messung der LWL-Strecke gibt es in der Praxis zwei Messverfahren, nämlich das Einfüge- und das Rückstreuverfahren.

2.14.2 Das Einfügeverfahren

Das Einfügeverfahren ist ein Verfahren zur Messung einer LWL-Strecke mit zwei optischen Geräten, die an beiden Enden der Kabelstrecke angeschlossen werden müssen. Das Messverfahren wird durch eine kontinuierliche Einkopplung an einem Ende sowie gleichzeitiger Messung der übertragenen Werte am anderen Ende gestaltet. Da dieses Messverfahren nur die Dämpfung und nicht eventuelle Lokalisierung von Fehlern oder Störquellen realisiert, ist das Verfahren nur für Kontrollmessungen und beschränkte Fehlersuche verwendbar. Im Inhouse-LAN, bei reproduzierbarer Infrastruktur, kann es für die Überprüfung der Funktionalität der Kabelstrecke auch ausreichend sein (Einsparpotential Messung).

2.14.3 Das Rückstreuverfahren

Das Rückstreuverfahren ist ein Verfahren mit einem sogenannten optischen Messgeräte OTDR (Optical Time Domain Reflektormeter). Mit diesem Messgerät kann man LWL-Strecken in Abhängigkeit zu den einzelnen Komponenten hinsichtlich Dämpfung und eventueller Stör- und Fehlerquellen darstellen. Man benötigt dazu nur ein Messgerät; am anderen Ende der Leitung wird nichts angeschlossen. OTDR-Messungen sind in der Lage, Fehlerquellen auch auf der Strecke zu lokalisieren.

In Abbildung 2.34 ist eine LWL-Messung dargestellt. Man erkennt auf der Strecke, an den mehr oder minder großen Zacken, die Stelle einer Dämpfung in Abhängigkeit der Strecke vom Messpunkt zum Dämpfungspunkt.

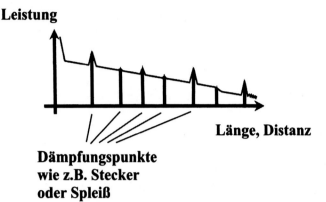

Abb. 2.34   Rückstreuverfahren

Praxistipp	Bei größeren Installationen werden die LWL-Messungen teuer. Um dies in Grenzen zu halten, kann bei einer Fibre to the Desk-Lösung in reproduzierbaren Infrastrukturen mit dem Einfügeverfahren nur die Dämpfung gemessen werden. Damit hat man die Funktionalität des Anschlusses überprüft. Bei nicht reproduzierbaren LWL-Strecken sollte man das OTDR-Verfahren anwenden. Insbesondere gilt dies bei Verlegung im Erdreich oder Verlegung größerer Leitungsmengen in Kabelschächten, die schwer zugänglich sind. Bereits während der Installation der Kabelstrecke werden damit eventuelle Störeinflüsse oder Fehler ermittelt. Wenn zu einem späteren Zeitpunkt das Kabel nicht mehr zugänglich ist, wäre die Neuverlegung erforderlich, die weit teurer wäre als die OTDR-Messung. Generell gilt das Prinzip der zeitnahen Messung, so dass bei eventueller Problemstellung die Situation zu einem frühen Zeitpunkt transparent wird und eine Fehlerkorrektur noch möglich ist.

2.14.4 Messung der Kupferkabel

Genau wie bei LWL-Verkabelungen ist es auch bei Kupferkabeln wichtig, die Verkabelungsstrecke zwischen der aktiven Komponente im Verteilerschrank und der Netzwerkkarte des anzuschließenden Rechners auf technische Funktionsfähigkeit zu überprüfen.

Ein wenig Theorie Auf symmetrischen Kupferkabeln werden elektromagnetische Signale übertragen. Während dieser Übertragung wird durch die zwei wichtigsten Parameter Dämpfung und Nah-Nebensprechen die Bandbreite der Kabelverbindung beeinflusst. Unter Dämpfung versteht man den Verlust an Leistung von einem elektronischen Signal, das von Punkt A nach B geht. Die maximalen Dämpfungswerte sind in der Verkabelungsnorm vorgegeben. Unter Nah-Nebensprechen versteht man den Übergang eines Signals von einer Leitung auf die andere. In dieser anderen Leitung wird ein entsprechender Strom erzeugt, der den Transport des Signals beeinflussen kann.

Anwendung von Messgeräten in der Praxis: Man kann eine Verkabelungsstrecke im Labor wie auch auf der Baustelle messen. Logischerweise ist auf der Baustelle durch das Umfeld eine schwierigere Situation gegeben als im Labor, wo keine Einflüsse wie Staub, Kälte und Feuchtigkeit die Messung beeinflussen können. Man sollte darauf achten, dass der Lieferant diese Einflüsse vermeidet, weil dies zu falschen Messwerten führt.

Praxistipp Messgeräte sind mit Parametern einstellbar, um verschiedenartige Messungen durchführen zu können. Bei falschen Einstellungen stimmen auch die Messwerte nicht. Da diese Messwerte aber den einzigen Nachweis der Funktionalität darstellen, führen wir ab und zu, bei dem einen oder anderen Lieferanten, Testmessungen durch. Die Ergebnisse sind teilweise ernüchternd!

Das Messgerät wird an die Leitung angeschlossen. Es überprüft die Strecke, neben den beiden Parametern Dämpfung und Nah-Nebensprechen, (als Resultat ACR) auch auf Verdrahtungsfehler, wie z.B. eine falsche PIN-Belegung. Darüber hinaus ermittelt das Messgerät die Verbindungslänge der Kupferleitung, die zur Rechnungsfindung der Gesamtverkabelungslänge als Summe aller gemessenen Einzellängen des Kupferkabels ermittelt und verwendet werden kann.

2.14.5 Abgrenzung Permanent Link, Channel

Der klassische Permanent Link ist eine Kupferkabelverbindung zwischen der Anschlussdose und dem Verteilerfeld und enthält messtechnisch keine Patchkabel. Der Channel ist eine Kabelverbindung mit Patchkabel und hat somit die elektromagnetischen Verhältnisse der Gesamtstrecke zwischen aktiver Komponente und Netzwerkkarte in der Workstation abgebildet. Der Permanent Link hingegen hat diese nicht.

Das hat Konsequenzen auf das Messverfahren. In der Praxis sollte man für das komplette Verkabelungssystem, welches zertifiziert von einem oder mehreren Herstellern angeboten wird, eine Channelmessung beaufschlagen. Für die Reserveports kann man mit genormten Patchkabeln ebenfalls eine Channelmessung vornehmen. Man hat aber dadurch, dass diese Patchkabel nicht an der Dose verbleiben, keine Möglichkeit, später die Gewährleistung dieser Ports zu beanspruchen. Deshalb könnte man zur Not auch nach dem Messverfahren des Permanent Links auf Anschlüsse, die nicht gleich nach der Installation geschaltet werden, zurück greifen und bei Neuanschlüssen nochmals den Channel messen lassen.

2.15 Dokumentation

Wichtig	Ein gutes Leistungsverzeichnis enthält immer eine gesamte Dokumentation der abgelieferten Installation!

Die Dokumentation des kompletten Verkabelungssystems ist vom Lieferanten zu erbringen und bedeutet ein Stück Qualitätssicherung für das Verkabelungssystem. Bei der Dokumentation des Primärbereichs werden im Gebäudegrundriss bzw. -schnittplan die Kabeltrassen und die entsprechend eingelegten Leitungsmedien beschrieben. Die in den Grundrissplänen eingetragenen Anschlusseinheiten werden bei der Dokumentation der Verteilerschränke 1:1 beschriftet. In den Grundrissplänen werden auch die infrastrukturellen Leitungsführungen der Sekundär- und Tertiärverkabelung erfasst und beschrieben. Die Dokumentation kann in Form eines CAD-Programms elektronisch oder manuell in Form von Einzeichnen in die Pläne erfolgen. Im Falle einer CAD-Dokumentation kann dies auf einer Diskette oder auf einer Daten-CD archiviert werden.

Praxistipp	Eine Dokumentation ist so gut wie ihre Pflege, die bei Änderungen, Erweiterungen oder Entfernung von Systemkomponenten durchgeführt wird. Wird in der Praxis die Pflege einer Dokumentation nicht durchgängig geführt, so sind die Vorteile der Übersicht der strukturierten Aufteilung einzelner Komponenten und somit die Fehlersuche und -behebung schon bereits nach relativ kurzer Zeit sinnlos verpufft.

Die Dokumentation sollte mindestens in zweifacher Form vorliegen. Ein Satz sollte sich im Schaltschrank oder Schaltschrankraum befinden, ein zweiter an einem anderen feuergeschützten Standort. Bei Schäden wie Feuer oder Wasser ist somit eine zweite Dokumentation vorhanden, um Informationen über das Verkabelungssystem zu erhalten. Auch für die Messdaten kann eine Diskette oder CD die elektronische Archivierung darstellen.

2.16 Aktive Komponenten

An dieser Stelle sei vermerkt, dass über die Theorie aktive Komponenten im Fallbeispiel 2 Kapitel 3.7 ein Exkurs geschrieben wurde. Im Vorgriff auf die Komponenten sind hier bereits Fachbegriffe verwendet, die Sie im Glossar finden.

> **Die Problematik** Bei der Konzeptionierung von aktiven Komponenten, die sehr komplex sind, braucht man den Rat von Fachleuten. Die Märkte sind unübersichtlich und die Zahl der angebotenen Lösungen fast unüberschaubar. Es ist sicherlich nicht die Aufgabe des Realisierers, diese Planungen durchzuführen. Wohl aber ist es durch die Wichtigkeit der aktiven Komponenten, als zentrale, elektronische oder optische Schaltgeräte notwendig, das Konzept auf Vorteilhaftigkeit sensibel zu überprüfen – auch und gerade weil diese Geräte häufig die teuersten Systemkomponenten darstellen.

2.16.1 Netzwerkkarten

Unter einer Netzwerkkarte versteht man das Bauteil, welches in einen PC-Arbeitsplatz eingebaut wird und dafür sorgt, dass die physikalische Verbindung zwischen Rechner und Netzwerk hergestellt wird. Die Netzwerkkarte ist als aktive Komponente ein Element des Netzwerks.

Das Ziel in Fallbeispiel 1 ist die Anschaltung dieser Karten auf eine Datenrate

- 10/100/(1000) MBit/s für Kupfersysteme und 100/(1000) MBit/s für LWL–Systeme für Workstations
- 1000 MB auf Kupfer und LWL für Server und Power-Workstations.
- Die in (_) aufgeführten Werte werden sich in den nächsten Monaten mit guter Preis-/Leistung am Markt etablieren. Dies gilt auch für die nachfolgend genannten Switches.

2.16.2 Switch (Schalter)

Der Switch ist nach dem Stand der heutigen Technik das zentrale Element des Netzwerks (siehe Fallbeispiel 1). Er stellt die elektronische Verbindung zwischen den Netzwerkkarten der Arbeitsplätze und den Servern her. Dies tut er, indem er durch seinen Aufbau die Verkabelungsstrecke mit einer vorgegebenen Datenrate beschaltet.

In der Kupfertechnik ist für Ethernet 10/100/(1000) MBit/s der gängige Standard, für LWL 100 MBit/s für den Anschluss der Arbeitsplätze. Für den/die Server oder Powerworkstations setzen sich momentan 1000 MBit/s immer mehr durch, was in Kupfer und LWL machbar ist.

Der modulare Zentralswitch in Fallbeispiel 1 besteht aus

- einem 19"-Gehäuse,
- einem oder mehreren Netzteilen,
- einer Managementplattform,
- modularen Einschubbaugruppen mit den Anschlussports 1000 Base LX (Anschluss Standort 2), 1000 Base SX (Server und Power Workstations), 10/100 Base TX (Workstations und sonstiges Equipment),
- Systemsoftware,
- Backplane (Rückgrat oder Basisplatine mit elektronischen Aufsätzen).

> **Praxistipp** Der Grundregel, dass die jeweiligen Serveranschlüsse hinsichtlich der Bandbreite immer einen möglichst hohen Faktor im Verhältnis zum Anschluss der Arbeitsplätze darstellen sollten, ist Rechnung getragen. Die Serveranschlüsse sind gegenüber den Anschlüssen der Workstation mit einem Faktor 10 beschaltet.

Der Stackable Switch im 1. Obergeschoss hat im Gegensatz zu einem modularen Switch einen festen Aufbau und keine modularen Baugruppen. Er wird für eine definierte Anzahl von Endgeräten beschafft und in der Regel für den Etagenbereich in abgesetzten Verteilerschränken verwendet. Es wären dies:

- Kompaktgerät 19"-Gehäuse,
- inklusive 1000 Base SX (Anbindung Zentralswitch), 10/100 Base TX (Workstations und sonstiges Equipment).

2.16.3 Aktive Redundanzkonzepte

Wie bei der passiven Verkabelung gibt es auch im aktiven Bereich Redundanzkonzepte. Auf Grund der technischen Komplexität sind an dieser Stelle nur nachfolgende Aspekte dargestellt:

- Die auf Backbones laufende aktive Redundanz befindet sich auf dem Zentralverteilerswitch Collapsed Backbone in Fallbeispiel 1. Zusätzlich könnte man durch das Vorhalten jeweils einer Reservebaugruppe bei Ausfall im Tertiärbereich einen Anschluss einfach umverlegen.

- Diese Redundanz könnte auch in besonders gravierenden Fällen die Anschaffung eines zweiten Switches erfordern, der bei Ausfall die Aufgaben des im Betrieb befindlichen Switch übernimmt.

Alternative	Von den Herstellern aktiver Komponenten gibt es Vorort-Verträge, die den Austausch der Geräte regeln. Sie können individuell für 1 bis 3 Jahre abgeschlossen werden. Innerhalb dieser Zeit werden die Geräte ohne weitere zusätzliche Kosten innerhalb einer bestimmten Reaktionszeit getauscht. Je kürzer die Reaktionszeit, um so höher ist der Preis für diesen Vorortservice.

2.16.4 Netzwerksegmentierung oder Neuverkabelung

Unter Netzwerksegmentierung versteht man das Unterteilen eines gesamten großen Netzes in mehrere kleinere Segmente. Da ältere Verkabelungssysteme physikalisch belassen werden können, werden erhebliche Investitionskosten eingespart.

Ansatzpunkt	Netzwerksegmentierungen werden vor allen Dingen dort vorgenommen, wo die passive Verkabelungsstruktur nicht oder nur unter schwierigen gebäudlichen und kostenseitigen Bedingungen ersetzt werden kann. Es wird zwar dadurch häufig kein Optimum, allerdings doch eine deutliche Verbesserung des Istzustands erreicht.

Das im Fallbeispiel vorliegende Netzsegment 2 für die Bürokommunikation und das PPS hätte man theoretisch belassen können, da es sich bereits um eine Kategorie 5-Installation handelt. Da der Aufwand für das neue System in diesem Gesamtnetz jedoch relativ gering war, hatte man sich entschlossen, das ganze Netz durchgängig zu erneuern.

Es wäre an dieser Stelle allerdings auch möglich gewesen, das vorhandene Kategorie 5-System weiter zu verwenden und durch den Einsatz des modularen Switch bzw. Etagenswitche die Bandbreite erheblich zu erhöhen. Bei einem Kategorie 5-Netz mit Hubs teilen die angeschlossenen User die gesamte Bandbreite unter sich auf. Im Falle Standort 1 waren dies 10 Mbit/s für alle User. Nach Gestaltung des Kategorie 6-Netzwerks inklusive der Installation der Switchtechnik hat ein User die Bandbreite zur Verfügung, die der Switch pro User zur Verfügung stellt, nämlich im Falle der Kupferanbindung 10/100 Mbit/s, im Falle der LWL-Anbindung ebenfalls 100 Mbit/s – eine deutliche Verbesserung.

Praxistipp	Bei der Gestaltung von Netzwerksegmentierungen bei der Topologie TokenRing wird häufig der Versuch unternommen, über das Typ 1-Kabel ebenfalls Fastethernet zu verschalten. In der Praxis wurden sehr schlechte Erfahrungen gemacht, da die Anschlusstechnik mit Balluns nicht immer 100 Mbit zuverlässig durchschaltet, sondern meistens bei 10/100 Base TX auf 10 Mbit Autosensing (automatische Erkennung der Topologie) zurückfällt (was häufig aber auch bereits eine Verbesserung darstellt.

Fazit Kapitel 2 Der Realisierer muss sich letztendlich um sämtliche Details der Vernetzung kümmern. Dafür hat er unterstützend sein Projektteam. Er sollte sehr genau darauf achten,

- dass das neue Netzwerk den Ansprüchen der Skalierbarkeit und Verfügbarkeit gerecht wird,
- dass dem Wunsch nach einheitlichen Topologie- und Protokollstrukturen unternehmensübergreifend Rechnung getragen wird,
- welche strukturellen Aufbauten die neuen Infrastrukturen haben und welche Vorteile sich für die Zukunft daraus ergeben,
- welche Art und welchen Aufbau seine Verteilerräume inklusive der Schaltschränke und Komponenten haben,
- welchen Verkabelungschannel er für seine Sprach- und Datenverkabelung aussucht (Anschlusstechnik Patchkabel plus Dose, Datenkabel, Verteilerfeld),
- welche aktiven Komponenten er sinnvollerweise auf seinem physikalischen und passiven Netzwerk aufsetzt,
- welche Leistung vom Lieferanten hinsichtlich der Messung und Dokumentation zu erwarten ist,
- welche aktiven Komponenten zum Einsatz kommen (externe Beratung)!

3 Fallbeispiel 2: Netzwerk-Fertigung in einem Neubau

Die „grüne Wiese" – ein Neubau – der ideale Ausgangspunkt für ein professionelles Netzwerk

3.1 Ausgangssituation

Durch die Tatsache, dass ein neues Fertigungsgebäude gebaut werden muss, sind ideale Bedingungen für die Erweiterungen des Campusnetzwerks geschaffen. Einen zu beachtenden Ist-Zustand gibt es nur bei der Anbindung zum Hauptstandort Verwaltung (Fallbeispiel 1, Kapitel 2)

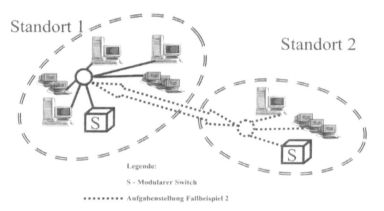

Abb. 3.1 Anforderungsprofil Fallbeispiel 2

Wie der Abbildung 3.1 zu entnehmen ist, hat das Fallbeispiel 2 den Schwerpunkt in der Gestaltung des LAN sowie der Anbindung eines weiteren Standorts im Primärbereich eines Campusnetzwerks. Gewählt wurde ein repräsentatives Bauwerk eines mittelständischen Betriebs, hier im Speziellen ein Fertigungsgebäude. Wie abgebildet, ist am Standort 1 die Netzwerkstruktur bereits vorhanden. Das Netzwerk am Standort 2 soll voll in das Unternehmensnetzwerk am Standort 1 integriert werden.

Beim Betrachten der Vernetzung kann es nur von Vorteil sein,

- beide Netzwerksegmente an Standort 1 und 2 in ein planerisches Gesamtkonzept zu packen,
- sicherzustellen, dass das integrierte Netz mit anderen Netzwerken auf dem Campus nach dem Prinzip der Any to Any-Beziehung vernetzbar bleibt
- das Netzwerk an den Standorten 1 und 2 von einem zentralen Management, das sich am Standort 1 befindet, verwaltbar zu machen.

Auf Grund der Situation *grüne Wiese* wurde auf eine Auditierung gänzlich verzichtet und die entsprechenden Ergebnisse aus Fallbeispiel 1 auch bei Fallbeispiel 2 zugrunde gelegt.

3.2 Zielsetzung Sollkonzept Standort 2

Für das Netzwerksegment am Standort 2 wird ein neuer QS-Server installiert. Für die Anbindung an das PPS-System sowie das QS-Netz werden neue PCs angeschafft. Die Vorteile bei der Integration der zwei Netzwerke liegen klar auf der Hand:

- einheitliche Benutzeroberfläche für alle Mitarbeiter und Systemadministratoren,
- Integration von Workflow und Bürokommunikationsdiensten in beiden Gebäuden,
- Standardisierung und Vereinfachung der Ersatzteilhaltung im Rahmen der Systemadministration,
- Vereinheitlichung des gemeinsamen Sicherheitsstandards.

Als weiteres müssen die zwei Netzwerksegmente Standort 1 und 2 in unserem Netzwerkprojekt miteinander in Verbindung gebracht werden.

Festlegung	Dabei wird davon ausgegangen, dass wie in Fallbeispiel 1 sämtliche Protokollstrukturen, die im kompletten Netzwerk vorkommen, auf IP-Basis implementiert werden.

3.3 Gebäudebeschreibung Fallbeispiel 2

Festlegung Im Fallbeispiel 2 wird ein für die industrielle Fertigung typisches Gebäude zugrunde gelegt. Es wird dabei angenommen, dass es sich um ein neu zu erstellendes Gebäude handelt, in das Maschinen mit großer induktiver bzw. elektromagnetischer Belastung eingebracht werden. Die Thematik EMV ist deshalb bei der Konzipierung besonders zu berücksichtigen.

Auf Grund der Ausrüstung dieses Produktionsstandorts mit transporttechnischen Einrichtungen, wie z. B. Kranbahnen, ist der Bereich P3, wie in Abbildung 3.2 zu sehen, nicht für Festanschlüsse erschließbar.

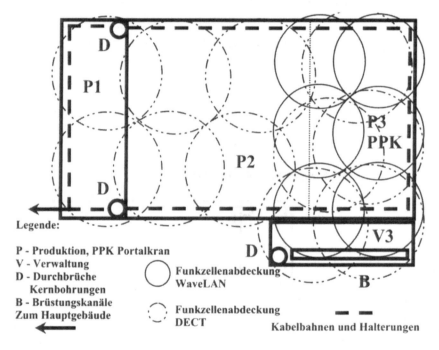

Abb. 3.2 Querschnitt Erdgeschoss für Funkausleuchtung

Es handelt sich hier außerdem um einen Betrieb, der auf Grund seiner Produkt- und Kundenstruktur mit einem Qualitätssicherungssystem überwacht bzw. gesteuert werden muss. Die Sicherstellung der Qualität der hergestellten Produkte und der damit verbundene Bedarf an Online-Informationen erfordert eine Betrachtung von fest verlegten Kabelanschlüssen und alternativen Medien wie z. B. Funk.

Dies macht die Implementierung eines Wireless-LAN-Systems erforderlich. Dieses Funknetzsystem wird ausschließlich für diesen, nicht aber für einen durch Festanschlüsse erschließbaren Gebäudeteil implementiert (Funk wegen Bandbreite und Kosten nur als Ergänzung gedacht).

Für das komplette Gebäude wird zusätzlich ein für Mobiltelefone ausgestattetes DECT-Netzwerk eingeplant. Dies ist die Basis für die Erreichbarkeit sämtlicher Mitarbeiter mit schnurlosen DECT-Mobiltelefonen.

Anmerkung Der Vorteil gegenüber öffentlichen Mobiltechnologien ist der, dass für Gespräche auf dem Betriebsgelände keine Gebühren und für Gespräche in öffentliche Netze nur Standardgebühren des Telekommunikationssystems anfallen.

Die gebäudliche Ausgestaltung mit entsprechenden Sende- und Empfangsantennen ist in Abbildung 3.9 dargestellt.

Das Gebäude hat neben der reinen produktionstechnischen Komponente noch zwei Gebäudeteile integriert, in denen Mitarbeiter die verwaltungstechnischen Arbeiten verrichten. Diese Gebäudeteile sind in den Abbildungen 3.3 ff. mit VE1, VE2 und VE3 bezeichnet.

3.3.1 Das Erdgeschoss Fallbeispiel 2

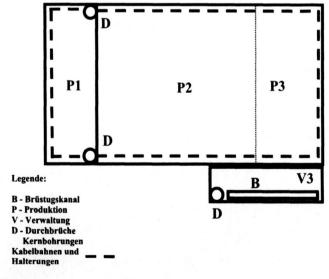

Legende:
B - Brüstugskanal
P - Produktion
V - Verwaltung
D - Durchbrüche
   Kernbohrungen
Kabelbahnen und
Halterungen

Abb. 3.3   Querschnitt Erdgeschoss

Wie in der Abbildung 3.3 dargestellt, ist das Erdgeschoss in die drei Produktionsteile P1, P2 und P3 unterteilt.

Die drei Gebäudeteile werden durch ein ringförmiges System mit Kabelbahnen erschlossen. Die Durchbrüche in das Obergeschoss im Bereich P1 sind als Kernbohrungen ausgebildet.

Im Gebäudebereich VE3 ist ebenfalls eine Kernbohrung in das Obergeschoss eingebracht. Für die Vernetzung des Standorts V3 wird an einer Seite ein Brüstungskanal verlegt.

3.3.2 Das Obergeschoss Fallbeispiel 2

Wie Abbildung 3.4 zeigt, befinden sich im Obergeschoss die Verwaltungsabteilungen VE1 und VE2.

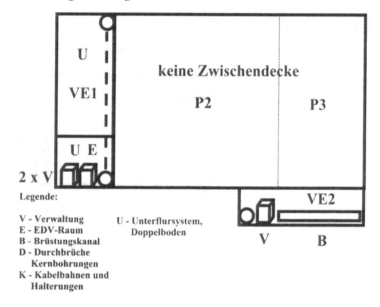

Abb. 3.4   Querschnitt Obergeschoss

Verwaltungseinheit 1: Die Verwaltungseinheit VE1 enthält den zentralen EDV-Raum für den Standort 2. Er ist mit einem Doppelboden bzw. mit einem Unterflursystem ausgestattet, das im kompletten Verwaltungsbereich durchgängig verlegt ist. Die Zuführungen der Kabel aus dem Erdgeschoss erfolgen, wie bereits beschrieben, über zwei Kernbohrungen, die in sich wiederum mit einer Kabelbahn verbunden sind. Im EDV-Raum befinden sich zwei zentrale 19"-Verteilerschränke, die auf dem Doppelboden aufsitzen (Doppelboden = Kabelverlegeinfrastruktur).

Verwaltungseinheiten 2 und 3: Die Verwaltungseinheit VE2 ist mit der darüberliegenden Verwaltungseinheit VE3 (siehe Abbildung 3.5 durch eine Kernbohrung verbunden. Im Raum VE2 erschließt ein Brüstungskanal die Arbeitsplätze des Standorts VE2, in dem ebenfalls ein 19"-Verteilerschrank untergebracht ist. In VE 3 ist eine Tertiärverkabelung mit Brüstungskanälen vorgesehen.

Praxistipp	Da sich in diesem Schrank keine aktiven Komponenten befinden, entstehen kaum Wärme oder Lärm. Deshalb kann der Schrank in den Raum einer Verwaltungsabteilung eingebracht werden. Im Normalfall wäre ein mit aktiven Komponenten und einer Lüftungseinheit ausgestatteter Schrank nicht ergonomisch und würde die Mitarbeiter im Raum sicherlich bei ihrer Arbeit stören.

3.3.3 Gebäudeschnitt

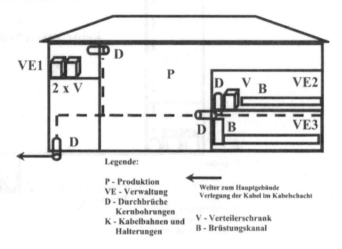

Abb. 3.5 Schnitt Produktionsgebäude

Als Ergänzung zu den bereits gefertigten Grundrissen der Stockwerke dient nun der Gebäudeschnitt. Er stellt die vertikale Achse der strukturierten Verkabelung dar.

Die Versorgung der einzelnen Gebäudeteile wird mit Kabelbahnen realisiert (siehe auch Abbildung 2.21).

Die im Gebäudeschnitt dargestellten Layouts sind wie folgt zu interpretieren:

- Der mit Pfeil dargestellte Backbone zum Hauptgebäude stellt die Verbindung zu den zentralen DV-Einheiten aus Fallbeispiel 1 dar.
- Die Verlegung von Kabelmedien zum Hauptgebäude findet in einem Leerrohr- bzw. Schachtsystem statt.
- Die Verbindungsleitung zwischen dem EDV-Raum des Produktionsstandorts 2 sowie dem zentralen EDV-Raum im Verwaltungsgebäude 1 ist mit Monomodekabeln realisiert, ebenso die Anschlussverbindung beider TK-Anlagen. Es werden jeweils zwei Fasern pro Dienst benötigt.
- Verwendung findet ein mit Nagetierschutz versehenes längs- und querwasserdichtes Lichtwellenleitersystem.

Der Produktionsstandort hat ein eigenes Telekommunikationssystem. Das TK-System am Standort 2 besitzt ebenso wie das an Standort 1 eine Lichtwellenleiterschnittstelle, an die ein Faserpaar des Lichtwellenleiterkabels angeschlossen wird. Die Anbindung des DECT-Systems findet an die im 19"-Schrank (VE1) befindliche TK-Anlage statt.

Das Wireless-LAN-System ist mit mehreren Sende- und Empfangseinheiten ausgestattet und belegt pro Einheit jeweils einen Switchport am Zentralswitch im Gebäudeteil VE1. Die Querverbindung zwischen VE1 und VE2 hinsichtlich Anbindung der Daten- und Telekommunikationskabel ist derart aufgebaut, dass im Verteilerschrank VE2 nur die physikalische Verbindung geschaltet wird. Die vom Verteiler VE2 abgehenden Endgerätekabel werden im Verteiler durchgeschaltet bzw. gepatcht. Gleiches gilt auch für die Sende- und Empfangseinrichtungen des DECT-Systems und der Anschlüsse für die Telekommunikation.

3.3.4 Das physikalische Layout Fallbeispiel 2

Wie in Abbildung 3.6 dargestellt, verlaufen von den drei Verteilerschränken zu den Endgeräten für die EDV-Anschlüsse Lichtwellenleiterkabel, für die Telekommunikationsanschlüsse Telekommunikationskabel. Beide Verbindungen sind sternförmig angelegt.

Bei den Verbindungsleitungen zwischen den zwei Verteilerschränken im Standort VE1 und dem Verteilerschrank in VE2 liegen mehradrige Lichtwellenleiter- und Telekommunikationsleitungen.

3 Fallbeispiel 2: Netzwerk-Fertigung in einem Neubau

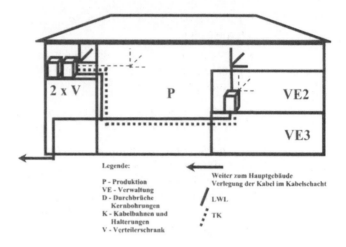

Abb. 3.6 physikalisches Layout Gebäude Kabel

3.3.5 Das logische Layout Fallbeispiel 2

In diesem Fallbeispiel ist das logische Layout aus Gründen der Übersichtlichkeit in drei Ebenen aufgeteilt:

- logisches Layout Gebäude,
- logisches Layout Hardware Datendienste,
- logisches Layout Hardware Sprachdienste.

Die für den Anschluss der Endgeräte erforderlichen Topologien sind in Abhängigkeit zum Gebäude in den Abbildungen 3.7 bis 3.9 dargestellt.

Die einzelnen Leitungen finden ihre Anwendung wie folgt:

- 1000 Base LX für die Verschaltung der Standorte 1 und 2,
- LWL-Telefon als proprietäre Topologie für die Verbindung der beiden Telekommunikationssysteme an Standort 1 und 2,
- die Verbindungsleitungen zwischen den Verteilereinheiten VE1 und VE2 1000 Base SX für den Anschluss der Workstations,
- UP_0, S_0, a/b als Verbindungsleitung zwischen der Verteilereinheit VE1 und VE2 sowie weitergehend in die sternförmigen Vernetzungen in das Gebäude selbst,

- die beiden Funknetzkomponenten Wireless-LAN für den Anschluss an 10/100 Base T nach IEEE 802.11b sowie für die Sprachdienste das DECT-System für den Anschluss von schnurlosen Telekommunikationsendgeräten.

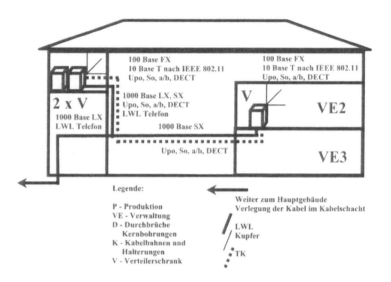

Abb. 3.7   Logisches Layout Gebäude

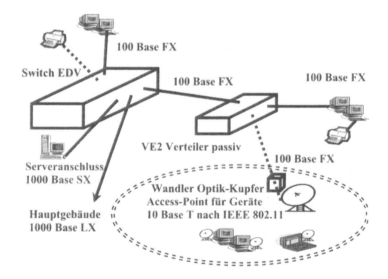

Abb. 3.8   Logisches Layout Hardware Datendienste

Ergänzend zu dem dargestellten Aufbau des Netzwerks sind in Abbildung 3.8 zwei Besonderheiten dargestellt. Diese Besonderheiten sind:

- Der Switchanschluss an die Workstations findet passiv im Verteilerschrank statt. Die dort zur Verfügung gestellte mehrfaserige Datenleitung zum Hauptverteilerschrank VE1 wird auf Kabel mit vierfaserigem Aufbau durchgepatcht.

- Der Anschluss der Accesspoints findet mit einem Optik-Kupferwandler direkt am jeweiligen Accesspoint statt. Die Verbindungsleitung wird, wie auch die Workstations, über eine 100 Base FX-Leitung direkt im Schrank VE2 durchgeführt. Das logische Layout stellt sich deshalb wie ein in der Verteilereinheit VE1 konzentrierter Collapsed Backbone dar. Dadurch werden Switche in VE2 eingespart. Gleiches war bereits im Fallbeispiel 1 (CAD) gegeben.

Auf Grund der sehr starken elektromagnetischen Belastung konnte hinsichtlich der Ausgestaltung der EDV-Arbeitsplätze nur eine Entscheidung getroffen werden, nämlich die EDV-Workstations über 100 Base FX (Fast Ethernet auf LWL) anzubinden. Lichtwellenleiterkabel sind elektromagnetisch nicht beeinflussbar und können somit auch durch die starken induktiven Verbraucher nicht gestört werden. Dabei kann eine etwas höhere Grundinvestition für Switches in Kauf genommen werden. Auf Grund der Längenverhältnisse (bei VE1 und VE2 > 90 m Patchfeld zur Anschlussdose) spricht ebenfalls alles für Fibre to the Desk.

Ferner wird zwischen den beiden Schranksystemen im Bereich VE1 bzw. VE3 ebenfalls ein Lichtwellenleiterkabel für die passive Verschaltung mit der Topologie 100 Base FX als sinnvoll erachtet, da dadurch Switche für den Standort VE3 ersatzlos entfallen.

3.3.6 Das logische Layout Hardware Sprachdienste

Beim Layout der Sprachdienste haben wir eine ähnliche Konstellation wie beim logischen Layout Hardware Datendienste.

Festanschlüsse werden entweder am Hauptverteiler VE1 oder über den Unterverteiler im Gebäudeteil VE2 durch Patchen realisiert. Ebenfalls erfolgt von jedem Verteilerraum eine Anschlussmöglichkeit an die im Gebäude befindlichen DECT-Antennen in Patchtechnik-Ausführung.

Die Verschaltung der Telekommunikation-Schnittstellen zwischen VE1 und VE3 findet mittels eines Telefonkabels A2YSTY statt. Dieses Telefonkabel ist in beiden räumlichen Einheiten VE1 sowie VE3 auf entsprechende Verteilerfelder Kategorie 3 aufgelegt. Die Verschaltung der Kabel erfolgt in 4 PIN-Technik (TK-Schnittstellen brauchen nur 2 Doppeladern). Abgehend von den Schränken werden Innenkabel I2Y(St)Y zum Einsatz gebracht. Damit können alle drei Systemschnittstellen Up_0, S_0 und a/b, sowie auch die Anschlüsse für die Sende- und Empfangseinheiten der DECT-Stationen abgedeckt werden.

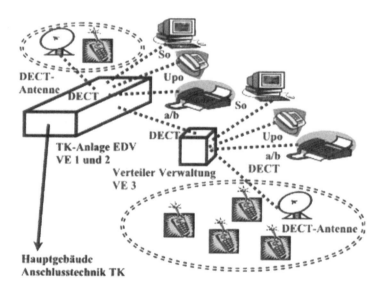

Abb. 3.9   Logisches Layout Hardware Sprachdienste

3.3.7 Aus den Layouts abgeleitete Mengengerüste

Analog zur Vorgehensweise in Kapitel 2 werden nun aus den erstellten Layouts die Mengengerüste abgeleitet. Dabei sind wieder die Einflussfaktoren EDV- und Telekommunikationskomponenten als Auslöser der Mengengerüste entsprechend zu berücksichtigen.

3.4 Die passiven Komponenten

Festlegung

Um den Umfang des Buchs nicht künstlich aufzublähen, werden hier bei den passiven Komponenten nur diejenigen Systemeinheiten beschrieben, die im Fallbeispiel 1 keine Berücksichtigung fanden. Insbesondere sind dies:

- Verteilerraum in der Gebäudeeinheit VE1 hinsichtlich des Aufbaus eines Doppelboden- und Unterflursystems
- Kabelbahnen, Installationskanal
- LWL-Verbindungsleitungen
- Kupferkabel Telekommunikation
- Aktive Komponenten
- Schnurlose Netzwerke DECT
- Wireless-LAN

3.4.1 Verteilerraum mit Unterflursystemen (Doppelboden)

Warum ein Verteilerraum?

Wie in Fallbeispiel 1 ist es auch in Fallbeispiel 2 sinnvoll, einen zentralen Verteilerraum für den kompletten Standort zu implementieren. Die Vorteile einer zentralen Einheit sind die gleichen wie im vorhergehenden Kapitel.

> **Praxistipp**
>
> In diesem Gebäudetrakt wurde in den Doppelboden auch gleichzeitig ein Unterflursystem eingebracht, das als Aufnahmeeinheit der Sprach- und Datendosen zur Verfügung steht. Unterflursysteme und deren geometrische Anschlussorte für die Endgeräte sind in der Praxis sehr schwierig zu bestimmende Systemeinheiten. Die einmal festgelegte Verlegestruktur kann so gut wie nicht mehr verändert werden. Durch räumliche Veränderungen, insbesondere beim Verschieben oder Neubeschaffen von Büromöbeln, kommt es häufig vor, dass sich die Dosen an einem Standort befinden, der für einen Arbeitsplatz nicht mehr optimal ist. In diesem Fall überwogen durch eine eindeutige Zuordnung von Anschlussdosen und Büroeinrichtung die Vorteile des Doppelbodens.

3.4 Die passiven Komponenten

Wie auch in Kapitel 1 wird in der Gebäudeeinheit VE1 ein EDV-Doppelboden eingebaut. Dieser erstreckt sich über die kompletten Verwaltungsräumlichkeiten im Bereich VE1. Möglich wurde dies durch die vorgegebene Raumhöhe des Industriegebäudes.

Für die im Verteilerraum benötigten Systemeinheiten gelten die gleichen Angaben wie in Kapitel 2.

3.4.2 Infrastruktur

Für die Installation der Infrastruktur wurden in diesem Industriegebäude Kabelbahnen sowie Installationskanäle verwendet.

3.4.2.1 Kabelbahnen

Warum Kabelbahnen?

Wie auch im Fallbeispiel 1 sind Kabelbahnen, bei denen es nicht auf Designkriterien ankommt, die optimale Infrastruktur für die Aufnahme jeglicher Kabeltechnologie. Außer in den Verwaltungsgebäuden VE2 und VE3 sowie im Bereich der Zuleitung zum Erdkabelschacht für die Einbringung des LWL-Kabels sind durchgängig Kabelbahnen installiert.

Es gelten die gleichen Bedingungen wie in Kapitel 2.

3.4.2.2 Installations-Kabelkanal

Warum Kabelkanal?

Bei der Verlegung von Kabeln mit wenig Kabelmasse ist ein Kabelbahnsystem zu teuer. Deshalb wird meistens im Anschlussbereich oder bei der Zuführung von Aufputzanschlussdosen bei der Wandmontage ein Installationskanal für das Aufnehmen der Kabel verwendet. Es gibt ihn in Kunststoff-, Aluminium- und in Stahlblechausführung, wobei der Kunststoffkanal in der Praxis überwiegt (siehe Abbildung 3.10).

Kunststoffkanäle gibt es wie Brüstungskanäle in halogenfreier bzw. halogenhaltiger Form. Im Industriebereich findet der halogenhaltige Kabelkanal am häufigsten Anwendung. Installationskanäle gibt es in verschiedenen Größenordnungen, der Einsatz der Kabelkanäle ist universell.

Im Industriebereich, also auch in diesem Fertigungsgebäude, werden Aufputzdosen verwendet. Diese werden mit Dübeln und Schrauben an der Wand befestigt. Die vertikale Kabelzuführung an diese Dosen erfolgt in oben erwähntem Kabelkanal.

3 Fallbeispiel 2: Netzwerk-Fertigung in einem Neubau

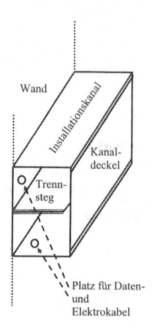

Abb. 3.10   Installationskanal

3.5 LWL-Verbindungsleitung Standort 1 und 2, LWL Standort 2

Warum Verbindungsleitung Gebäude 1 zu Gebäude 2 in LWL?

Wie in Kapitel 1 beschrieben, ist es von Vorteil und auch in der Norm vorgegeben, einzelne Gebäude mit Lichtwellenleiterkabeln zu verbinden. Man erreicht dadurch die galvanische Trennung zwischen zwei Gebäuden und hat keinerlei Probleme mit

- Erdung,
- Schirmung,
- Potenzialausgleich,
- Spannungsverschleppungen.

Diese Art der LWL-Verlegung wird auch Dark-Fibre genannt, was bedeutet, dass das Kabel wie eine lange Anschlussschnur funktioniert. Auf Grund der Kabellänge zwischen den beiden Gebäuden wird im Fallbeispiel 2 ein Monomodekabel verwendet, das auf der Strecke hinsichtlich der Topologie kaum Längenrestriktionen erwarten lässt. Das Kabel ist vom gleichen Typ wie in Fallbeispiel 1, Kapitel 2, nur in der Variante Monomode statt Multimode. Die entsprechenden Angaben können aus Kapitel 2 übernommen werden. Es findet ein Kabel Verwendung, das über ausreichend Reservefasern für weitere physikalische oder aktive Erweiterungen verfügt, wie z. B. 12 , 24 oder 48 Fasern.

Im Fertigungsgebäude wird für die Datentechnik auf Grund der elektromagnetischen Belastung durch die Stromanschlüsse der Maschinen ebenfalls ein Lichtwellenleiterkabel installiert. Es handelt sich dabei um ein Multimodekabel, das bis zu Gigabit-Ethernet eine Verschaltung auf der Faser ermöglicht. Bei den von den Verteilern abgehenden Lichtwellenleiterkabeln die für die Anschlüsse der Workstations gedacht sind, handelt es sich um die gleichen Kabel, die bereits für die Anbindung des CAD-Netzwerks in Kapitel 2 ff. Verwendung fanden.

3.6 Kupferkabel Telekommunikation

Warum diese Kupferkabel?

Auf Grund der räumlichen Gestaltung des gesamten Standorts 2 wurde folgendes zugrunde gelegt:

- Anbindung der Rechner über LWL-Multimode 100 Base FX,
- Anschluss der Netzdrucker mit Kategorie 6-Kabel ausschließlich im Bereich des Gebäudeteils VE1,
- Verzicht auf Netzdrucker in den übrigen Gebäudeteilen.

Dadurch, dass die Datenverkabelung nicht in der Version Class E sondern in LWL ausgeführt wird, wird ermöglicht, dass am Standort 2 für den Bereich Produktion (P) sowie die Verwaltungseinheiten VE2 und VE3 I2Y(St)Y-Telefonleitungen Verwendung finden können.

I2Y(St)Y (Innenkabel) sowie A2Y(St)Y (Außenkabel) sind als typische Telekommunikationskabel im Einsatz. Sie erlauben einen störungsfreien Betrieb von Telefonschnittstellen über eine Länge > 100 m und sind in diesem Fall deshalb optimal einsetzbar. Im Bedarfsfall kann es auch im Primär- und Sekundärbereich statt LWL für die physikalische Verschaltung der Telekommunikationstechnik verwendet werden. Im Gegensatz zu Datenkabeln Kategorie 5 oder höher haben diese Kabel in der Regel keine Längenrestriktionen. Der Engpass auf einem solchen System stellt die Topologie dar, die wie z. B. bei Up0 die Anschaltung eines Telefons bei einer Länge von mehr als 800 m zu Problemen führt. In Verbindung mit LWL für Daten ist in einem solchen Anwendungsfall dieses Kabel eine sinnvolle Alternative zu Kategorie 5 oder höher.

3.7 Aktive Komponenten Fallbeispiel 2

Um zu verstehen, welche Aktiven Komponenten es gibt und wo welche Komponente eingesetzt wird, müssen wir einen kurzen Exkurs in die technische Datenübertragung machen. Die nachfolgenden Betrachtungen beziehen sich exemplarisch auf die am weitesten verbreitete Netzwerktopologiefamilie, die Varianten Ethernet.

3.7.1 Hub

Um Informationen von einem Rechnersystem zu einem anderen zu übertragen, sind mehrere Schritte notwendig. Schlussendlich sind es aber immer elektrische, oder zumindest elektrisch erzeugte Signale, die zwischen den beiden Systemen übertragen werden (siehe Abbildung 3.11).

Die einfachste Methode, dies zu realisieren, ist es, einfach alle beteiligten Rechner an ein Kabel anzuschließen. Dies hat allerdings zur Folge, dass immer nur ein Teilnehmer eine Nachricht senden darf, da es sonst zu einer Kollision der Signale kommt. Die Nachricht wird dann nicht mehr verständlich.

Stellen wir uns einen Raum mit Menschen vor. Solange nur wenige Personen anwesend sind, ist eine Kommunikation trotz der Auflage, dass nur einer reden darf, gut möglich. Handelt es sich bei dem Raum aber um eine gut besuchte Kneipe, ist eine Kollision der Sprachsignale kaum zu vermeiden.

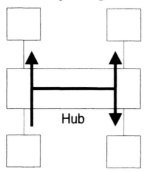

Abb. 3.11　　Hub

Ein Hub arbeitet genau auf dieser Basis. Alle an ein Hub-System angeschlossenen Systeme haben damit zu kämpfen, dass immer nur ein Teilnehmer senden darf. Man spricht in diesem Zusammenhang auch davon, dass der Hub und die angeschlossenen Systeme eine Kollisions-Domäne bilden. Die Aufgabe eines Hubs ist es, die elektrischen Signale des Sendesystems an alle angeschlossenen Rechner weiterzuleiten. Dabei werden die Signale beim Durchlaufen des Hubs neu aufbereitet.

Bei der immer größer werdenden Zahl an Netzwerkteilnehmern ist der Einsatz von Hubs problematisch.

3.7.2　Switch

Ein viel leistungsfähigeres Netzwerk wäre eines, das eine parallele Kommunikation ermöglicht. Hierbei würde die Beschränkung entfallen, dass nur ein Teilnehmer zu einer Zeit senden darf. Ein Switch hat genau diesen Vorteil gegenüber einem Hub (siehe Abbildung 3.12).

Die am Datenverkehr teilnehmenden Systeme verfügen über eine eindeutige, in der Netzwerkkarte eingebrannte Adresse, der

MAC-Adresse. Jedes Datenpaket, das über ein Netzwerk verschickt wird, beinhaltet zwei Adressen, die Ziel- und die Absenderadresse. Die Adressen sind eindeutige Nummern. Der Switch lernt nun, welche Nummer (Adresse) er über welchen seiner Ports erreicht. Auf diese Weise kann eine Nachricht gezielt nur über den Port zugestellt werden, an dem das Zielsystem angeschlossen ist. Da der Switch außerdem in der Lage ist, Datenpakete zu puffern, kann er Systeme mit unterschiedlichen Geschwindigkeiten miteinander verbinden. Dies ist die Grundlage moderner Client-Server-Architekturen.

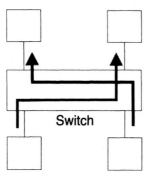

Abb. 3.12 Switch

Gehen wir beispielsweise davon aus, dass 10 Clients mit 100MBit/s an den Switch angeschlossen sind, die alle gleichzeitig Daten von einem Server anfordern. Ist dieser Server nun auch mit 100MBit/s angebunden, kommt es zum Stau. Anders ist es, wenn eine 1GBit/s-Verbindung zwischen Switch und Server existiert, dann kann der Server aus Sicht der Clients zeitgleich antworten.

Somit gilt	Die Aufgaben eines Switches sind die parallele Vermittlung des Datenverkehrs und die Adaption unterschiedlicher Geschwindigkeiten.

Switche gibt es in unterschiedlichen Bauformen und Leistungsklassen, die man wie folgt unterscheidet:

- Backboneswitch

    In nahezu jedem Netzdesign, das den Anforderungen einer Client-Server-Struktur gerecht werden soll, gibt es mindestens einen Konzentrationspunkt (oder mehrere). Hier läuft die Verkabelung aus den Unterverteilern und die der Server zusammen. Solche zentralen Punkte und deren Verbindung untereinander nennt man Backbone. Die Anforderungen an die

3.7 Aktive Komponenten Fallbeispiel 2

hier benötigten Vermittlungskomponenten sind ganz andere, als die von Komponenten, an denen Endgeräte wie Arbeitsplatz-Rechner (Workgroup) angeschlossen werden. Im Backbone kommen meistens modular aufgebaute Switches zum Einsatz, da es bei diesen möglich ist, die Anzahl an Glasfaser- und Kupferports in den verschiedenen Geschwindigkeiten nach Bedarf zu kombinieren. Außerdem bieten Switches, die für den Backbone geeignet sind, eine höhere Vermittlungskapazität. Bei einigen Bauformen können wichtige Teile wie Netzteil oder Switching-Engine doppelt vorhanden sein, um der hohen Verfügbarkeitsanforderung gerecht zu werden.

- Workgroup-Switch

  In den Unterverteilern benötigt man weniger die Modularität, als vielmehr eine gewisse Anzahl von 10/100 MBit/s Ports in Kupfer, um die Arbeitsplatz-Rechner an das Netzwerk anzubinden. Zusätzlich werden ein oder zwei Glasfaser-Ports zum Anschließen an den Backbone gebraucht. Hierfür geeignete Switches findet man meistens als 19"-Komponenten mit der Bauhöhe von 1 bis 2 HE [Höheneinheit]. Sie sind mit 12, 24 oder 48 Ports 10/100 Kupfer zu haben und bringen schon 1 bis 2 Glasfaserports mit sich. Die Bauform ist nicht modular, sondern kompakt und platzsparend.

- Managebarer und nicht managebarer Switch

  Wie der Name schon sagt, kann man Switches managen. Diese Funktion bezieht sich nicht nur auf die Überwachbarkeit des Gerätes, sondern insbesondere auf die Möglichkeit, diese individuell zu konfigurieren.

Wichtig — Wie in der Computer-Technik üblich, hat der Plug-and-Play-Gedanke auch bei den Netzwerkkomponenten Einzug gehalten. Vom Einsatz solcher Geräte raten wir dringend ab, da es weder eine Möglichkeit gibt, ein eventuelles Fehlverhalten zu analysieren, noch dieses mit einer Anpassung der Konfiguration zu beheben.

3.7.3 Router

Was nun, wenn unser Netzwerk aber richtig groß wird? 1 000, 10 000, 100 000 Teilnehmer, oder das Internet? Diese Frage wird an einem Beispiel aus einem anderen Blickwinkel transparenter.

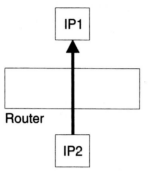

Abb. 3.13   Router

Nehmen wir an, jeder Mensch hätte eine eindeutige Nummer (wie die MAC-Adresse bei den Rechnern). Frau Müller aus Hamburg möchte einen Brief an Herrn Maier in München schicken. Sie müsste dann nur die Nummer von Herrn Maier auf den Umschlag schreiben und diesen zum Postamt bringen. Der Postbeamte kann in einer großen Liste nachschauen, über welchen Weg er zu Herrn Maier kommt. Dies würde im geswitchten Netzwerk genauso funktionieren. Problematisch wird es aber bei sehr großen Netzwerken. Hätte wirklich jeder Mensch auf der Erde eine Nummer, so müsste auf jedem Postamt, und sei es noch so klein, ein komplettes Adressbuch mit allen Menschen auf der Erde vorliegen. Dieses Buch hätte wahrscheinlich mehrere Millionen Seiten. Ein effizientes Vermitteln wäre so wohl kaum möglich.

In der Praxis organisieren wir die Lösung dadurch, dass unsere Adressen in verschiedene Ebenen unterteilt werden. Der Postbeamte in Hamburg muss Herrn Maier nicht kennen. Ihm reicht die Angabe der Stadt aus, damit er den Brief weiterleiten kann. Erst dort kümmert man sich um die endgültige Zustellung an Herrn Maier.

Auf die Rechnerwelt übertragen bedeutet dies, dass auch hier eine weitere, virtuelle Adressierung existiert, die eine etappenweise Zustellung ermöglicht, ohne dass die erste Vermittlungsstelle bereits über detaillierte Kenntnisse des Empfängers verfügt. Die hier angesprochene Adresse ist die IP-Adresse, und das „Postamt" ist ein Router (siehe Abbildung 3.13). Die Aufgabe eines Routers sind die Verbindung verschiedener IP-Segmente

3.7 Aktive Komponenten Fallbeispiel 2

und, speziell bei den WAN-Routern, das Übersetzen von Protokollen (z.B. Ethernet- ISDN).

Die Problematik	Wie bereits in Kapitel 2 angedeutet, sind Planungen von aktiven Komponenten häufig sehr komplex und umfangreich, aber immer für den Erfolg einer Unternehmensvernetzung mit entscheidend. Die Thematik externer Beratung greift auch hier wieder in vollem Umfang.

Das Thema Netzwerkkarten haben wir hier nicht mehr aufgegriffen.

3.7.4 Switch (Schalter)

Die aktiven Komponenten am Standort 2 bestehen aus einem modularen Switch mit

- einem 19"-Gehäuse,
- ein oder mehreren Netzteilen,
- modularen Einschubbaugruppen mit den Anschlussports,
- Systemsoftware,
- Backplane (Rückgrat oder Basisplatine mit elektronischen Aufsätzen).

Es wurde im Fallbeispiel unterstellt, dass das Netz nicht mit Redundanz aufgebaut wird und es bei Ausfall nicht zu gravierenden Störungen des Betriebsablaufs führt.

Es gilt deshalb folgendes zu beachten:

- modularer Zentralswitch EDV-Raum VE1,
- Serveranbindungen 1000 Base SX,
- Backbone 1000 Base SX,
- Workstation-Anbindung 100 Base FX SC Duplex,
- Workstation-Anbindung QS 100 Base FX SC Duplex.

3.7.5 Weitere aktive Komponenten

Weitere aktive Komponenten werden nicht benötigt, da die Netzwerke an den Standorten 1 und 2 sich wie ein Netz verhalten.

Über Router werden wir im Kapitel 4 in Verbindung mit dem Firewallkonzept Aussagen treffen.

3.8 Schnurlose Datennetzwerke

Aufgrund des Gebäudeaufbaus werden als Ergänzung schnurlose Netzwerke ins Gesamtkonzept mit eingebunden.

Exkurs FunkLAN

1997 wurde der Standard 802.11b verabschiedet und somit die Basis für die heutige Verbreitung der drahtlosen LANs geschaffen. Funkfrequenzen zwischen 2,4 und 2,48 GHz stehen weltweit lizenz- und anmeldefrei für die private und geschäftliche Nutzung zur Verfügung. Seit 2003 gibt es im gleichen Frequenzband den Standard 802.11g, der die Bruttoleistung auf 54MBit/s erhöht. Die Abwärtskompatibilität zu 802.11b mit 11Mbit/s scheint diesem zumindest in Deutschland einen Vorteil gegenüber dem 802.11a Standard von 2002 zu geben, der ebenfalls mit maximal 54Mbit/s überträgt und das Frequenzband zwischen 5,15 und 5,75 GHz nutzt.

Es gibt viele Bereiche, in denen die mobile Datenübertragung sehr viel Sinn macht. Neben dem Anbieten mobiler Dienste in öffentlichen Einrichtungen wie Flughäfen oder Stadtzentren werden auch immer mehr Hotels und Krankenhäuser mit der drahtlosen Technik ausgestattet. Der Haupteinsatzpunkt für industrielle Anwendungen liegt im Fertigungs- und Logistikbereich.

Gerade im industriellen Umfeld steht dem Vorteil der absoluten Mobilität allerdings die in den 802.11 Standards mangelhafte Sicherheit gegenüber. Es gibt nicht wenige Firmen, die auf Grund dieses Mangels komplett auf den Einsatz der Funktechnik verzichten.

Aussage BSI

„Die Sicherheitsmechanismen des Standards IEEE 802.11 (und damit auch von IEEE 802.11b, a, h und g) erfüllen nicht die Anforderungen für eine Nutzung in sensitiven Bereichen", so die Aussage des Bundesamtes für Sicherheit in der Informationstechnik (BSI).

Es würde unserer Meinung nach aber der Sache nicht gerecht, auf Grund der Schwächen in den Standards auf die Vorteile ganz zu verzichten. Zum einen bezieht sich die Aussage des BSI auf sensitive Bereiche, zum anderen gibt es durchaus Möglichkeiten, ein FunkLAN sicherer zu machen. Leider sind diese Mechanismen noch nicht alle standardisiert. Einige bieten jedoch schon ein sehr hohes Maß an Sicherheit.

Konzentriert man sich bei der Planung aber nicht nur auf das FunkLAN, sondern sieht den Sicherheitsbedarf des Unternehmens als Ganzes, ergeben sich weitaus mehr Möglichkeiten. Dies

3.8 Schnurlose Datennetzwerke

zeigt sich z.B. an einer weiteren Aussage des BSI: „Die höchste Sicherheit bei der Anbindung eines Funk-Clients an ein Firmen-/Behördennetz bietet gegenwärtig ein korrekt implementiertes VPN, z. B. auf IPSEC oder SSL Basis".

Warum schnurlose Datennetzwerke?

Bei bestimmten gebäudlichen Gegebenheiten (Verlegung von Kabeln nicht möglich) ist es erforderlich, nicht auf drahtgebundene, sondern auf schnurlose Netzwerkinfrastrukturen wie z. B. Wireless LAN oder Richtfunk zurückzugreifen. Grundsätzlich unterteilt man die Systeme für die Einsatzbereiche in

- Primär-,
- Sekundär- und
- Tertiärverkabelung.

3.8.1 Richtfunk im Primär- und Sekundärbereich

Warum Richtfunk?

Im Primärbereich handelt es sich um Punkt-zu-Punkt-Verbindungen, die zwei Gebäude netzwerktechnisch verbinden, wenn eine Verlegung von Kabeln nicht realisiert werden kann (Abbildung 3.14). Richtfunkstrecken gibt es bereits mit Übertragungsbandbreiten von bis zu maximal 155 Mbit/s. Die Netztopologien für diese Funksysteme sind modular und können somit topologieunabhängig in jegliche Netzform eingebunden werden.

Richtfunk verfügt, wenn gefordert,

- über eine hohe Bandbreite,
- über eventuell mehrere Dienste pro Antennenpaar (z.B. 100 Base TX für Daten, S2m für Telekommunikation) und damit eine große Flexibilität,
- über eine hohe Ausfallsicherheit.

Aber: Richtfunk ist teuer und genehmigungspflichtig. Eine solche Investition will gut überlegt sein.

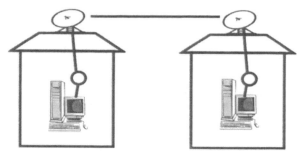

Abb. 3.14   Richtfunk

3.8.2 Wireless LAN im Primär- und Sekundärbereich

Warum Wireless LAN?

Eine weit kostengünstigere Funktechnik von Punkt zu Punkt, wenn auch mit weit geringerer Bandbreite, ist das sogenannte Wireless LAN. Grundsätzlich gilt der gleiche technische Aufbau wie in Abbildung 3.14 dargestellt, nur sind die Komponenten logischerweise anders als beim Richtfunk.

Anmerkung
Wireless-Systeme kosten nur einen Bruchteil dessen, was für ein Richtfunksystem zu investieren wäre. Außerdem sind solche Funk-Komponenten nicht genehmigungspflichtig – als kostengünstige Alternative für überschaubare Anwendungen sicherlich immer ein Thema.

3.8.3 Funk im Tertiärbereich für Datenübertragung

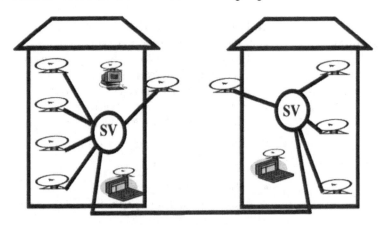

Abb. 3.15   Funk im Tertiärbereich

Warum Funk im Tertiärbereich?

Bei Funksystemen im Tertiärbereich handelt es sich um ein Punkt-zu-Mehrpunkt-Verfahren. Das Funksystem für Datenendgeräte (PCs, Laptops) ist wie in Abbildung 3.15 aufgebaut.

- An mehreren Punkten des Gebäudes werden Accesspoints (Sende-, Empfangseinrichtung) angebracht, die als Sende- und Empfangsstationen die Funksignale von und zu den Endgeräten führen.
- Die Accesspoints werden an das LAN (Switch) direkt angeschlossen.

Das Funksystem arbeitet mit einer Bandbreite von maximal 11Mbit/s. Die angeschlossenen User teilen sich diese Bandbreite je nach Verhältnissen der Beschaltung im Netz. Über das sogenannte Roaming wird ein Teilnehmer, der sich durch die Funkzellen bewegt, immer in die nächste Zelle weitergegeben (Stapler).

3.8.4 DECT (Digital European Cordless Telephone) mit Funkzellen

Die DECT-Telekommunikation mit Funkzellen ist ein technisches System, das momentan in vielen Unternehmen dazu dient, die Mitarbeiter erreichbar zu halten (siehe Abbildung 3.16).

DECT mit Funkzellen funktioniert auf einer ähnlichen Basis wie Funk im Tertiärbereich, nur in anderen Frequenzbändern. Auf Grund einer entsprechenden Ausleuchtung der Gebäude werden DECT-Sende- und Empfangsstationen an den notwendigen Punkten im Unternehmen installiert.

Über das sogenannte Roaming wird ein Teilnehmer, der sich durch die Funkzellen bewegt, immer in die nächste Zelle weitergegeben.

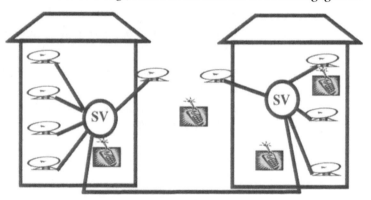

Abb. 3.16　　　DECT mit Funkzellen

Fazit Kapitel 3 Der Realisierer muss sich letztendlich um sämtliche Details der Vernetzung kümmern. Dafür hat er unterstützend sein Projektteam. Er sollte sehr genau darauf achten,

- dass das neue Netzwerk den Ansprüchen der Skalierbarkeit und Verfügbarkeit gerecht wird,
- dass unternehmensübergreifend dem Wunsch nach einheitlichen Topologie- und Protokollstrukturen Rechnung getragen wird,
- welche strukturellen Aufbauten die neuen Infrastrukturen haben und welche Vorteile sich für die Zukunft daraus ergeben,
- welche Art und welchen Aufbau seine Verteilerräume inklusive der Schaltschränke und Komponenten haben,
- welchen Verkabelungschannel er für seine Sprach- und Datenverkabelung aussucht (Anschlusstechnik Patchkabel plus Dose, Datenkabel, Verteilerfeld),
- welche aktiven Komponenten er sinnvollerweise auf seinem physikalischen und passiven Netzwerk aufsetzt,
- welche Leistung vom Lieferanten hinsichtlich der Messung und Dokumentation zu erwarten ist,
- welche aktiven Komponenten zum Einsatz kommen (externe Beratung)!,
- welche Alternativen zu Festverbindungen erforderlich sind (Externe Beratung).

4 Fallbeispiel 3: WAN zwischen zwei Standorten mit VPN

Kann ein Unternehmensnetzwerk im Internet sicher sein?

4.1 Ausgangssituation

In der folgenden Abbildung 4.1 von Gelände 1, Standort 1 in Baden-Württemberg und Standort 3 in Berlin ist zugrunde gelegt, dass am Standort Baden-Württemberg das Netzwerk des Fallbeispiels 1 bereits implementiert ist.

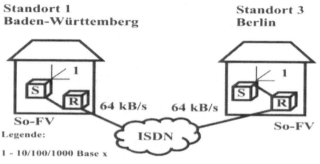

Abb. 4.1 Standortintegration Istzustand

Zwischen beiden Standorten ist eine ISDN-Festverbindung *SoFV* mit 64 KBit Übertragungsrate geschaltet, die über jeweils einen Router *R* und einen Datenswitch *S* beide Unternehmens-LANs verbindet. Am Standort 1 ist die neue Vernetzung bereits abgeschlossen. Die Anbindung der physikalischen Verbindung zum Standort 3 war angedacht, es sind keine Aktivitäten hinsichtlich der Verkabelung zu unternehmen. Am Standort 3 liegt ebenfalls bereits eine strukturierte Verkabelung vor, an die direkt die Anbindung der neuen Lösung vollzogen werden kann.

4.2 Zielsetzung

Das Ziel einer Änderung des Aufbaus des WAN ergibt sich aus der Ausgangssituation. Gedanklich ist wieder die Netzwerkauditierung (Abbildung 4.2) zu Grunde gelegt, deren Ergebnisse zum Handeln führen. Die Kriterien für eine Änderung sind:

- Integration in das Firmennetz auf der Basis des Protokolls IP,
- reduzierte Betriebskosten auf Grund einer durchgängigen Gerätestruktur hinsichtlich Wartung und Ersatzteilvorhaltung,
- reduzierte Schulungs- und Personalkosten bei der Betreuung der Systeme im operationalen Bereich,
- erhebliche Kostenreduzierung für die Festverbindung (Standort in einem anderen Bundesland) durch alternative Vernetzung,
- ein für das Unternehmen optimaler Sicherheitsstandard für beide Standorte 1 und 3, im Verbund mit Standort 2,
- zu einem späteren Zeitpunkt angedachte Nutzung der Verbindung auch für die Telekommunikation mit einer erheblichen Senkung der Gebühren für Ferngespräche. Dafür wären an den Standorten 1 und 3 entsprechende TK-Systeme mit der Fähigkeit, Voice over IP (VoIP) vorzuhalten. Die aktiven Komponenten mit dem Leistungsmerkmal Quality of Service QoS (Priorisierung der Sprache gegenüber den Daten) wären ebenfalls Gegenstand dieser Planungen.
- Passive Strukturen sind vorhanden und bleiben bestehen.

4.3 Netzwerkaudit Wide Area Network (WAN)

Die Abbildung 4.2 nennt die für das Unternehmen entscheidenden Basisvoraussetzungen für das Sicherheitskonzept. Der Sicherheitsstandard soll eine Maximalanforderung erfüllen. Die wichtigsten theoretischen Aspekte sowie die Gestaltung der Verbindungsstrecke Standort 1 – 3 werden in den nächsten Unterkapiteln bearbeitet.

In der Phase des Netzwerkaudits wurde festgestellt, dass die Unternehmensverbindung der Standorte 1 und 3 hohe Kosten verursacht. Die Anbindung des Standorts in Berlin über eine ISDN-Festverbindung war außerdem für die Übertragung der Daten nicht mehr zeitgemäß und konnte die Unternehmensintegration nicht befriedigend abbilden. Hinzu kam, dass die Sicherheitsmechanismen für den Schutz der Daten unzureichend waren.

4.3 Netzwerkaudit Wide Area Network (WAN)

Behauptung	Gewichtung										
	10	9	8	7	6	5	4	3	2	1	0
1. Sind ausreichend Mechanismen vorhanden, um Computerviren zu erkennen und zu beseitigen?	X										
2. Sind die Systeme in der Lage, eine Fernsteuerung von Rechnern zu unterbinden?			X								
3. Sind die Systeme in der Lage, das Auslesen von Passwörtern oder Zugangsdaten zu unterbinden?					X						
4. Können Daten zwischen zwei miteinander verbundenen Rechnern mitgelesen oder aufgezeichnet werden?								X			
5. Wie kann es vermieden werden, dass ein Angreifer durch Ändern von Adressdaten die Zugehörigkeit zum Netzwerk vortäuscht?							X				
6. Kann man es verhindern, dass ein Angreifer zwei Rechner trennt und sich selbst auf das Netzwerk aufschaltet?											
7. Kann es verhindert werden, dass ein Angreifer Daten abändert?											
8. Kann es verhindert werden, dass man Daten (manipuliert oder nicht manipuliert) von einem nicht gewünschten Absender erhält?											
9. Ist sichergestellt, dass Daten bei der Übertragung nicht von Unbefugten manipuliert werden können?											
10. Ist sichergestellt, dass Daten nicht mehrfach zugesendet werden können?											
	10	0	16	14	12	10	4	0	0	0	0
Summe gesamt	66										

Abb. 4.2 *Checkliste Security-Anforderungen*

Als Aufgabe der Verbindung zwischen den beiden Standorten 1 und 3 sind deshalb folgende Funktionen mit der Erstellung der Konzeption verbunden:

- Transport der Unternehmensdaten,
- Erweiterung des Unternehmens-LAN in ein Unternehmens-WAN,
- Wahlweise Backup-Funktion auf einem zweiten Leitungsweg ISDN. Dabei sind in jeglicher Hinsicht die Sicherheitsmechanismen zu beachten, die bekanntermaßen auf einem öffentlichen Netzwerk nicht so praktikabel sind wie in einem lokalen Netzwerk im Unternehmen selbst,
- Sicherung der Daten hinsichtlich der Echtheit von Sender und Empfänger,
- Schutz gegen Mitlesen, Modifizieren oder mehrfaches Zusenden von Daten,
- Verpackung von Daten,
- Datenverschlüsselung,
- Netzabschottung durch Paketfilter, Application Level Gateways und Intrusion-Detection-Systeme (wurde in den vorhergehenden Kapiteln bereits erläutert.

4.4 Grundlagenwissen als Verständnisbasis

4.4.1 VPN

VPN	Virtual Private Networking VPN ist die Ausgestaltung einer Verbindung, die über ein öffentliches Netzwerk läuft, sich aber wie ein privates, individuelles Netzwerk verhält.

VPN heißt „virtual private Network" und bedeutet, dass man irgendein (öffentliches) Netzwerk als Träger verwenden kann, um private Daten auszutauschen. VPN kann der Verbindung zweier getrennter Netze (Site-to-Site) oder der Verbindung eines Rechners mit einem Netz (Remote Access) dienen. Zum Schutz des Netzwerks und der ausgetauschten Informationen erfolgt die Datenübertragung über diese Verbindung verschlüsselt durch einen sogenannten „Tunnel", wobei die Verbindung selbst auch erst nach einer Authentifizierung des Benutzers aufgebaut wird.

In den meisten Fällen handelt es sich bei dem Trägernetzwerk um das Internet, da die Kosten für einen Internetzugriff deutlich geringer sind als beispielsweise für die Nutzung teurer Modemstrecken oder angemieteter Kanäle in z.B. Framerelay-Netzwerken. Nachfolgend wird die Arbeitsweise eines VPN, welches das IPSEC-Protokoll nutzt, beschrieben.

Die Funktionsweise am Beispiel der Verbindung der Netzwerke Standort 1 und 3 ist wie folgt zu beschreiben:

Zunächst muss sichergestellt werden, dass beide Netzwerke eine Verbindung ins Internet haben. Soll der VPN-Verbindungsaufbau beidseitig geschehen, wie in unserem Fall gewünscht, ist es für eine stabile Arbeitsweise notwendig, dass beide Seiten über statische IP-Adressen verfügen. Diese wurden in unserem Fall beim Provider beantragt.

Beide Standorte müssen über ein Gerät verfügen, das den VPN-Tunnel aufbauen bzw. terminieren kann, d.h. Anfangs- und Endpunkt müssen definiert werden. Hierfür stehen prinzipiell mehrere Möglichkeiten zur Verfügung. So wären im speziellen

- Router,
- Firewallsysteme,
- Windows-Rechner und
- Linux-Rechner

denkbar.

Wir haben uns hier für den Tunnelaufbau über die Firewalls entschieden, da uns das im Hinblick auf das Gesamtkonzept am sinnvollsten erschien.

Wird nun ein VPN-Tunnel aufgebaut, durch den dann die privaten Daten ausgetauscht werden, müssen sich die Teilnehmer zuerst authentifizieren. Dies kann entweder durch den Einsatz von digitalen Zertifikaten oder der sogenannten shared secret-Methode geschehen. Das digitale Zertifikat ist die sicherste, aber auch aufwändigste Methode.

Grundsätzlich	Als zentrale Zertifizierungsinstanz oder Certification Authority (CA) kann eine Behörde, ein externer Dienstleister oder eine unternehmensinterne Einrichtung fungieren. Auf die Beschreibung dieser Methode wird auf Grund der Grundausrichtung dieses Buchs verzichtet.

4 Fallbeispiel 3: WAN zwischen zwei Standorten mit VPN

Bei der shared secret-Methode wird die IP-Adresse des VPN-Partners und ein auf beiden Seiten gleicher, fest hinterlegter Schlüssel verwendet. Dieser Schlüssel sollte möglichst lang und „wahllos" gewählt werden. Erst nach erfolgreicher Authentisierung wird der verschlüsselte IPSEC-Tunnel (Sec = Security) aufgebaut, über den dann ein absolut abhörfreier Datenverkehr von Standort zu Standort erfolgen kann. Da für das IPSEC-Protokoll ausreichend erforderliche Verschlüsselungsalgorithmen verfügbar sind, ist ein richtig implementiertes VPN mit dieser Methodik als sicher zu bezeichnen.

Wichtig	Das VPN stellt nur den sicheren Übertragungsweg zur Verfügung. Eine Regelung und Kontrolle des Datenverkehrs wird nicht vorgenommen. Will man nicht, dass die Benutzer des VPNs den gleichen Zugriff auf die Systeme haben wie ein interner Benutzer, muss dies über das Regelwerk einer Firewall geschehen.

4.4.2 Firewall

Neben dem Virenschutz ist die Firewall eine der zentralen Komponenten in der IT-Security. Der Begriff „Firewall" ist jedoch nicht geschützt, so dass in der Praxis eine Vielfalt von technischen Ansätzen verfolgt wird, die auf unterschiedlichsten Mechanismen beruhen. Nachfolgend werden die gängigsten Prinzipien und deren Einsatzgebiete erläutert.

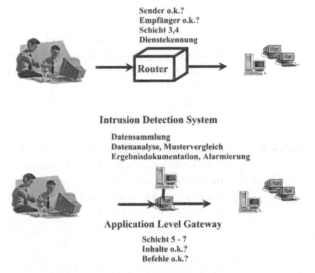

Abb. 4.3 Leistungs- und Funktionsmerkmale von Firewalls

4.4.3 Paketfilter – Firewall auf Netzwerkebene

Die Grundlage jeglichen Datenverkehrs bilden Pakete. Diese beinhalten zum einen die sogenannten Nutzdaten, wie z.B. den Text einer eMail, den Inhalt einer Internetseite oder eine zu übertragende Datei. Zum anderen Status-, und Vermittlungsinformationen (Header-Informationen), welche dafür sorgen, dass die Pakete an den richtigen Empfänger und die richtige Applikation übermittelt werden.

Paketfilter arbeiten mit den Header-Informationen. In einem Regelwerk wird festgelegt, welche Absender, Empfänger und angegebenen Applikationen die Firewall passieren dürfen und welche nicht. Hierbei ist es auch möglich zu definieren, welcher der beiden Kommunikationspartner die Verbindung aufbauen und welcher nur antworten darf.

Wie in Abbildung 4.4 dargestellt, wirkt ein Paketfilter nur auf der Netzwerkebene.

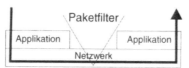

Abb. 4.4   Paketfilter schematisch

Stellen Sie sich ein großes Werksgelände vor, bei dem alle Mitarbeiter durch ein Drehkreuz müssen, um das Gelände zu betreten. Jeder Mitarbeiter hat einen Ausweis, der ihn zum Eintritt befähigt. Kommt ein Fremder in den Besitz eines gültigen Mitarbeiterausweises, kann dieser ungehindert das Werk betreten.

Der Ausweis beinhaltet im übertragenen Sinne die Header-Informationen der Pakete. An diesem Beispiel wird auch deutlich, was Paketfilter nicht können. Sie können nicht in das eigentliche Paket hineinschauen, um den Inhalt zu kontrollieren.

Als technisches Beispiel kann der Betrieb eines eMail-Servers angeführt werden. Dieser steht im lokalen Firmennetzwerk und soll eMails aus dem Internet empfangen. Die Firewall muss also Pakete von allen Rechnern aus dem Internet zulassen.

Die Antwortpakete werden vom eMail-Serverport 25 an alle Rechner im Internet auf beliebigen Ports erlaubt. Es gibt Paketfilter, bei denen im Regelwerk explizit die Antwortpakete zu konfigurieren sind (statische Paketfilter) und solche, bei denen der „Eintrag" für den Rückweg automatisch von der Firewall generiert wird (dynamische Paketfilter).

Diese Konfiguration lässt Pakete von allen Rechnern aus dem Internet an den eMail-Server zu, die als TCP-Zielport 25 angegeben haben, also vorgeben, ein eMail zu sein. Ob es sich hierbei wirklich um ein eMail handelt oder ob ein Angreifer nur vorgibt, ein eMail zu sein, kann ein Paketfilter nicht erkennen.

Die Vorteile eines Paketfilters liegen im Wesentlichen darin, dass er auf Grund der einfachen Funktionsweise sehr schnell vermitteln kann und dass keine Anpassungen an Client- und Serversystemen notwendig sind.

Paketfilter sind in der Regel Router, die hinsichtlich der Firewall dafür sorgen, dass Absender und Empfänger des Datenpakets rechtmäßig autorisiert sind. Die Router (als Stateful Paket Inspection) decken die Schichten 3 und 4 ab und überprüfen die Dienstekennung (Abbildung 4.5).

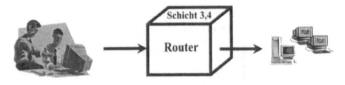

Erkennung des Transportprotokolls
Ist der Sender o.k.?
Ist der Empfänger o.k.?
Ist die Dienstkennung o.k.?

Abb. 4.5   Paketfilter

4.4.4 Application Level Gateway – Firewall auf Applikationsebene

Im Gegensatz zu Paketfiltern überprüfen die Application Level Gateways die Inhalte der Datenpakete (Abbildung 4.6).

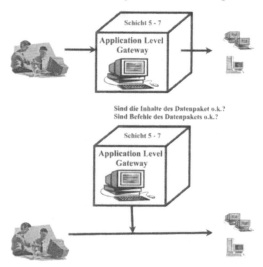

Abb. 4.6   Application Level Gateways, Proxies

Diese Geräte prüfen, ob eventuell irgend welche Befehle in den Dokumenten enthalten sind, die das Netzwerk zerstören oder in Mitleidenschaft ziehen würden. Die Application Gateways sind in der Regel spezielle Rechner oder Server, die entweder eine oder zwei Netzwerkkarten enthalten. Application Gateways arbeiten auf den Applikationsschichten.

Der Ansatz bei diesen Geräten besteht darin, daß man überhaupt kein Paket durch die Firewall hindurchlässt. Statt dessen kann man eine Verbindung zu einer Applikation auf der Firewall aufbauen. Diese wiederum erledigt die gewünschten Aktionen, wenn dies gewollt ist. Man spricht in diesem Zusammenhang von Proxy-Diensten.

Auf unser obiges Beispiel angewendet heißt das, ein eMail, das für den eMail-Server bestimmt ist, wird diesem gar nicht direkt zugestellt, sondern dem entsprechenden Proxy-Dienst auf der Firewall. Da die Firewall Kenntnisse des ganzen Datenstroms und des gesamten Inhalts hat, sind die Informationen, die zur Bewertung zur Verfügung stehen, viel umfangreicher. So können an dieser Stelle bereits lästige Absender-Adressen und unerwünschte Inhalte gefiltert werden (Abbildung 4.7).

4 Fallbeispiel 3: WAN zwischen zwei Standorten mit VPN

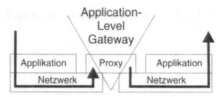

Abb. 4.7 Application Level Gateway schematisch

Der weitest verbreitete Proxy-Dienst ist der eines HTTP-Proxys. Ein Client fordert den HTTP-Proxy auf, ihm eine Seite aus dem Internet darzustellen. Dieser holt die Informationen vom gewünschten Server und übermittelt sie dem Client. Es besteht also zu keiner Zeit eine direkte Verbindung von den zu schützenden Clients zu einem Server im Internet. Außerdem kann auf dem Proxy detailliert gefiltert werden. So kann bereits hier verhindert werden, dass potentiell schädlicher Inhalt (z.B. über Active-X) auf den Client kommt. Auch ein Zugriff auf verbotene Seiten kann an dieser Stelle geblockt werden.

Man darf aber nicht unterschätzen, dass der Einsatz hochwertiger Application Level Gateways auch Nachteile hat. Will man mehr als nur die Standard Proxy-Dienste (HTTP, Web, FTP...) nutzen, muss für jede Applikation ein eigener Proxy installiert werden. Außerdem müssen die Clients, genauer gesagt die Applikation auf dem Client, einen Zugriff über einen Proxyserver vorsehen, was bei weitem nicht bei allen Applikationen der Fall ist.

In der Praxis gibt es heute einige Firewallsysteme, die die Vorteile beider Formen nutzen und zumindest für gängige Dienste einen Proxy zur Verfügung stellen.

4.4.5 Intrusion Detection – Zeitnahe Angriffserkennung

Es handelt sich bei Intrusion Detection-Systemen um Server, Workstations oder elektronische Schaltgeräte, die sämtliche Daten sammeln, sie analysieren und dokumentieren. Bei bestimmten Ereignissen wie z. B. dem versuchten Eindringen ins LAN löst das System einen Alarm aus. Auch können IDS-Systeme nach Verhaltensmustern von Eindringlingen unterscheiden und sortieren (Abbildung 4.8).

Firewallsysteme haben sich bei der Kopplung lokaler Netze oder deren Anbindung an das Internet etabliert. Es zeigt sich, dass neue Applikationen und interaktive Internetanwendungen (z. B. in den Bereichen eCommerce und eBusiness) einen steigenden Kommunikationsbedarf mit sich bringen. Interne Serversysteme und Datenbanken werden immer mehr in die Interaktion mit dem Internet einbezogen. Dies hat zur Folge, dass immer mehr Kommunikationsbeziehungen durch die Firewall erlaubt sind und somit das Missbrauchsrisiko steigt. Außerdem vergeht fast kein Tag, an dem nicht neue Meldungen über Angriffe bekannt werden, die Sicherheitslücken in Systemen und Anwendungen ausnutzen. Dies führt dazu, dass der Schutz durch Firewall-Systeme in vielen Fällen nicht mehr ausreichend ist.

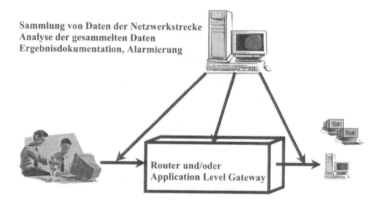

Abb. 4.8 Intrusion Detection-Systeme

Der Denkansatz von Intrusion Detection-Systemen (IDS): Solche Systeme können Angriffe und Sicherheitsverletzungen zeitnah erkennen. Dazu bedienen sie sich einer Datenbank mit Angriffsmustern und werden so auf Unregelmäßigkeiten aufmerksam.

Stellen Sie sich den Einbruch in ein Haus vor. In dem meisten Fällen wird der Einbrecher nicht die Türen aufschließen, zielstrebig auf das Versteck mit dem Bargeld zulaufen und hinterher wieder alles ordentlich verlassen. Ein potentieller Dieb geht eher so vor, dass er die Tür aufbricht, sich dann zuerst mal umsieht, um sich einen Überblick zu verschaffen, die Räume durchsucht, das gefundene Bargeld entwendet und schließlich den Tatort schnellstmöglich verlässt.

Ein Firewallsystem würde diesen Dieb nur dann erkennen, wenn er die Tür gewaltsam öffnen will. Hat er aber einen Schlüssel, lässt ihn die Firewall hinein. Das IDS ist in unserem Beispiel in der Lage zu erkennen, dass sich der Einbrecher auffällig in der Wohnung umsieht, wenn er sich eine Orientierung verschaffen will, und schlägt Alarm. Das zeitnahe Erkennen von Angriffen und angriffsvorbereitenden Aktivitäten bietet dabei die Voraussetzung, um Schäden zu verhindern, zu begrenzen oder zumindest zeitnah zu beheben. Die Wirksamkeit setzt voraus, dass die gemeldeten Ereignisse auch umgehend analysiert und behandelt werden. Auf das Einleiten automatischer Gegenmaßnahmen konzentrieren sich spezielle Systeme, die unter dem Namen Intrusion-Prenention-Systeme (IPS) bekannt sind.

4.4.6 Firewall-Konzepte

Firewallkonzepte gibt es in vielen Varianten und Facetten. Die gängigsten Systeme sind anbei kurz beschrieben.

4.4.6.1 Zentralkonzept

Die einfachste Art ist der Einsatz einer Firewall mit zwei Schnittstellen zwischen den Netzen. Im Falle eines reinen Paketfilters kommt es bei dieser Konstellation zu einem direkten Zugriff der Clients in das Internet.

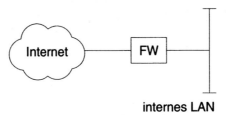

Abb. 4.9   Zentralkonzept Firewall

Potentielle Sicherheitslücken in den Client-Systemen können so recht einfach ausgenutzt werden. Größere Risiken treten vor allem dann auf, wenn man Dienste eines eigenen Servers im Internet anbietet (z.B. ein eigener eMail- oder Web-Server). Es kann dann jede Sicherheitslücke in der Applikation genutzt werden, um vollen Zugriff auf das Netzwerk zu bekommen. Einen solchen Ansatz mit zwei Sicherheitszonen findet man meistens bei kleineren Unternehmen, bei denen nur Zugriffe von innen nach außen erlaubt sind.

4.4.6.2 Stufenkonzept und Sicherheitszonen

Durch das Anbringen mehrerer hintereinander geschalteter Firewalls lassen sich weitere Sicherheitszonen realisieren, siehe auch Abbildung 4.10. Selbst wenn ein Angreifer es schafft. z.B. den Web-Server in seine Gewalt zu bringen, so verhindert die zweite Firewall das Eindringen in das interne Netzwerk.

4.4 Grundlagenwissen als Verständnisbasis

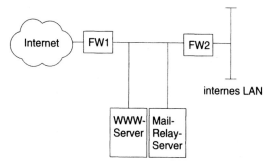

Abb. 4.10   Stufenkonzept und Sicherheitszonen

Der Bereich zwischen den Firewallsystemen wird auch als DMZ bezeichnet. Die Sicherheit läßt sich noch weiter steigern, indem man hier Firewallsysteme von unterschiedlichen Herstellern einsetzt. Die Wahrscheinlichkeit, dass beide Systeme über die gleichen Sicherheitslücken verfügen, ist wohl eher gering.

Allerdings sind nicht nur die hohen Kosten ein Nachteil, sondern auch die fehlende Transparenz bei der Überwachung und Wartung.

4.4.6.3 Demilitarisierte Zone DMZ

Unter demilitarisierter Zone (siehe Abbildung 4.11) versteht man ein Subnetz, das von mehreren Seiten (mindestens zwei) geschützt wird. In diesem Subnetz befinden sich meistens

- Web- oder EMail-Server,
- Application Level Gateways,
- Virenscanner,
- Netzwerkmanagementsysteme.

In unserem Fallbeispiel ist für die maximale Sicherheitsstufe eine Trennung in drei DMZs erfolgt, siehe auch Abbildung 4.17.

Um den Vorteil weiterer Sicherheitszonen zu erhalten, ohne dabei unbedingt mehrere Firewalls einsetzen zu müssen, bieten kompetente Hersteller Firewalls mit mehreren Schnittstellen an. Man hat bei diesem Ansatz zwar nur einen Hersteller, kann aber kostengünstig und sehr effektiv mehrere Sicherheitszonen realisieren.

4 Fallbeispiel 3: WAN zwischen zwei Standorten mit VPN

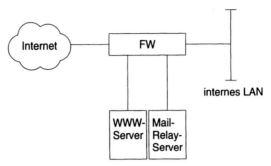

Abb. 4.11 DMZ (Demilitarisierte Zone)

4.4.7 Formen von IP-Vernetzungen im Internet

Die folgende Abbildung 4.12 zeigt die Möglichkeiten, einen Unternehmensstandort mit weiteren Standorten, Filialen, Geschäftsstellen, Heimarbeitern sowie Partnern und Dienstleistern über ein öffentliches und dienstübergreifendes Netzwerk zu verbinden, das als Basis das IP-Protokoll hat.

Aus diesen vielen Möglichkeiten wird im Fallbeispiel 3 eine Vernetzung zweier Unternehmensstandorte mit Virtual Privat Network VPN über dieses öffentliche und dienstübergreifende Netzwerk realisiert.

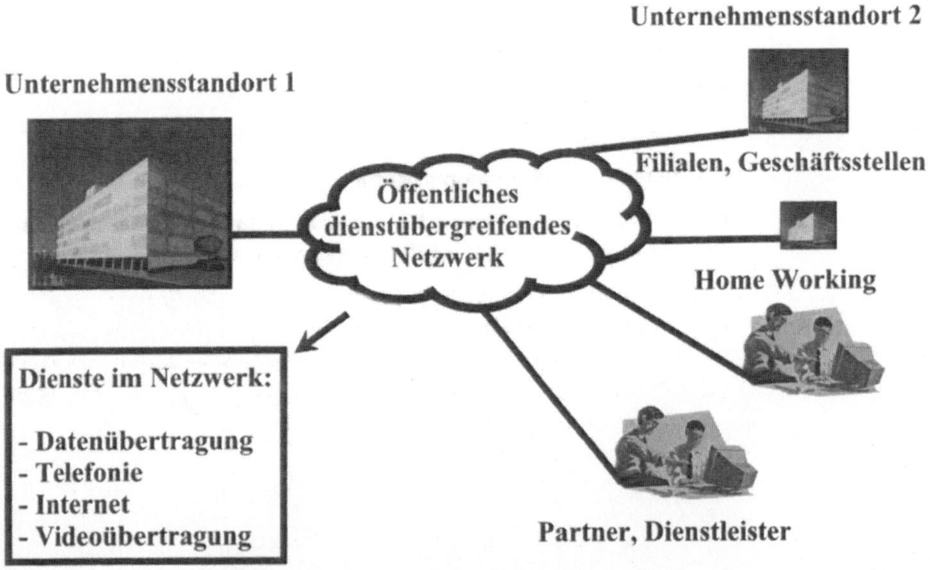

Abb. 4.12 Mögliche IP-Vernetzungsformen im Internet

Die Vereinheitlichung auf das Netzwerkprotokoll IP bedeutet, dass verschiedenste Dienste wie z. B. Datenübertragung, Telekommunikation oder Internetbenutzung die gleiche Sprache sprechen. Damit vereinfachen sich die im Laufe der letzten 50 Jahre gewachsenen heterogenen Protokolle und Netzwerkdienste.

Dabei werden Sicherheitsmechanismen bzw. Protokolle zugrunde gelegt, mit denen man die Verbindungen der beiden Unternehmen mit einem maximal auszustattenden Sicherheitsstandard versehen soll.

Die angestrebte Lösung erfüllt einen deutlich höheren Sicherheitsstandard als er im Istzustand geboten wird. Daher kann die neue Lösung den Zugriff auf die Unternehmensnetze weit besser schützen als bisher.

4.4.8 Stufenkonzept Beseitigung des Gefahrenpotenzials Netzwerk

Die Gefahren bei der Benutzung des Netzwerks in den drei Fallbeispielen muss für jeden Standort differenziert betrachtet werden.

Das Konzept besteht aus

- dem Schutz des Netzwerks am Standort 1 (siehe Kapitel 2),
- dem Schutz des öffentlichen Netzwerks für das VPN (siehe Kapitel 4),
- dem Schutz des Netzwerks am Standorts 3 (Kapitel 4).

Bei den externen Gefahren, besonders bei den Übergängen in die öffentlichen Netzwerke, wird ein Gesamtkonzept für alle drei Standorte angestrebt und realisiert.

4.4.9 Gefahren bei der Benutzung des Internets

Bei der Benutzung des Internets können Gefahren auftreten (Abbildung 4.13). Ein beispielhafter Auszug könnte so dargestellt werden:

- Viren beinhalten Schadens- und/oder Vermehrungseigenschaften, die zu einem gewissen Zeitpunkt aktiviert werden,
- Würmer übertragen sich selbst (als Rucksack eines Virus),
- EMail-Würmer sind eine spezielle Art von Viren, die über EMail übertragen werden,
- Spoofer sind Adressfälscher, um eine Zugehörigkeit zum angegriffenen Netzwerk vorzutäuschen,

- Piraten benutzen eine bestehende Verbindung im Internet, schalten diese aus und benutzen sie für eine Verbindung zum angegriffenen Netz,
- Schnüffler hören eine Verbindung ab,
- Trojaner sind Programme, die in das Netzwerk eingeschleust sind. Sie laufen scheinbar harmlos im Hintergrund ab und geben Informationen und Befehle ab, die schädlich sind.

Abb. 4.13   Gefahren bei der Benutzung des Internet

4.4.10 Sicherheitsanforderungen eines VPN im Internet

Abb. 4.14   Was ist bei VPN zu sichern?

Unter „Vertraulichkeit" versteht man, dass kein Unberechtigter Kenntnis von Daten bekommt, die auf dem Netzwerk transportiert werden. Die Vertraulichkeit wäre verletzt, wenn ein Unberechtigter z. B. das Datenpaket mitlesen könnte.

„Unversehrtheit" bedeutet in diesem Zusammenhang, dass die gesendeten Daten in unveränderter und vollständiger Form beim Empfänger ankommen und nicht verändert oder manipuliert worden sind. Somit stehen sie einer Weiterverarbeitung uneingeschränkt zur Verfügung. „Verfügbarkeit" ist gegeben.

Unter „Echtheit" versteht man das Sicherstellen von Senden und Empfangen mit Authentisierungsmechanismen. Hier wird sichergestellt, dass die Quelle für die Dateninformation bekannt ist und das Datenpaket als bekannt identifiziert werden kann.

4.5 Sicherheit im VPN

Standpunkt	Fachleute streiten sich darüber, ob es die hundertprozentige Sicherheit gibt – wir meinen, es gibt sie sicher nicht! Allerdings lässt sich mit den nachfolgend beschriebenen Mechanismen ein sehr hoher Sicherheitsstandard erreichen, der für das Unternehmen ausreichend sein kann.

4.5.1 Verpacken und Verschlüsseln von Daten

Festlegung	Das Buch beschränkt sich, wie bereits in den vorhergegangenen Kapiteln beschrieben, auf die unternehmensübergreifende Benutzung des Protokolls IP. Somit kann die Datenübertragung auch über das öffentliche Transportnetz in einfachster Form ohne Tunneln von zusätzlichen Protokollen erfolgen.

Sollen alternative Protokollstrukturen wie z. B. IPX von Novell angewendet werden, so müssten diese in das IP-Verfahren integriert werden, indem die Datenpakete mehrfach verpackt werden. Verpackung bedeutet nichts anderes als das Hinzufügen von Informationen zum Datenpaket, um es über IP überhaupt transportieren zu können.

Als momentan bestes Verfahren für die Gestaltung der Sicherheit im reinen IP-Umfeld gilt IPSEC. IPSEC umfasst sämtliche Verfahren, die mit Verpacken und Verschlüsseln von IP-Paketen dafür sorgen, dass die in der Abbildung 4.11 angegebenen Sicherheitsziele erreicht werden. Aus diesem Grund wurde es für diese Unternehmensvernetzung eingesetzt.

4.5.2 Firewall-Systeme

Firewall-Systeme bestehen aus unterschiedlichen Komponenten und sind bei der Erstellung von Konzepten mit maximaler Sicherheitsstufe (siehe auch Abbildung 4.15) häufig sehr komplex und umfangreich, grundsätzlich in drei Elemente unterteilt: zwei technische (Paketfilter und Application Level Gateways) sowie eine technisch/statistische Komponente (Intrusion Detection).

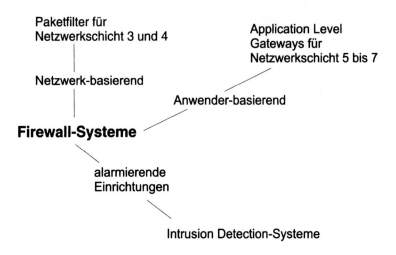

Abb. 4.15   Firewall-Systeme

Wichtig	In der Literatur wird häufig eine Firewall mit einem Paketfilter gleichgesetzt. Wir sind jedoch der Ansicht, dass alle Sicherheitsfunktionen gemeinsam als Gesamtpaket die Firewall (das Firewallkonzept) darstellen!

4.5.3 Kombination von Firewall-Einzelkomponenten

Durch eine Kombination der unterschiedlichen Komponenten Paketfilter, Application Level Gateway und Intrusion Detection System kann eine optimale und auf die Leistungsanforderung skalierte, individuell auf das Unternehmen zugeschnittene Firewall zusammengestellt werden.

4.5.4 Das technische Netzwerkmanagement

Mit einem technischen Netzwerkmanagement erfolgt die Verwaltung des Unternehmensnetzwerks. Das Management wird möglichst zentral im Unternehmen vorgehalten. Mit diesem Werkzeug werden alle Systemkomponenten (Aktive Komponenten, Hardware, Rechner und Server, etc.) permanent gesteuert und überwacht.

Abbildung 4.16 zeigt eine mögliche und in vielen Unternehmen gängige Lösung für ein technisches Netzwerkmanagementsystem.

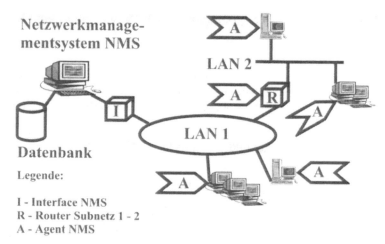

Datenbank

Legende:

I - Interface NMS
R - Router Subnetz 1 - 2
A - Agent NMS

Abb. 4.16 Technischer Aufbau eines Netzwerkmanagementsystems NMS

Das technische Netzwerkmanagementsystem besteht in der Regel aus einer EDV-Workstation mit angegliederter Datenbank und einem LAN-Interface. Das auf dem Netzwerkmanagement-Rechner laufende Softwaretool wählt sich in das Netz ein und überprüft dort sämtliche Vorgänge, die mit den fünf Netzwerkmanagementaufgaben in Verbindung stehen.

Jede der dargestellten IT- oder Netzwerkkomponenten besitzt einen sogenannten Agenten, der es ermöglicht, anhand einer speziellen Netzwerkmanagement-Sprache mit dem Netzwerkmanagement-Basissystem zu kommunizieren. Somit tauschen der Basisrechner und die Komponenten im Netzwerk in regelmäßigen Zyklen Daten aus, die in der Datenbank abgelegt sind. Aus der Datenbank wiederum werden die gesammelten Daten als Extrakt für statistische sowie sonstige Dienste verwendbar.

Neben den reinen Sicherheitsfunktionen kann das Netzwerk noch für folgende Dienste verwendet werden:

- Konfigurationsmanagement,
- Accountingmanagement,
- Fehlermanagement,
- Leistungsmanagement.

Mehr dazu ist in Kapitel 8.2 dargestellt.

4.6 Die Lösungen – 2 x VPN (Virtuell Private Network)

Man strebt immer gerne nach optimalen Lösungen. In der Folge haben wir zwei Lösungsvorschläge für die Thematik dargestellt. Die erste ist als Königslösung für den gefüllten Geldbeutel, die zweite als pragmatische Lösung für den praktischen Einsatz mit einem guten Preis-/Leistungsverhältnis skizziert.

4.6.1 Lösung 1 – Firewall „Königslösung"

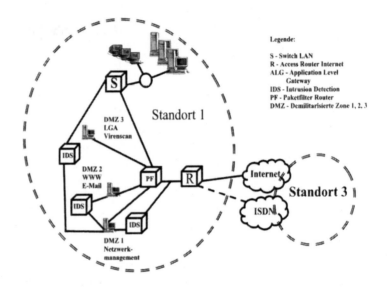

Abb. 4.17   Sollkonzept VPN

In dieser Abbildung 4.17 wird der schon in Abbildung 4.1. dargestellte Istzustand durch eine neue Verbindungslösung ersetzt.

Anmerkung	Es sei angemerkt, dass an beiden Standorten die gleiche Lösung zu installieren ist! Somit wird an den Standorten 1 und 3 der gleiche Sicherheitslevel und damit auch die gleiche Bedienerplattform gewährleistet. Zu beachten ist, dass der Virenscanner des VPN nicht den internen Virenschutz im LAN ersetzen kann.

4.6.1.1 Lösung 1, Gründe für die gewählte Lösung

- Integration der Standorte 1 und 3 in das Firmennetz auf der Basis VPN mit Protokoll IP (Unternehmensstandard nach Netzwerkauditierung),
- Betriebskosten-Reduzierung hinsichtlich Wartung und Ersatzteilvorhaltung auf Grund einer durchgängigen Gerätestruktur,
- reduzierte Schulungs- und Personalkosten bei der Betreuung der Systeme im operationalen Bereich,
- Flexibilität durch individuelle Nutzung einer Verbindung, die im direkten Zugriff des Unternehmens eines Dienstanbieters (z. B. ein Internet Service Provider ISP) und nicht eines Netzbetreibers liegt,
- reduzierte Kosten für die Festverbindung (Standort in einem anderen Bundesland) durch alternative Vernetzung,
- ein für das Unternehmen optimaler Sicherheitsstandard für die beiden Standorte 1 und 3 im Verbund mit Standort 2.

4.6.1.2 Der Sicherheitsstandard Fallbeispiel 3

Der Aspekt Sicherheit wird in diesem Konzept sehr hoch gewichtet:

- Demilitarisierte Zone 1 (DMZ 1) stellt die zentrale Informationsstelle des Firewallsystems dar.
- Die Überwachungsdaten IDS 1 laufen hier vor dem Paketfilter auf.
- Die Überwachungsdaten IDS 2 aus der DMZ 2 (WWW, E-Mail) laufen ebenfalls auf DMZ 1 auf.
- Die Überwachungsdaten IDS 3 laufen aus dem Übergang vom Paketfilter zum Switch ebenfalls auf DMZ 1 auf.
- Die Integration sämtlicher Funktionen bietet ein maximales Gesamtkonzept mit maximaler Sicherheit.

4.6.1.3 Die Lösung in der Praxis

Warum eine solche Firewall?

Die beschriebene Lösung ist eine sehr teure Lösung. Allerdings verfügt das Unternehmen jetzt über einen Sicherheitsstandard, der aus technischer Sicht kaum zu verbessern ist. Hier wurde der Forderung nach maximaler Sicherheit Rechnung getragen. Aber auch schon weniger aufwändige Lösungen würden einem hohen Sicherheitsstandard genügen. Eine solche Lösung wird nachfolgend dargestellt.

4.6.2 Lösung 2 - Firewall abgespeckt und praxisnah

Die Verbindung beider Standorte über das Internet wird in den jeweiligen Firewallsystemen, siehe Abbbildung 6.12, terminiert. Am Standort 3 wird der gesamte Datenverkehr zusätzlich zu der Paketfilter-Firewall noch durch ein IDS geschleust, um ein sehr hohes Maß an Sicherheit zu bekommen. Genauso geschieht das am Standort 1. Da hier aber die Hauptserver untergebracht sind, kommt zusätzlich noch ein Host-basierendes IDS zum Einsatz. Dieses erkennt Angriffe direkt auf den Servern und kann sie so auch vor Schaden bewahren, der seinen Ursprung im internen Netzwerk hat.

Ein weiteres zentrales Element ist das Netzwerkmanagementsystem. Dieses dient als zentrale Überwachungs- und Steuerungsclement.

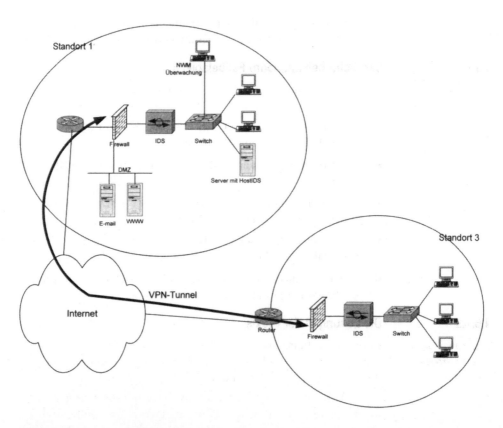

Abb. 4.18   Sollkonzept VPN

4.6.2.1 Lösung 2, Gründe für die gewählte Lösung

- Integration der Standorte 1 und 3 in das Firmennetz (Unternehmensstandard siehe Kapitel 2) auf der Basis VPN mit Protokoll IP,
- Betriebskosten-Reduzierung hinsichtlich Wartung und Ersatzteilhaltung auf Grund einer durchgängigen Gerätestruktur,
- reduzierte Schulungs- und Personalkosten bei der Betreuung der Systeme im operationalen Bereich,
- Flexibilität durch individuelle Nutzung einer Verbindung, die im direkten Zugriff des Unternehmens eines Dienstanbieters (z. B. ein Internet Service Provider ISP) und nicht eines Netzbetreibers liegt,
- reduzierte Kosten für die Festverbindung (Standort in einem anderen Bundesland) durch alternative Vernetzung,
- ein für das Unternehmen optimaler Sicherheitsstandard für die beiden Standorte 1 und 3 im Verbund mit Standort 2.

Gegenüber der Lösung 1 sind folgende Vorteile zu erwarten:

- Integration und Zusammenfassung von Diensten in kompakte Geräte,
- damit einhergehende Kostenreduzierung,
- Reduzierung des Anfalls und der Fehlerhäufigkeit der Administration des Systems;
- trotzdem erreicht man dadurch einen hohen Sicherheitslevel.

4.6.2.2 Der Sicherheitsstandard Fallbeispiel 3

Der Aspekt Sicherheit wird in diesem Konzept sehr hoch gewichtet:

- Die Verbindung beider Standorte erfolgt über die Firewall.
- DMZ ist getrennt vom LAN.
- 2 x IDS-Systeme mit Host-IDS überwachen den Verkehr hinter der jeweiligen Firewall.
- Die Integration sämtlicher Funktionen bietet ein Gesamtkonzept mit hoher Sicherheit.

4.6.2.3 Die Lösung in der Praxis

Warum eine solche Firewall?

Die beschriebene Lösung ist eine erschwingliche Lösung mit wenig Restrisiko.

Hier wurde der Forderung nach bezahlbarer Sicherheit Rechnung getragen, die gleichzeitig einem hohen Sicherheitsstandard genügt.

4.6.3 Ausschreibung

Auf Grund der Komplexität des Pflichtenhefts, des Leistungsverzeichnisses sowie des Fragenkatalogs ist an dieser Stelle noch einmal auf die Integration eines fachkundigen Planers bei der technischen Definition hingewiesen.

Fazit Kapitel 4

Bitte beachten Sie nochmals nachfolgende Kriterien für das Fallbeispiel 3:

- Ausreichende Sicherheitsanalyse mit einem internen oder externen Fachexperten,
- Zieldefinition in Form von verschiedenen Internet-Benutzungsmöglichkeiten,
- Integration eines ausreichend dimensionierten Netzwerkmanagementsystems mit allen fünf Managementfunktionen
- Planung der personellen, aufbauorganisatorischen Maßnahmen, da die Pflege solcher Systeme zusätzlichen Aufwand verursacht – aber auch Nutzen und Sicherheit schafft,
- Sicherstellen von zyklischen und regelmäßigen Updates und Releasemanagement des kompletten Systems wie z. B. Virenscanner oder Firmware Firewall.

5 Der Investitionsantrag

Was muss der Realisierer erarbeiten, um den Entscheider für eine Investitionsentscheidung optimal vorzubereiten?

Die Definition der Strategie und die Festlegung der Ziele sind für das Gelingen eines Projekts überaus wichtig. Für den Entscheider ist dieser Aspekt von grundlegender Bedeutung (siehe Abbildung 5.1).

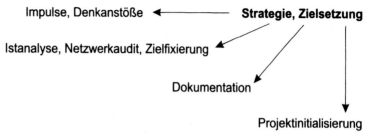

Abb. 5.1   Strategie, Zielsetzung

In dieser Phase werden Impulse und Denkanstöße erfasst, gewichtet und dokumentiert. Es wird festgelegt, wie man das Projekt strategisch und operational angehen kann.

Im Anschluss daran findet eine Analyse des Istzustands statt. Diese Ist-Analyse ist stark angelehnt an die beiden in Kapitel 1 dargestellten Checklisten für den Bereich Technik oder Betriebswirtschaft.

Diese wären sicherlich auch Gegenstand des zu erstellenden Netzwerkaudits (Netzwerkuntersuchung). Aus der Ist-Analyse und der dazu entsprechend gestalteten Zielfixierung entsteht eine Dokumentation, die den momentanen Zustand des Netzwerks widerspiegelt und gleichermaßen das Verbesserungspotenzial darstellt. Sie dient auch dazu, später bei anfallenden Beschaffungsmaßnahmen dem Lieferanten die Ausgangsbasis der Netzwerkgestaltung darzustellen.

5 Der Investitionsantrag

5.1 Die Projektvision

Basis jeglicher Vernetzungsplanung ist zu Anfang immer eine Projektvision, aus der Ziele abgeleitet werden. Aus den Zielen entstehen Strategien, um diese Ziele zu erreichen. Aus den Strategien werden operative Maßnahmen abgeleitet, die eine Umsetzung des jeweiligen Projekts bewirken.

Neben den technischen Vorteilen einer funktionalen Vernetzung sind vorrangig unternehmerische sowie wirtschaftliche Sachverhalte zu berücksichtigen. Diese Aspekte sollten bekannt sein, bevor man sich mit der technischen Ausgestaltung des neuen Netzwerks beschäftigt.

Da unternehmerische Ziele Eckpunkte für sämtliches Handeln darstellen, kann die Zielsetzung des Unternehmens auch die Ausgangsposition für die Gestaltung eines Unternehmensnetzwerks sein. Allerdings fehlt bei einer solchen Ausgestaltung der visionäre Aspekt, der auch für weit in die Zukunft reichende Planungshorizonte im Gesamtkonzept des Netzwerks mit berücksichtigt werden sollte.

Anmerkung	Es wäre vermessen, in diesem Buch für jedes Unternehmen pauschal einen Visionsvorschlag als vorteilhaft darzustellen. Außerdem liegen in vielen Firmen unternehmerische Visionen nur in sehr untergeordneten Ausprägungen vor. Es ist, gerade bei der technischen Planung eines Netzwerks, durchaus denkbar, dass man auf die Vision verzichtet und sich auf der Zielebene in die Projektierung einklinkt.

Darauf wollten wir uns allerdings nicht einlassen und haben in der Folge eine Visionsgliederung, ohne Anspruch auf Vollständigkeit, gestaltet.

Bei der Erstellung einer Projektvision sind die nachfolgenden Unterpunkte konkret zu analysieren und festzulegen:

- Entwicklungspotenzial des Unternehmens,
- Märkte,
- Partner,
- Ressourcen im Unternehmen,
- Gebäudestruktur,
- Räumliche und gebäudliche Abhängigkeiten des Netzwerks,
- Erforderliche Netzwerkstrukturen, Anforderungsprofile,

- unternehmensübergreifende Wirtschaftlichkeitsverbesserung,
- Forschung und Entwicklung,
- Marketing,
- Materialwirtschaft und Logistik,
- Produktion,
- Lohn- und Finanzbuchhaltung,
- netzwerkabhängige Ressourcenoptimierung im Personalbereich u. v. m.

Integrierte Netzwerke berücksichtigen auf Grund ihrer homogenen Struktur sämtliche unternehmerischen Kernbereiche der Aufbauorganisation. In der Vision sind ebenfalls die personellen Aspekte mit in die Betrachtungen einzubeziehen. Im Speziellen wird in Kapitel 8 des Buches auf den Aufbau der Personalstruktur in den Bereichen Netzwerkmanagement Bezug genommen.

Das Definieren einer Unternehmensvision endet mit der Erstellung eines Visionspapiers. In diesem sind in kurzer Form die Unterpunkte der Vision als Zielkriterien bereits definiert. Für die drei Fallbeispiele sind die im nachfolgenden Abschnitt beschriebenen Projektvisionen und damit Unternehmensziele beispielhaft denkbar.

5.2 Projektvision und Zeit

Ausgangspunkt

Visionen werden häufig über einen längeren Planungszeitraum im Unternehmen erstellt. Der technische Fortschritt sowie die Veränderungen an den Märkten aber greifen schneller!

Bei einer Vision für ein Unternehmensnetzwerk muss zu einem recht frühen Stadium der Planung bereits der Begriff der technischen Machbarkeit einfließen, weil jeder weitere Planungsschritt immer von der technischen Realisierbarkeit abhängig ist.

Es empfiehlt sich deshalb, wie in Abbildung 5.2 dargestellt, für das Unternehmensnetzwerk aus der Vision für das gesamte Unternehmen eine Teilvision abzuspalten und als Basis für Ziele, Strategien und operative Maßnahmen zugrunde zu legen.

Jede zusätzliche Planungszeit kostet in der vertikalen Ebene zwangsläufig Zeit, und der technische Fortschritt schreitet in dieser Zeit voran. Jeder weitere Detaillierungsgrad in der horizontalen Ebene kostet Zeit und erfordert mehr Aufwand bei der Überarbeitung operativer Maßnahmen.

> **Wichtig**
> Es ist sehr entscheidend, dass von der Erstellung der Vision bis zur Umsetzung der Maßnahmen eine möglichst geringe Planungs- und Umsetzungszeit benötigt wird.

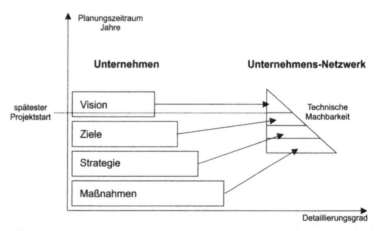

Abb. 5.2   Vision Netzwerk und Zeit

5.3 Technische und wirtschaftliche Zielsetzungen der Aufgabenstellung

Wie Sie Abbildung 5.3 entnehmen können, besteht das Unternehmen aus mehreren Standorten.

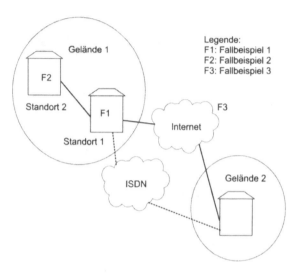

Abb. 5.3   Aufgabenstellung Gebäudevernetzung 1, 2, 3

Dieser Abschnitt schildert gesamt und dezidiert pro Fallbeispiel die technischen und wirtschaftlichen Zielsetzungen der Aufgabenstellung.

Auf dem Gelände 1 sind zwei Gebäude bzw. Standorte, auf dem Gelände 2 ist ein Gebäude in die Betrachtung mit einzubeziehen. Diese drei Gebäude sind miteinander zu vernetzen.

Betriebs-wirtschaftliche Abgrenzung	An dieser Stelle werden neben den rein netzwerkabhängigen Regeln primär nur die betrieblichen Belange behandelt. Die netzwerkseitigen Betrachtungen sind in den Kapiteln 2 bis 4 dargestellt.

Aufgabenstellung   In der Folge sind die standortbezogenen Aufgabenstellungen differenziert als einzelne Abbildungen dargestellt.

Am Standort 1 Verwaltungsgebäude F1 sind drei Netzsegmente vorhanden, die als Inseln sehr unwirtschaftlich betrieben werden. Eine neue Gebäudeverkabelung steht deshalb in diesem Altbau an.

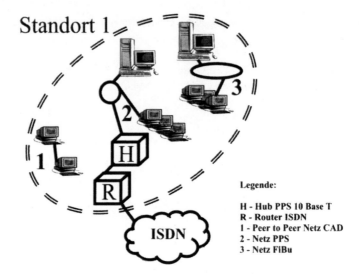

Abb. 5.4   Ausgangssituation Standort 1, Gelände 1

Der Standort 2 Fertigungsgebäude F2 wird neu gebaut. Es findet ein Umzug aus der alten Fertigungsstätte in die neue statt. Die Standorte 1 und 2 werden in diesem Zuge vernetzt (Abbildung 5.5).

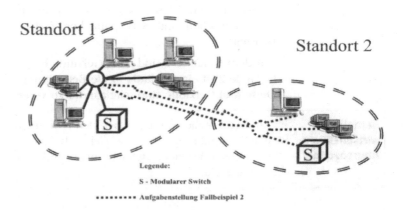

Der außenliegende Standort F3 wird über das Internet an Standort 1 angebunden (Abbildung 5.6).

5.3 Technische und wirtschaftliche Zielsetzungen der Aufgabenstellung

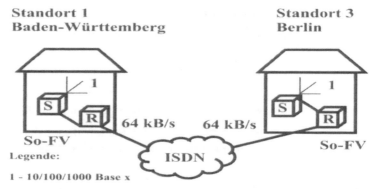

Abb. 5.6 Ausgangssituation Standortintegration Gelände 1 (Standort 1) mit Gelände 2 (Standort 3)

Zielsetzungen sind in unternehmensübergreifender und auch in differenzierter Form vorhanden. Die Kalkulation der einzelnen Fallbeispiele ist nachfolgend dargestellt.

Alle Fallbeispiele übergreifend

- Verbesserung der Leistungsfähigkeit und Stabilität des Gesamtnetzes,
- Integration aller Mitarbeiter in ein homogenes Firmennetz,
- Verringerung der Kosten bei der Netzbetreuung um 20 %,
- Reduzierung der innerbetrieblichen Fahrtkosten um 60 %.

Fallbeispiel 1

- Integration der drei Netztopologien in ein übergreifendes Konzept,
- Reduzierung der Vielfalt der zu betreuenden Technik um $^2/_3$,
- Reduzierung der Netzausfälle um 50 %,
- bessere Beschaffung und Verwaltung von Ersatzteilen.

Fallbeispiel 2

- Reduzierung der Netzabstürze und Ausfälle im Vergleich zum alten Fertigungsgebäude um 50 %,
- Flexibilisierung des Staplerbetriebs und der Warenwirtschaft,
- schnellere und bessere Möglichkeiten der Materialdisposition,
- bessere Angaben zu Lieferterminen.

Fallbeispiel 3

- Integration beider Standorte mit besserer Sicherheitskonzeption,
- schnellere Performance durch das neue Übertragungsmedium um den Faktor 10 bis 20,
- schnellere Integration der Daten am Außenstandort.

Spätestens nach der Definition dieser Ziele ist das Projekt „Unternehmensnetzwerk" strategisch definiert.

Anmerkung	Im Buch wird unterstellt, dass durch die Nichtbeantwortung vieler Fragen aus den Checklisten aus Kapitel 1.4.5 und 1.4.6 und durch aktuelle Anforderungen an das Unternehmen ein Netzwerkaudit mit einem externen Fachunternehmen durchgeführt wurde. Die im Buch abgeleiteten Fallbeispiele sind als Folge des Ergebnisses der Auditierung erforderlich geworden.

5.4 Eine Informationsbasis als Steuerungselement für den Entscheider

Bevor gedanklich (in Kapitel 1) das Projektteam zusammengestellt wird, wird die Vorgehensweise in der Organisation des Projekts in diesem Kapitel gedanklich vordefiniert. Die Weichenstellungen für die Initialisierung des Projekts wird nachfolgend vorgenommen.

Wichtig	Es wird angestrebt, dass der Entscheider sich im Gremium nicht permanent um operative Aufgaben kümmern muss. Deshalb wird ein Berichtswesen zwischen dem Projektteam und dem Entscheider geschaffen. Es dient als Informationsbasis und sorgt somit für eine entsprechende Transparenz.

In Abbildung 5.7 ist eine beispielhafte Organisation dargestellt, in der die strategischen Einflüsse des Entscheiders und die Umsetzung im Projekt stattfinden können.

Wichtig ist der Aspekt der ganzheitlichen Kooperation zwischen dem Entscheider im Gremium, der Projektleitung, der externen Beratung sowie den Projektteammitgliedern. Schon bei der Gestaltung der Vision sollte die Mitwirkung der Mitarbeiter angestrebt werden, damit sich alle Teammitglieder später besser mit den Projektaufgaben identifizieren können.

Abb. 5.7   Organisation der Info-Basis

In der Abbildung 5.7 ist die komplette Schnittstelle Entscheider – Projektleiter – Projektteam dargestellt.

5.5 Der Kosten-/Nutzenvergleich

Als nächster Schritt wird nun auf Grund von Kennzahlen und Erfahrungswerten des Ist-Zustands ein Kosten-/Nutzenvergleich vorgenommen. Dabei wird in diesem Vorgang bereits erkennbar, ob die Kosten für solche Investitionen unternehmenspolitisch und finanziell für das Unternehmen in absehbarer Zeit vertretbar sind. Für die Betrachtung der Kosten und des Nutzens gilt es, zwischen harten und weichen Faktoren zu unterscheiden. Harte Faktoren sind in Geldeinheiten bewertbar, weiche dagegen nur schwer zu quantifizieren.

5.5.1 Nutzen, harte Faktoren

Bei einer strukturierten Gebäudeverkabelung ergibt sich im Vergleich zu heterogenen (uneinheitlichen) Verkabelungssystemen Einsparpotenzial in Form von gesunkenen Umzugskosten.

Mit den Systemen können Umzüge von Mitarbeitern in viel kürzerer Zeit durchgeführt werden. Es steigt die Flexibilität, der Aufwand sinkt, die Betriebskosten werden gesenkt.

Ein weiterer Vorteil ist die Unabhängigkeit spezieller Dienste wie z. B. EDV oder Telekommunikation. Man hat bei der Dienständerung (z. B. Umstellen auf eine andere Netzwerksprache) die Möglichkeit, die physikalische Verkabelung fast völlig zu belassen. Hinzu kommt, dass in einem solchen Fall ein zusätzlicher Anschluss (z. B. ein Faxgerät am Arbeitsplatz) fast kostenlos verfügbar ist, die Investitionen sind gering oder fallen gar nicht erst an.

Weiteres Kriterium ist die Ausfallzeit des jetzigen Systems. Je mehr Mitarbeiter betroffen sind, um so mehr kostet dies Zeit und Geld. Dabei ist auch der Tatbestand berücksichtigt, dass i. d. R. durch kurzfristiges Eingreifen die fehlerhaften Netzelemente separierbar sind, damit nur ein kleiner Teil des Netzwerks in Mitleidenschaft gezogen wird. Der Rest des Netzwerks läuft weiter, die Netzausfallkosten sinken.

Die Gebäudeverkabelung kommt dabei auch der Forderung nach, dass durch die hierarchische Strukturierung in drei Verkabelungsbereiche (Primär-, Sekundär-, Tertiärbereich) Kabelwildwuchs vermieden wird. Somit sind wiederum Fehler systematisch und schnell lokalisiert und können umgehend repariert werden. Der Zeitaufwand hierfür nimmt ab, die Reparaturkosten sinken.

5.5.2 Nutzen, weiche Faktoren

Wichtig
Ein ganz gravierender und wichtiger Punkt bei diesen weichen Faktoren ist die Tatsache, dass die Daten, die auf den Systemen gepflegt werden, sicherer, schneller und transparenter zur Verfügung stehen. Dies gilt für alle Unternehmensbereiche. Darüber hinaus können, wie in den drei Fallbeispielen dargestellt, mit dieser Integrationsmöglichkeit abteilungsübergreifend Netzwerkdienste zur Verfügung gestellt werden, die den gemeinsamen Workflow sowie die Wiederverwendbarkeit von Daten zur Duplizierung und Weiterverarbeitung ermöglichen.

Bei einer strukturierten Gebäudeverkabelung ist der Performance-Zugewinn spürbar, da der Mitarbeiter schneller arbeiten kann. Er muss nicht mehr auf Grund des Antwortzeitverhaltens der Rechner warten. Vorgänge wie z. B. das Laden von Anwendungsprogrammen und Dateien zwischen Arbeitsplätzen und den Servern werden ebenfalls schneller.

Hinweis
Eine pauschale Aussage über das Einsparpotenzial weiterer weicher Faktoren ist in diesem Werk nicht möglich. Dazu ist in jedem Unternehmen die Struktur des Netzwerks und das Anforderungsprofil an das Netz zu individuell. Allerdings sind bei der Kalkulation für die Fallbeispiele typische Konstellationen beispielhaft gerechnet.

5.5.3 Kosten einer Vernetzung

Einmalige Kosten entstehen durch die Planung (interne und externe Kosten) und die Installation des Netzes. Folgekosten entstehen durch dessen Pflege, der Wartung und dem Störungsdienst. In Abbildung 5.8 sind die einzelnen Elemente nach internen und externen Kosten unterteilt.

Kosten einer Vernetzung

Interne Kosten	Externe Kosten
Planung, Projektierung	Planung, Projektierung
Pflege und Wartung	Material
	Montage

Abb. 5.8   Kosten einer Vernetzung

Bei den internen Planungskosten handelt es sich um den Aufwand, der betrieben werden muss, um von der Vision bis zur Abnahme des Netzwerks bei Mitarbeitern zeitliche Kapazitäten für das Projekt zu schaffen. Diese Kosten liegen folglich im Bereich der internen Verrechnungssätze für die beteiligten Mitarbeiter.

Bei externen Planungskosten handelt es sich um unterstützende Maßnahmen externer Berater, die den technischen und/oder organisatorischen Aufwand im Unternehmen verringern bzw. kompensieren.

Bei der Installation des Netzwerks entstehen durch Materialbeschaffung, Montage- und Installationsaufwand externe Kosten. Auch hier ist zu berücksichtigen, dass durch interne oder externe Bauleitungsmaßnahmen wiederum interne oder externe Kosten entstehen, ebenso nach Installation des Netzwerks durch Pflege und Wartung der Netzwerke.

> **Standpunkt**
>
> Eine sorgfältige Planung und eine gute Ausschreibung senken die Kosten für die Installation. Ein kompetenter Verkabelungspartner sorgt für eine reibungslose und technisch einwandfreie Installation und Wartung.
>
> Jede in die Planung investierte Geldeinheit minimiert die Kosten für die laufende Pflege durch die gewonnene Flexibilität und Stabilität des Netzwerks.

5.5.4 Amortisation

In der Regel ist eine strukturierte Gebäudeverkabelung für einen momentanen Bedarf immer etwas teurer als ein System alter Bauweise. Teuer ist vor allem die Reserve an Anschlüssen in flächendeckenden Vorausvernetzungen, die momentan im System noch gar nicht zum Einsatz kommen. Dieser Tatsache werden die raschere Reduzierung der Betriebskosten und damit eine schnellere Amortisation als bei bedarfsorientierten, herkömmlichen Systemen gegenübergestellt.

Ein qualitativer Kostenverlauf für die unterschiedlichen Verkabelungsformen ist in Abbildung 5.9 dargestellt. Es wird deutlich, dass eine strukturierte Verkabelung auf Dauer immer preisgünstiger ist als eine diensteabhängige Verkabelung. Dies hängt mit den langen Standzeiten der passiven Systeme (Kabel und Infrastruktur) zusammen. Dabei kann eine hohe Umzugsrate von Mitarbeitern der Vorteil der strukturierten Technik noch verstärken.

Standpunkt Aus unserer Erfahrung ergeben sich bei objektiver Betrachtung immer positive Beträge, also Einsparungen über die gesamte Standzeit. Bei Berücksichtigung der in den Fallbeispielen gemachten Tipps und Anmerkungen lassen sich Amortisationszeiten entsprechend optimieren.

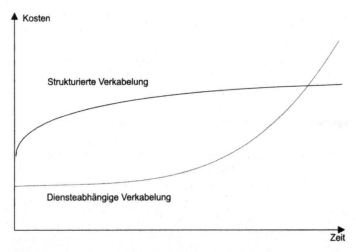

Abb. 5.9   Kostenvergleich Verkabelung

5.5 Der Kosten-/Nutzenvergleich

Von Vorteil ist auch, dass Gebäude mit einer derartigen Einrichtung einen höheren Marktwert haben und Mieterträge somit auch zu einer rascheren Amortisation beitragen können.

Die Amortisation beschränkt sich nicht nur auf den Kostenvergleich zwischen strukturierter oder diensteabhängiger Verkabelung. Vielmehr ist die nachfolgende Betrachtung interessant:

    Investitionskosten
+ Folgekosten (hochgerechnet) für die Standzeit des Systems
+ Erweiterungskosten
- Einsparpotenzial (hochgerechnet) für die Standzeit des Systems, (harte Faktoren)
- Einsparpotenzial (geschätzt) für die Standzeit des Systems, (weiche Faktoren)

Summe

Aus dieser Summe errechnet sich bei einer definierten Standzeit des Netzwerks der Betrag Kosten pro Jahr. Daraus wiederum ist die Amortisationsdauer in Anzahl von Jahren ableitbar.

5.5.5 Kennzahlen für grobe Hochrechnungen

In Abbildung 5.10 sind die kostenseitigen Abhängigkeiten der Einzelelemente der Verkabelung dargestellt.

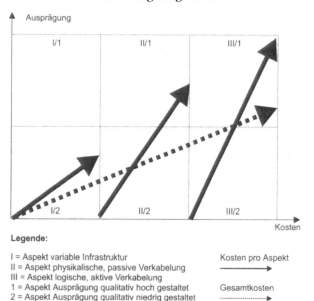

Abb. 5.10   Kostenabhängigkeit einer Gebäudeverkabelung

Ein Entscheider, der keinerlei Erfahrung mit der Gestaltung von Netzwerken hat, sollte in die Lage versetzt werden, ohne großen Aufwand die Kosten und den Nutzen einer Vernetzung zu kalkulieren. Dabei werden in dieser Phase der Netzwerkgestaltung Fehlermargen von ± 25 % billigend in Kauf genommen.

Aspekt Infrastruktur I

Bei einer vorhandenen Infrastruktur sind die Kosten erheblich reduzierbar. In den Fallbeispielen 1 und 2 werden reproduzierbare Infrastrukturen beispielhaft entwickelt.

Aspekt passive Verkabelung

Der Knackpunkt bei der passiven Verkabelung ist nicht mehr nur die Entscheidung LWL-/Kupferverkabelung, sondern auch vor allem die Anzahl der Reserveanschlüsse bei der Gestaltung der Erstplanung.

Aspekt aktive Verkabelung

Gravierend macht sich die Auswahl der Topologie LWL- oder Kupferverkabelung in den aktiven Komponenten bemerkbar. Die Mehrkosten liegen, je nach Konstellation der Anschlüsse, häufig über 100 %. Manchmal ergeben sich aber durch geschicktes Netzwerkdesign geringe oder überhaupt keine Mehrkosten.

Nachfolgend sind für grobe Hochrechnungen von Kosten-/Nutzenanalysen einige Kennzahlen aus der Praxis beschrieben. Einige Beispiele dazu:

- Kosten pro Anschlusspunkt (Port) bei einer strukturierten Gebäudeverkabelung 100,-- EUR... 400.-- EUR. Beim Fallbeispiel 1 kostet die Kupferverkabelung pro Port 150,-- EUR, die verlegte LWL-Verkabelung in Fallbeispiel 2 pro Port 250,-- EUR.

- Für die Dauer der Laufzeit einer strukturierten Verkabelung liegen die Investitionskosten für aktive und passive Komponenten im Verhältnis zu den gesamten IT- und TK-Kosten zwischen 5 – 10 %. Dies stellt einen sehr kleinen Anteil an den Gesamtkosten dar. Gerade deshalb muss an einer solchen Maßnahme kein Rotstift angesetzt werden.

- Kosten für den externen Planungsingenieur bei Komplettvergabe der Planung und Projektierung 8 bis 25 % des Investitionsbetrags, je nach Komplexität der Aufgabenstellung.

- Kosten pro Umzug eines Mitarbeiters (im gleichen Gebäude) bei einem heterogenen (uneinheitlichen) Netzwerk EDV und Telefon 100,-- EUR ... 300,-- **EUR**, je nach Struktur des Unternehmens.

- Im Gegensatz dazu ist der Zeitaufwand interner Techniker für den Umzug eines Mitarbeiters (im gleichen Gebäude) ca. 0,5 – 1 Stunde.

5.6 Kalkulation und Amortisation Fallbeispiel 1

Das Fallbeispiel 1 ist ein typischer Fall für ein bereits älteres Gebäude, in dem sich mehrere Abteilungen der Unternehmensverwaltung befinden und mit verschiedenen Netzwerken arbeiten.

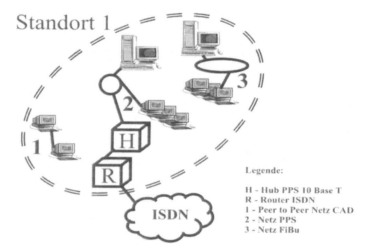

Legende:

H - Hub PPS 10 Base T
R - Router ISDN
1 - Peer to Peer Netz CAD
2 - Netz PPS
3 - Netz FiBu

Abb. 5.11   Vernetzung Istzustand

Wie in Abbildung 5.11 dargestellt ist dies im Speziellen ein Netzwerk für die CAD-Anwendung der Entwicklungsabteilung ohne eigenen Server (Peer to Peer).

Das zweite Netz ist ebenfalls ein separates Netz, auf dem die Produktionsplanungs- und Steuerungssoftware PPS betrieben wird.

Das dritte Subnetz am Standort 1 ist ein Netz der Finanzbuchhaltung, die momentan ebenfalls noch keine Schnittstelle zu den beiden anderen Systemen hat.

Die Vorteile bei der Integration der drei Netzwerke liegen klar auf der Hand:

- einheitliche Benutzeroberfläche für alle Mitarbeiter und Administratoren,
- unternehmensübergreifendes Netzwerkmanagement,
- Integration von Workflow und Bürokommunikationsdiensten in allen drei Unternehmensbereichen,
- Standardisierung und Vereinfachung der Ersatzteilhaltung im Rahmen der Systemadministration,
- Ressourcenoptimierung.

Dies führt, wenn man einen Schritt weitergeht, zu einer erheblichen Verbesserung der Wirtschaftlichkeit, wie nachfolgend für alle Fallbeispiele sowie für das Fallbeispiel 1 gerechnet wird.

5.6.1 Uptime, Downtime, Lowtime (Exkurs)

Wichtig	Zum Status eines Netzwerks gibt es drei Zustände: • Uptime (Netzwerk ist optimal in Betrieb) • Downtime (Netzwerk ist außer Funktion) • Lowtime (Netzwerk befindet sich irgendwo in einer Situation zwischen Up- und Downtime und ist in seiner Leistungsfähigkeit nur schwer zu beurteilen)

Alle drei Formen der Qualifizierung eines Unternehmensnetzwerks sind nur schwer darzustellen. Am einfachsten ist der Begriff des Downtime nachzuvollziehen. Das Netz funktioniert einfach nicht mehr.

Wesentlich schwieriger wird es dann, wenn man den Begriff Lowtime definieren soll, da in der Regel das Netzwerkoptimum, das auch mit Uptime bezeichnet wird, nicht definiert werden kann. Darüber hinaus ist es nicht nur schwirig, den Zustand eines Netzwerks zu definieren, es ist auch schwierig, die Kosten für eine Down- oder Lowtime zu ermitteln.

In Wide Area-Netzwerken wurden verschiedene Analysen darüber durchgeführt. Darin führte eine Stunde Downtime eines Netzwerks besonders im Börsen- und Kreditkartengeschäft mit über 1 Million Euro Verlust zu Buche.

Bei Betrieben in den Bereichen Home-Shopping (TV), Flugbuchungen, Transportwesen, Versandhandel und Pay per view liegt der Schaden größer als 100.000 **EUR**.

5.6 Kalkulation und Amortisation Fallbeispiel 1

Wenn man dann eine ähnliche Betrachtung im LAN machen würde, wäre es sicherlich vermessen, einen Vollausfall, bei dem es neben Umsatzverlusten auch um Rentabilitätsverluste im internen Betrieb geht, in Zahlen zu fassen. Allerdings sind die Auswirkungen einer Downtime sicherlich in jedem Unternehmen gravierend.

Wege, Lowtime zu vermeiden	Die Lowtime-Aspekte von falsch designten Netzen, von Altlasten wie Inseln oder verfilzten Strukturen sind in der Folge dargestellt. Grundsätzlich gelten als Ursachen für Lowtime-Netzwerke häufig aber auch „hausgemachte" Gründe:

- Miss-Matched-Verkabelungen, die ab der Kategorie 6 von Fachzeitschriften als nicht mehr geeignet angesehen werden
- Netzwerksausstattungen, die keine Normkonformität bieten.
- Schlechte Installationsmethoden bei der Verarbeitung
- Neue Applikationen, wie z.B. eine neue Virensoftware für zusätzlichen Bandbreitenbedarf im Netz, was dazu führt, dass das Laden, das Bearbeiten und das Speichern von Daten in einer nicht akzeptablen Zeit erledigt werden.

Miss-Matched-Systeme haben den Nachteil, dass der Kanal, der zwischen dem Switch und der Netzwerkkarte aufgebaut ist, mehrfach durch verschiedenste Produktkategorien reduziert wird. Zertifizierungen von Miss-Matched-Herstellern sind aus unserer Sicht nicht immer ein Garant dafür, dass die maximale Reserveleistung in einem Netzwerk tatsächlich erzeugt wird.

Nichts desto trotz sollte hier angemerkt werden, dass eine passive Gebäudeverkabelung nur so gut sein kann wie die aktiven Komponenten, die diese passive Gebäudestruktur als „Straße" benutzen, wie in den Fallbeispielen schon dargestellt.

Die gesunde Basis	Die strukturierte Verkabelung ist Grundlage jedes Netzwerks. Auf der physikalischen Netzwerk-Plattform werden für die Dauer von 10 bis 15 Jahren, insofern das Netz optimiert geplant und gestaltet wurde, sämtliche Dienste in einem Unternehmens-Netzwerk abgebildet. Im Gegensatz dazu sind die aktiven Komponenten, je nach Anforderungsprofil, nach 2 bis 5 Jahren nicht mehr Stand der Technik. Im weiteren Gegensatz dazu sind die Anwendungen, die insbesondere die Software betreffen, nach 1 bis 5 Jahren nicht mehr Gegenstand eines vernünftigen Netzwerkes.

Heutige strukturierte Gebäudeverkabelungen, die nach einem dezentralen Konzept designed sind, sollten im Primär- und Sekundärbereich mit Gigabit Ethernet und im Tertiärbereich mit mindestens Fast Ethernet ausgestattet sein. Es sollten dabei Systeme verwendet werden, die auch im Tertiärbereich eine Nutzung von Gigabit Ethernet und im Primär- und Sekundärbereich eine Migration zu 10 Gigabit Ethernet ermöglichen. Dabei ist darauf zu achten, dass genügend Reserven gegenüber dem Standard der vorgeschriebenen Norm zur Geltung kommen.

Die Entwicklung der LAN-Technologien der Vergangenheit wollen wir an dieser Stelle nicht erläutern, wohl aber einen Ausblick auf gewisse Dinge geben, die der Markt bringen wird:

- Die Backbone-Verkabelung mit dem 10 Gigabit Ethernet steht momentan schon in den Startblöcken.

- Die Backbone-LAN-Technologie 40 Gigabit Ethernet ist bereits in der Entwicklung. Erste Ergebnisse erwartet man im Jahr 2006.

- Die Verkabelung Fast Ethernet, die im Moment noch im Tertiärbereich zum Standard gehören sollte, wird nach 2004 durch die Verbreitung von 10 Gigabit Ethernet ersetzt werden.

5.6.2 Wirtschaftlichkeit für alle Fallbeispiele übergreifend

Für alle Fallbeispiele übergreifend sind nachfolgende Wirtschaftlichkeitsverbesserungen denkbar. Die Beispiele sind willkürlich gewählt und erheben keinen Anspruch auf Vollständigkeit. Sie sind allerdings in den meisten Betrieben gleichermaßen anzutreffen. Es wären dies zum Beispiel:

- ***Verbesserung der Leistungsfähigkeit und Stabilität des Gesamtnetzes***, z. B. Programmteile und Dateien, die auf Servern liegen, werden schneller zur Workstation transportiert werden. Dies bedeutet in einem Netzwerk mit 100 Mitarbeitern mit pro Tag 5 Lade- und Speichervorgängen 500 Vorgänge pro Tag. 500 Vorgänge bei einer Einsparzeit von durchschnittlich 2 Sekunden ergeben 1.000 Sekunden pro Tag. 1.000 Sekunden pro Tag entsprechen bei 200 Arbeitstagen 200.000 Sekunden oder 56 Stunden pro Jahr. Multipliziert mit einem durchschnittlichen Stundensatz von 40,-- EUR ergibt sich eine Ersparnis von ca. 2.200,-- EUR, für die Sie nichts tun müssen.

- In unserem Beispiel ***Stabilität des Netzwerks*** kann realistischerweise davon ausgegangen werden, dass mindestens zwei

5.6 Kalkulation und Amortisation Fallbeispiel 1

Server alle 10 Arbeitstage entweder ausfallen oder in ihren Ursprungszustand zurückversetzt und neu gestartet werden müssen. In diesem Falle wären dies 4 Start- und Ladevorgänge pro Monat, bzw. bei durchschnittlich 200 Arbeitstagen 8 Stunden Ladezeit. Acht Stunden Ladezeit bedeutet nicht nur 400,-- **EUR** Gesamtverdienst, sondern bedeutet auch, dass die an die jeweiligen Server angeschlossenen Workstations mit den Programmen ebenfalls nicht mehr arbeiten können. Dies ist ein weit gravierenderes Beispiel, wenn wir diese 8 Gesamtstunden mit der gleichen Ausfallzeit von im Schnitt 30 Mitarbeitern multiplizieren. Dann kommt man auf eine entsprechend kürzere Amortisationsdauer des neuen Netzwerks.

- *Integration aller Mitarbeiter in ein Firmennetz*

Zentrale Ersparniskomponente aller Mitarbeiter im Firmennetz ist die Verwendung gemeinsamer Programme sowie des Online-Austauschs von Daten. In unserem Beispiel gingen wir davon aus, dass vom Peer to Peer-Netz in das PPS-Netz CAD-Daten überspielt werden müssen. Dies erfolgt im CAD-Netz mit einem CD-Brenner auf CD-ROM. Diese Daten werden wiederum im PPS-Netz eingelesen. Dabei entstehen Brennzeiten von ca. 150 Stunden pro Monat. Dazu kommt das jeweilige Anstoßen der Sicherung auf CD-ROM. Nochmals die gleiche Zeit wird darauf verwendet, die Dateien entsprechend im PPS zu importieren. Häufig sind durch diese Tätigkeiten auch Systemadministratoren gebunden. In unserem Beispiel würde das bedeuten, dass pro Tag beide betroffenen Mitarbeiter ca. 1 Stunde damit beschäftigt sind, die Daten auszutauschen. Hieraus ergibt sich Einsparpotenzial von ca. 200 Arbeitsstunden pro Jahr (8.000,-- EUR) abzüglich des Aufwands, um die Online-Verwaltung zu realisieren.

In vielen Betrieben werden häufig in der Fibu und im PPS-System gleiche Daten erfasst, wie z. B. Arbeitsplandaten, die zum einen für die Lohnabrechnung und zum anderen für die Kostenträgerrechnung verwendet werden. Dabei entsteht doppelter Aufwand, und den können Sie für Ihren Betrieb explizit in Anrechnung bringen. Die Fehlerhäufigkeit der Unterschiede zwischen zwei Systemen steigt und erfordert aufwändige Korrekturen. In unserem Falle wird bei der Eingabe von PPS- und Fibu-Daten pro Tag ein Aufwand von 1 – 2 Stunden pro Mitarbeiter fällig. Somit hätten wir eine Netzwerkamortisation von ca. 200 bis 400 Personen/Stunden pro Jahr, entsprechend wären dies 8.000,-- EUR bis 16.000,-- EUR pro Jahr.

- **_Verringerung der Kosten bei der Netzbetreuung um 20 %_**

  Für die oben genannten und auch unten aufgeführten Beispiele ergibt sich bei einem Betrieb von ca. 200 Mitarbeitern in der Netzbetreuung grundsätzlich eine Reduzierung der Betreuung des reinen Netzwerks von ca. 20 %. Dies bedeutet allerdings nicht, dass Personal eingespart werden sollte; eher empfiehlt sich, die Ersparnisse im Netz für andere Bereiche wie z. B Anwenderbetreuung, Schulung und Help Desk zu verwenden. Bei einer Besatzung der EDV- und Netzwerkabteilungen in einem 200 Mann-Unternehmen wären das bei ca. 3 Systembetreuern 200 x 8 x 3 Stunden = 4.800 Stunden, und davon 20 % wiederum (960 Stunden) bei einem kalkulatorischen Stundensatz von 40,-- EUR eine Ersparnis von 38.400,--EUR.

5.6.3 Wirtschaftlichkeit Fallbeispiel 1

Die Wirtschaftlichkeitsbetrachtung gestaltet sich im Fallbeispiel wie folgt:

Integration der drei Netztopologien in ein unternehmensübergreifendes Konzept, siehe oben

- Reduzierung der Vielfalt der zu betreuenden Technik um $^2/_3$

  Für jedes dieser drei Teilnetze wurden unterschiedliche Gerätschaften wie Anschlusskabel, Netzwerkkarten, aktive Komponenten, Datensicherungsgeräte, etc. verwendet. Ebenso wie die Anzahl der Netze von drei auf eins reduziert sich die Vielfalt der verwendeten Komponenten. Im Idealfall, und das bei einer Gesamtplanung für alle drei Fallbeispiele, ist der Wert $^2/_3$ nicht übertrieben.

- Reduzierung der Netzausfälle um 50 %

  Aus dem oben abgeleiteten Fallbeispiel wäre hier noch anzumerken, dass durch die Netzwerkintegration 50 % der Server- und 50 % der Workstationausfälle vermeidbar sind. Des weiteren wäre durch die Umschichtung der 20 % Netzwerkbetreuung in den Schulungs- und Weiterbildungsbereich auch sicherlich der Fehlerkoeffizient, der durch Fehlbedienungen im Betriebssystem oder in der Anwendersoftware zum Tragen kommt, erheblich reduzierbar. Schätzungsweise könnten dadurch für diese Art von Ausfällen sicherlich ebenfalls nochmals 30 % Netzausfall angesetzt werden.

- Bessere Ersatzteilbeschaffung und Ersatzteilverwaltung s.o.

5.6.4 Kostenbilanz

Diesen Einsparungen sind logischerweise Kosten gegenüberzustellen. Diese haben wir bereits in Kapitel 5.5.5 *Kennzahlen für grobe Hochrechnungen* mit einigen Fallbeispielen und Kennzahlen belegt. Da bei strukturierten gebäude- oder standortübergreifenden Verkabelungen mit recht hohen Standzeiten zu rechnen ist, verteilen sich diese Kosten auf eine relativ lange Nutzungsdauer. Je nach Integration der in Kapitel 2 genannten Aspekte, bezogen auf Fallbeispiel 1, könnte eine Amortisationsdauer von 3 bis 5 Jahren als realistisch angesehen werden.

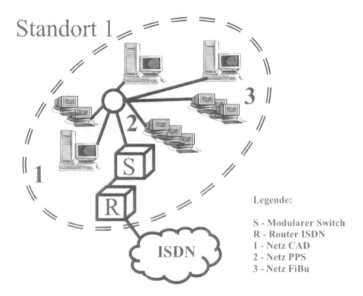

Abb. 5.12 Fallbeispiel 1 Realisierung aus technischer Sicht

In Abbildung 5.12 ist die schematische Verschmelzung der drei Einzelnetzwerke zu einem Gesamtnetzwerk abgebildet. Schon allein aus der Betrachtung der Grafik ist zu erkennen, dass die Any to Any-Beziehung in jedem Netzwerksegment vorliegt und keine Medienbrüche bei der Neuplanung entstanden sind.

Fazit Fallbeispiel 1

Hier wurden beispielhaft Themen andiskutiert, die in Ihrem Betrieb etwas anders gelagert sein können. Bei genauer Betrachtung jedoch wird es auch in Ihren Betrieben, wenn ähnliche Konstellationen vorliegen, vergleichbare oder in andere Dimensionen umzurechnende Amortisationsquellen geben.

5.7 Kalkulation und Amortisation Fallbeispiel 2

Da es sich im Fallbeispiel 2 um eine Neubaumaßnahme handelt, entfällt die grafische Betrachtung des Istzustands. Die Betrachtung der Wirtschaftlichkeit gegenüber dem alten Fertigungsstandort findet hier allerdings Berücksichtigung.

Im Fallbeispiel 2 wurden ähnlich wie in Fallbeispiel 1 Netzwerke primär einmal integriert. Dies bedeutet technisch, dass der Standort 1 über Gebäudeverbindungskabel mit dem Standort 2 verbunden ist (Abbildung 5.13). Die Verbindung ist, auch aus den bisher genannten Gründen, am Standort 1 sinnvoll, vor allen Dingen um Daten und Informationen online auszutauschen.

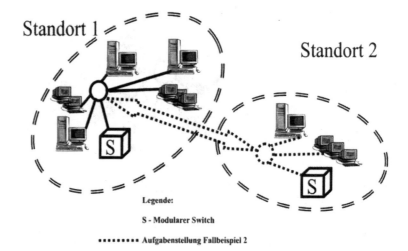

Abb. 5.13   Fallbeispiel 2 Realisierung aus technischer Sicht

Die Vorteile bei der Integration der zwei Netzwerke liegen klar auf der Hand:

- einheitliche Benutzeroberfläche für alle Mitarbeiter und Systemadministratoren,
- Integration von Workflow und Bürokommunikationsdiensten in beiden Gebäuden,
- Standardisierung und Vereinfachung der Ersatzteilhaltung im Rahmen der Systemadministration,
- Vereinheitlichung des gemeinsamen Sicherheitsstandards.

5.7.1 Wirtschaftlichkeit alle Fallbeispiele übergreifend

Hier wird auf die Angaben in Kapitel 5.6.1 hingewiesen, die dort beschriebenen Einsparungen gelten auch in diesem Kapitel.

5.7.2 Wirtschaftlichkeitsbetrachtung Fallbeispiel 2

Netzabstürze und Ausfälle um 50 % reduziert

Auch in diesem Fallbeispiel ist zu bedenken, dass durch die Integration die Anzahl der Ausfälle von Servern und Workstations um 50 % reduziert werden könnten. Des weiteren wäre durch die Umschichtung der 20 % Netzwerkbetreuung in den Schulungs- und Weiterbildungsbereich auch sicherlich der Anteil an Fehlern, die durch Fehlbedienungen im Betriebssystem oder in der Anwendersoftware entstehen, deutlich zu senken. Schätzungsweise könnten dadurch für diese Art von Ausfall weitere 30 % angesetzt werden.

Auch in diesem Beispiel kann davon ausgegangen werden, dass mindestens ein Server alle 10 Arbeitstage entweder ausfällt oder in seinen Ursprungszustand zurückversetzt und neu gestartet werden muss. In diesem Fall wären dies 2 Start- und Ladevorgänge pro Monat, bzw. bei durchschnittlich 200 Arbeitstagen 4 Stunden Ladezeit. Acht Stunden Ladezeit bedeuten nicht nur 160,-- EUR Gesamtverdienst, sondern auch, dass die an die jeweiligen Server angeschlossenen Workstations mit den Programmen auch nicht mehr arbeiten können. Dies ist weit gravierender: Wenn wir diese 4 Stunden mit der gleichen Ausfallzeit von durschnittlich 50 Mitarbeitern multiplizieren, die nicht auf Unterlagen in der Fertigung zugreifen können, kommen wir auf eine entsprechend schnellere Amortisation des neuen Netzwerks.

Staplerbetrieb und Warenwirtschaft flexibler

Durch die Vernetzung der Stapler mit einem Funknetz sind Buchungen online per Barcode möglich. Dadurch wird die Genauigkeit des Lagerbestands erheblich erhöht, die Disposition wird genauer und schneller. Bei 10.000 Artikeln mit je 5 Materialbuchungen pro Tag und dem Buchungsaufwand von 0,5 Minuten pro Buchung entsteht pro Jahr eine Zeitersparnis von 25.000 Minuten oder 416 Stunden oder umgerechnet ca.16.500.-- EUR Ersparnis.

Materialdisposition schneller und besser

Durch die schnellere und bessere Materialdisposition kann der Lagerbestand reduziert werden bei gleichzeitig verbesserter Verfügbarkeit und Transparenz. Für 10.000 Artikel mit einem Lagerbestandswert von 3 Mio. EUR ist allein bei einer geringfügigen Reduzierung von 5 % und einem Zinssatz von 5 % eine Liquiditätsverbesserung von 7.500.—EUR zu realisieren. In der Praxis sind aber erheblich höhere Potenziale erzielbar.

Online CAD-Daten am Arbeitsplatz

Durch das Einspielen der CAD-Daten an eine CNC-Maschine wird der Datenträgeraustausch und die Fehlerhäufigkeit, ähnlich wie bereits in Fallbeispiel 1, reduziert.

Durch den Bildschirm am Arbeitsplatz entfällt das Ausdrucken der Pläne und die Organisation in der Konstruktion und in der Arbeitsvorbereitung. Bei 20.000 Zeichnungen pro Jahr und einem Zeitaufwand in der Vorbereitung von 5 Minuten pro Zeichnung werden pro Jahr 1.650 Stunden eingespart. Bei 40,-- EUR kalkulatorischem Stundensatz wären dies ca. 66.500,-- EUR pro Jahr!

Exaktere Angaben zu Lieferterminen

Durch die verbesserte Transparenz wird die Beauskunftung verbessert und damit die Vertriebsdisposition entlastet, die nicht mehr in die Fertigung oder ins Lager gehen muss, um zu erfahren, wo sich die Ware befindet. Es gibt mittelständische Betriebe mit 100 bis 200 Mitarbeitern, bei denen eine Person den ganzen Tag diese Aufgabe erledigt. Der Verbesserungskoeffizient ist mit 30 % sicherlich realistisch angesetzt.

Fazit Fallbeispiel 2

Hier wurden jetzt beispielhaft Dinge andiskutiert, die in jedem Fertigungsbetrieb angesetzt werden könnten. Der Phantasie sind keine Grenzen gesetzt, die Beispiele können in jedem Betrieb anders geartet sein. Wichtig ist auch hier, dass ein Wettbewerbsvorteil entsteht, weil ein triviales Datenkabel Rechner miteinander verbindet.

5.8 Kalkulation und Amortisation Fallbeispiel 3

Fallbeispiel 3 ist eine Verbindung zwischen zwei Standorten in zwei unterschiedlichen Bundesländern. Die bestehende Verbindung genügt den Anforderungen der Datenübertragung und der Sicherheit nicht mehr.

Das Ziel einer Änderung des Aufbaus des WAN ergibt sich aus der Ausgangssituation. Der technische Istzustand ist in der Abbildung 5.14 abgebildet.

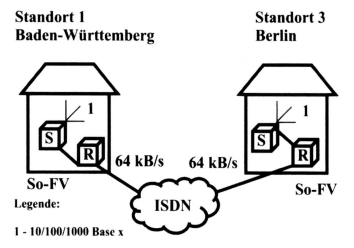

R = Router (elektronisches Verschaltungsgerät)
S = Switch (elektronisches Verschaltungsgerät)
S_0-FV = ISDN-Festverbindung

Abb. 5.14   Fallbeispiel 3 Ist-Zustand

Die Kriterien für eine Änderung sind:

- Integration in das Firmennetz (Unternehmensstandard),
- Reduzierung der Betriebskosten auf Grund einer durchgängigen Gerätestruktur hinsichtlich Wartung und Ersatzteilvorhaltung,
- Flexibilität durch individuelle Nutzung einer Verbindung, die im direkten Zugriff des Unternehmens eines Dienstanbieters (z. B. ein Internet Service Provider ISP) und nicht eines Netzbetreibers liegt,
- Reduzierung der hohen Kosten für die Festverbindung (Standort in einem anderen Bundesland) durch alternative Vernetzung,

- Gestaltung eines für das Unternehmen optimalen Sicherheitsstandards für die beiden Standorte 1 und 3 im Verbund mit Standort 2,
- Nutzung der Verbindung auch für die Telekommunikation mit einer erheblichen Senkung der Gebühren für Ferngespräche.

5.8.1 Wirtschaftlichkeit alle Fallbeispiele übergreifend

Die in Kapitel 5.6.1 und 5.7.1 beschriebenen Einsparungen gelten auch in diesem Kapitel.

5.8.2 Wirtschaftlichkeit Fallbeispiel 3

Integration beider Standorte mit besserer Sicherheitskonzeption

Durch das verbesserte Sicherheitskonzept werden Systemabstürze durch Viren oder ähnliche gefährliche Daten auf ein Minimum reduziert. Ein Serverausfall und der damit verbundene Aufwand der Datenwiederherstellung kann beachtliche Kosten verursachen. Auch hier gilt neben dem Aufwand in der Systemverwaltung vor allen Dingen der Ausfall an Mitarbeiterzeit in der Verwaltung und in der Produktion, den man individuell abschätzen sollte.

Schnellere Performance durch das neue Übertragungsmedium um den Faktor 10 – 20

Hier gilt das Gleiche wie in Fallbeispiel 1 und 2. Beim Transfer großer Dateien über eine langsame Leitung kann die Übertragung unterbrochen werden.

Schnellere Integration der Daten am Außenstandort

Hier gelten die gleichen Ansatzpunkte wie in den Fallbeispielen 1 und 2.

Geringere Leitungskosten

Durch die Anschaltung einer Flat-Rate (Datennutzung unabhängig von der Zeit, da pauschal) werden erhebliche Kostenersparnisse realisiert.

5.9 Migrationsfähigkeit, Zukunftssicherheit

Zukunftsorientierte Betriebe, die sich mit moderner Kommunikationstechnologie auf Kunden und Wachstumsmärkte ausrichten wollen, beziehen Standzeiten der Systemkomponenten in sämtliche Planungs- und Gestaltungsprozesse im Unternehmen mit ein. Nachfolgend sind aus unserer Sicht die Standzeiten zu berücksichtigen (Abbildung 5.15). Vorausgesetzt wird, dass die entsprechenden Projekte ordentlich und erfolgreich eingeführt wurden.

Aus diesen Angaben ergeben sich logischerweise die monetären Anforderungen an ein Unternehmen in den zeitlichen Ebenen der Planung und Budgetierung. Es wird auch deutlich, dass die Systeme einer gewissen Pflege bedürfen, um nicht zu veraltern – denn Veralterung bedeutet Wettbewerbsnachteil.

Pos.	Investition	Standzeit der Investition in Jahren
1	Strukturierte Gebäudeverkabelung passiv	10 – 25
2	Serverstrukturen, Aktive Netzkomponenten	2 – 4
3	Multimediale Arbeitsplätze	2 – 3
4	Software Bürokommunikation ohne Update	2
5	dto. mit Update	5 – 10
6	CAD-Software mit Update	3 – 5
7	ERP, PPS, Warenwirtschaft mit Update	7 – 10
8	Sicherheitstechnik, Firewall, ohne Update	0,2 – 2

Abb. 5.15 Innovationstempo, Investitionen und Standzeit der Kommunikationssysteme

Empfehlung Eine strukturierte Gebäudeverkabelung in Kupfer hat eine Standzeit von mindestens 10 Jahren. Einige Hersteller geben auf ihre Produkte bis zu 15 Jahre Garantie. Auch hier ist es von Vorteil, das gesamte System von einem einheitlichen Hersteller zu beziehen, da dieser somit die ganze Gewährleistung übernimmt. Bei einer späteren Erweiterung bzw. Ergänzung mit Lichtwellenleiterkabel für den Datenbereich als Migrationskonzept kann die Standzeit noch erheblich höher sein. Reine Lichtwellenleitersysteme für die Datentechnik haben eine Standzeit von mindestens 15 Jahren.

5.10 Zeit

Bei der Betrachtung des Zeitfensters für ein Netzwerkprojekt sollte der Realisierer Zeiträume vorschlagen bzw. für die Planung auswählen, in denen die Projektteammitglieder für die Planung zeitliche Reserven zur Verfügung haben. Für den Aspekt Installation sollten möglichst solche Zeiträume ausgesucht werden, die nicht mit sonstigen betrieblichen Interessen kollidieren.

5.11 Personal, Projektteam

Sollten die Arbeiten durch betriebliches Personal ausgeführt werden, sind die Personen von anderen Aufgaben im Projekt zeitweise freizustellen.

Personalressourcen sind für die Planung und Gestaltung eines Unternehmensnetzwerks zwingend erforderlich. Es ist nicht möglich, ohne einen betrieblichen Ansprechpartner extern sämtliche Maßnahmen abzuwickeln. Die Personalplanung sollte deshalb sehr sorgfältig mit der Zeitplanung koordiniert werden.

5.12 Initialisierung des Projektstarts

Nach Erarbeitung der Transparenz für Planung und Gestaltung von Kosten, Leistungen, Personal und Zeit findet die Initialisierung des Projektstarts statt, die Fallbeispiele können technisch angepackt werden.

Fazit Kapitel 5

Da wegen

- der Bedeutung für das Unternehmen,
- der Gestaltung der Abläufe,
- der Möglichkeit der Reaktion auf Markttendenzen
- sowie gesteigerter Sicherheitsaspekte

die Planung und Gestaltung des Unternehmensnetzwerks wichtige betriebswirtschaftliche Faktoren für ein Unternehmen darstellen, ist die Forcierung eines solchen Projekts unternehmerische Pflicht.

Durch geschickte und vernünftige Investitionen sichert sich das Unternehmen zu einem großen Teil seine Position am Markt.

Der Realisierer darf daher gerade bei den Investitionsvorbereitungen nicht den Fehler machen, nur die Kosten ‚zu verkaufen'. Gerade die Leistungen sind es letztlich, die den Entscheider dazu bringen, das Unternehmen durch optimierte IT- und Kommunikationssysteme für die Aufgaben der Zukunft fit zu machen.

6 Netzwerkaudit und Sicherheit

Noch ein weiteres QS-System, das unsere Beachtung verdient?

Abgrenzung	Das Thema Netzwerkaudit wäre Stoff für ein weiteres Buch. Deshalb kann in diesem Werk nur ein Extrakt dessen beschrieben sein, was tatsächlich Gegenstand des Themas ist. Wir verweisen an dieser Stelle auch auf die entsprechende Fachliteratur.

Das Netzwerkaudit ist eine Form der Überprüfung des Netzwerk-Ist-Zustands, dient der Beurteilung der momentanen Situation und liefert als Ergebnis die Ansatzpunkte der Gestaltung des Sollkonzepts.

Um permanent stabile Netzwerkarchitekturen zu erhalten, erfordert es eine zielgerichtete Pflege. Der Fokus richtet sich auf die permanente Projektierung sowie die operative Umsetzung vor Netzwerkumstellungen bzw. -erweiterungen.

In Abbildung 6.1 ist der Ablauf einer effizienten Controllingstruktur des Netzwerks für ein Unternehmen dargestellt. Aus einem wiederkehrenden Audit und den darin abgefragten Informationen entstehen zyklisch Daten für ein NMIS (Netzwerk-Management-Informations-System).

Das Netzwerkaudit gilt auch als Basis für die Gestaltung der gesamten Personalstruktur im Bereich der Netzwerkverwaltung. Nach dem Aufbau einer optimierten Personalstruktur der Netzwerkverwaltung wird das Sicherheitskonzept für das Netzwerk erarbeitet und umgesetzt. Danach kann das technische Netzwerkmanagement gestaltet werden. In Verbindung mit den zu betreuenden Personen, welche die operativen Arbeiten an den technischen Systemen ausführen, werden Kennzahlen für das NMIS im laufenden Betrieb ermittelt und gestaltet.

Wichtig	Ein technisches NMIS ermittelt personalbezogene und technikbezogene Daten. Diese Daten werden in gewissen Zyklen täglich, monatlich, quartalsbezogen oder jährlich dazu benutzt, um unternehmerische sowie abteilungsspezifische Entscheidungen vorzubereiten.

6 Netzwerkaudit und Sicherheit

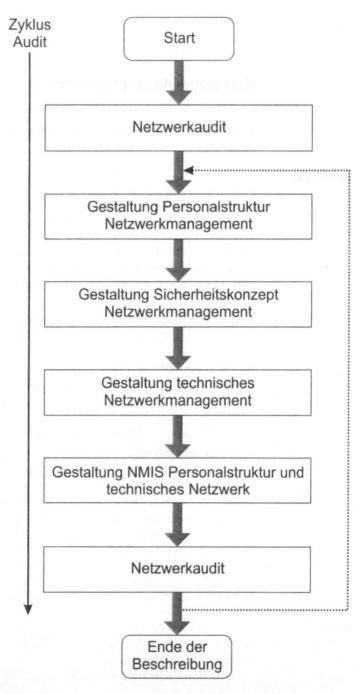

Abb. 6.1 Flussdiagramm Netzwerkverwaltung Zyklus

Der in Abbildung 6.1 dargestellte mittel- und langfristige Zyklus ist von der Leistungsfähigkeit des Istzustands im Netzwerkbereich abhängig. Je besser die Qualität des bestehenden Systems, um so länger der Zyklus der Auditierung. Bei größeren Schwierigkeiten kann man sich einen Auditierungszeitraum von 6 Monaten, bei einem effizienten Netzwerk den Auditierungszyklus von 12 oder 24 Monaten vorstellen. Für sämtliche gängigen Unternehmensnetzwerke ist der Jahreszyklus von Vorteil.

6.1 Die Kernbereiche des Netzwerkaudit

Bei der Auditierung wird die Summe aller Risiken und Chancen analysiert. Danach werden die Gewichtung der Maßnahmen und die zeitlichen und personellen Aktivitäten festgelegt. Die daraus abgeleiteten Maßnahmen sichern einen kontinuierlichen Prozess, um den technischen Fortschritt und die Anforderungen durch die Märkte in unternehmerische Strukturen einzugliedern.

In Abbildung 6.2 sind die Kernbereiche des Netzwerkaudit dargestellt. Mit der Prüfung der Aufbau- und Ablauforganisation wird getestet, ob sich das Netz in einem vorhandenen personellen Umfeld stabil betreiben lässt.

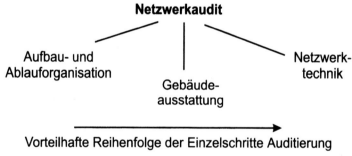

Abb. 6.2   Kernbereiche Netzwerkaudit

6.1.1 Aufbau- und Ablauforganisation

Die Bearbeitung der Organisation ist der erste Schritt bei der Auditierung. Bezüglich der Organisation im Unternehmen muss eine Checkliste für die wichtigsten personellen Ansatzpunkte in Bezug auf die Netzwerksicherheit von Aufbau- und Ablauforganisation erstellt werden. Das Ergebnis ergibt den Handlungsbedarf hinsichtlich der Personal- und Unternehmensstruktur.

Das Ergebnis ist ähnlich wie bei den Checklisten in Kapitel 1 qualitativ zu bewerten:

- 0 – 50 Ungenügende Organisation des Bereichs Netzwerkmanagement
- 50 – 70 Handlungsbedarf stark
- 70 – 85 Handlungsbedarf moderat
- 85 – 100 Handlungsbedarf gering oder nicht vorhanden

6.1 Die Kernbereiche des Netzwerkaudit

Die entsprechende Checkliste Aufbau- und Ablauforganisation ist im Kapitel 11.7 dargestellt.

6.1.2 Die Auditierung des Netzwerks im Gebäude

Mit der Sichtung der Gebäudeteile wird festgestellt, ob das Netz in räumlichen Einrichtungen installiert werden kann, die den Netzbetrieb nicht stören oder beeinträchtigen. Hinsichtlich der Netzwerktechnik wird geprüft, ob die Systeme technisch den Anforderungen genügen.

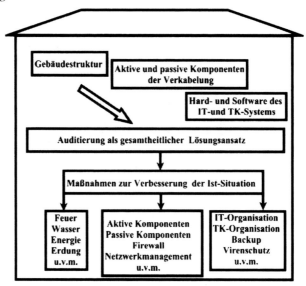

Abb. 6.3   Die Auditierung des Netzwerks im Gebäude

Das Audit teilt sich in die in Abbildung 6.3 dargestellten Unterpunkte auf.

Alle Komponenten der Netzwerke sind in Gebäuden untergebracht. Schadhafte oder unvorteilhaft gestaltete Gebäudeteile können ein Netzwerk zum Ausfall bringen, ohne mit dem Netz selbst in Verbindung zu stehen. Deshalb werden bei der Gestaltung der Auditierung auch Maßnahmen gestaltet, die dem Baukörper bzw. dessen Schutz dienen. Dies stellt die zweite Stufe des Audit dar.

Das Ergebnis ist ähnlich wie bei den Checklisten in Kapitel 1 qualitativ zu bewerten:

    0 – 50   Ungenügende Organisation des Bereichs Netzwerkmanagement

    50 – 70   Handlungsbedarf stark

70 – 85   Handlungsbedarf moderat

85 – 100 Handlungsbedarf gering oder nicht vorhanden

Die entsprechende Checkliste Gebäude ist im Kapitel 11.8 dargestellt.

Wichtig	Auch bei der Auditierung eines Netzwerks im Gebäude ist ein ganzheitlicher Lösungsansatz zugrunde gelegt!

6.1.3 Auditierung der Komponenten der Verkabelung

Die dritte Stufe der Gestaltung des Audit ist die Überprüfung der aktiven und passiven Komponenten des Netzwerks. Dabei dient das Anforderungsprofil der Systemkomponenten IT- und TK-Systeme als Basisanforderung für diese Auditstufe.

Wegen der Komplexität der Zusammenhänge sollte firmenspezifisch eine Erstellung mit einem Fachmann individuell vorgenommen werden. Auf ein Muster haben wir deshalb verzichtet und verweisen auf die drei Fallbeispiele in den Kapiteln 2 bis 4.

Das Ergebnis ist ähnlich den Checklisten in Kapitel 1 qualitativ zu bewerten:

0 – 50   ungenügender Stand der aktiven Komponenten

50 – 70   Handlungsbedarf stark

70 – 85   Handlungsbedarf moderat

85 – 100 Handlungsbedarf gering oder nicht vorhanden

Die Checkliste Kabel ist in Kapitel 11.5 dargestellt.

Abgrenzung	Die Hard- und Softwarekomponenten des IT- und TK-Systems sind nicht Gegenstand des Buchs, dienen aber auf Grund der Bedarfe an die passiven und aktiven Komponenten als Basis für die Vernetzung.

6.2 Die Security-Police

Ziel einer Security-Police ist die ganzheitliche Gestaltung eines unternehmerischen Sicherheitsstandards. Dieser Sicherheitsstandard wird permanent erweitert und passt sich den Gegebenheiten bzw. Vorkommnissen der Vergangenheit an.

Die Security-Police ist der Gradmesser der Sicherheitspolitik eines Unternehmens. Sie beschreibt das Anforderungsprofil und die Erfüllung der Anforderungen. In der Praxis wird aus einem Netzwerkaudit die Police erstellt. Diese schreibt sich als universelles Handbuch (ähnlich einem Organisations- oder QS-Handbuch) kontinuierlich bzw. zyklisch weiter fort (siehe Abbildung 6.4).

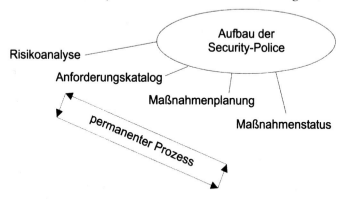

Abb. 6.4   Security Police als fortlaufender Prozess

Die Security-Police enthält

- die für die Risikoanalyse erforderlichen Checklisten,
- die darin eingetragenen Ergebnisse der Analyse,
- die daraus abgeleiteten Entscheidungen,
- die eingeleiteten Maßnahmen,
- den Stand der Erledigung der Maßnahme.

6.3 Risikoanalyse

Die Risikoanalyse deckt den analytischen Teil der Security-Police ab.

Festlegung	Das Buch konzentriert sich bei den detaillierten Recherchen in den Gebäuden auf das Gebäudeelement Verteilerraum. Die Schwerpunkte passive und aktive Komponenten sowie der Schwerpunkt Gebäude sind Themen, die der Realisierer im Rahmen seines Projekts sicherlich mit abdecken muss.

In Abbildung 6.5 sind die Einzelelemente der betrachteten Risiken gedanklich nachvollzogen.

6 Netzwerkaudit und Sicherheit

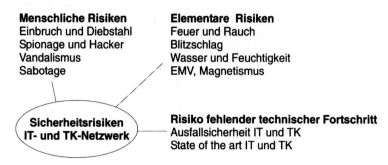

Abb. 6.5　　Sicherheitsrisiken

Die Risiken liegen in dem bestehenden oder auch in Zukunft auftretenden bekannten Mangel an Sicherheit. Die Analyse deckt diese Mängel auf und schafft somit Transparenz für den momentanen Istzustand. Das Ergebnis der Analyse stellt die Basis für die Planung eines individuellen Maßnahmenkatalogs dar.

Grundsätzlich	Abbildung 6.5 erhebt keinen Anspruch auf Vollständigkeit. Die Anforderungen an Sicherheit sind von Unternehmen zu Unternehmen unterschiedlich. Es gilt auch hier, dass der Sicherheitsanspruch um so höher liegt, je größer die Integration des Netzwerks ins Betriebsgeschehen ist. Damit steigt die Abhängigkeit des Unternehmens vom Netzwerk und die Forderung nach Ausfallsicherheit.

6.4 Elemente der Sicherheitsstruktur

Der Knackpunkt einer Sicherheitskonzeption für die Gebäudestruktur ist das ganzheitliche Gestalten des Themas Sicherheit.

Abb. 6.6 Sicherheitselemente Gebäudestruktur

In der Abbildung 6.6 sind die Einflussfaktoren sowie die Elemente der Sicherheit in der Gebäudestruktur dargestellt.

> **Praxistipp**
> Denken Sie daran, dass ein einziger nicht behobener Sicherheitsmangel zur Folge hat, dass das Netzwerk ausfällt. Alle anderen Maßnahmen sind somit umsonst gewesen – das ist teuer und riskant.

6.5 Normen und Vorschriften der Sicherheitstechnik

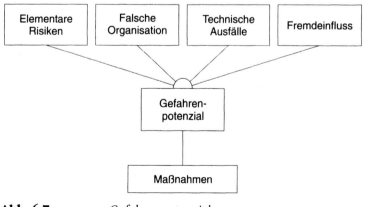

Abb. 6.7 Gefahrenpotenzial

Normen und Vorschriften sind für nahezu sämtliche Bereiche der Sicherheitstechnik verabschiedet und somit in der einschlägigen Literatur nachzulesen. Dabei sind nachfolgend wichtige Einzelelemente einer Sicherheitskonzeption angerissen.

6.5.1 Sicherheit im Verteilerraum, Verteilerstandorte

Die Basismerkmale, die für die Unternehmenssicherheit in der Security Police aufgestellt wurden, sollten als Grundlage einer Planung und Projektierung gegeben sein.

> **Wichtig**
>
> Der Verteilerraum ist auf Grund seiner Funktion das zentral zu schützende Element eines integrierten Netzwerks. In einem Verteilerraum vereinen sich die gebäudlichen, die netzwerkabhängigen und die menschlichen Risiken. Es ist von Vorteil, wenn man die wichtigsten Elemente eines IT-Netzwerks (Server, Zentralrechner), die Telekommunikationsanlage sowie die aktiven Komponenten des Netzwerks konzentriert in einem zentralen Raum hält.
> Zusätzliche Sicherheit kann noch durch die Redundanz im Datenraum selbst oder über mehrere verteilte Datenräume gewonnen werden.

Grundsätzlich ist in diesem Verteilerraum eine Möglichkeit einzurichten, um Technikern das Arbeiten an den Systemen zu ermöglichen. Allerdings sollte der Serverraum aus Gründen des Arbeitsschutzes keinen permanent eingerichteten Arbeitsplatz darstellen.

Die Einzelelemente aus der Abbildung 6.7 werden wie folgt verfeinert.

6.5.2 Elementare Risiken

Die Gefahrenpotenziale im Bereich der elementaren Risiken liegen bei zu hoher Temperatur und Luftfeuchtigkeit, Feuer, Wasserschäden und Blitzschutz für das gesamte Gebäude und die Verteilerstandorte im Speziellen.

6.5.2.1 Temperatur und Luftfeuchtigkeit

Da es eventuell durch zusätzliche Wärmequellen, wie z. B. Sonneneinstrahlung, zu Temperatursteigerungen kommen kann, muss für den Verteilerraum ein thermisches Konzept erstellt werden. In vielen Fällen genügt für die Temperaturabfuhr eine einfache Belüftung durch thermostatgesteuerte Zu- und Abluft mit Ventilatoren. Sollte dies für die Temperaturreduzierung nicht mehr ausreichen, so können auch Kältemaschinen oder Klimageräte die entstandene Wärme kompensieren.

Laut Europanorm EN DIN 1047-2 sind bei Brand Grenzwerte für IT-Raum-Temperaturen sowie IT-Raum-Luftfeuchtigkeit definiert. Diese Grenzwerte liegen bei 50°C bei einer gleichzeitigen Luftfeuchtigkeit im Raum von maximal 85%. Dabei werden unter anderem auch deutsche Normen wie die DIN 4102 in Verbindung mit der EN 1047-2 angewandt, um die Temperatur, die unter den Grenzwerten liegen soll, zu begrenzen.

Durch entsprechende Schutzmechanismen wie eine Dampf- und Diffusionssperre können Feuchtigkeit und korrosive Brandgase von außen abgehalten werden. Diese Gase entstehen im Brandfall beim Zusammentreffen von PVC und Feuchtigkeit wie z.B. Löschwasser.

Bei zu starken Temperaturunterschieden zwischen der zugeführten und der im Verteilerraum vorhandenen Temperatur können Probleme durch Luftfeuchtigkeit entstehen. Deshalb ist auf eine kontrollierte Luftzufuhr zum Verteilerraum zu achten.

6.5.2.2 Feuer

Bei Feuer unterscheiden wir zwei verschiedene Schadensformen, die direkten und die indirekten Schäden. Bei einem Brand von halogenhaltigem Kabelmaterial entsteht in Verbindung mit der Luftfeuchtigkeit und dem Löschwasser Salzsäure, die im Gebäude zu verheerenden Folgeschäden führt. Dazu kommen noch Schäden durch Löschwasser. Das bei der Brandbekämpfung eingesetzte Wasser kann sich auch in darunter liegende Gebäudeelemente verteilen.

Brände entstehen zum einen durch unzulässigen Umgang mit offener Flamme und durch Fehlbenutzung elektrischer Einrichtungen. Bei der Sicherheitsanalyse ist deshalb auf bestimmte Anhaltspunkte zu achten:

- Sind Brandfrüherkennungssysteme ausreichend dimensioniert und vorhanden?
- Sind Brandmeldeanlagen für die zu schützenden Elemente der Gebäudestruktur installiert?
- Untersuchung des vorbeugenden Brandschutzes in Verbindung mit der Infrastruktur des passiven Netzwerks,

- Prüfung von Brandschotts, Brandschutztüren und sonstigen brandabhängigen Einrichtungen im Gebäude,
- Lagerung und Verwendung von brennbaren Flüssigkeiten
- Verringerung der Brandlasten durch Lagerung von EDV-Schrott oder sonstigen brennbaren Gütern.

6.5.2.3 Wasser

In Verteilerräume eindringendes Wasser verursacht Kurzschlüsse, Korrosion und mechanische Beschädigungen. Bei der Standortauswahl für den Verteilerraum sollte berücksichtigt werden, dass gerade in Kellerräumen die Gefahr des Eindringens von Wasser besonders groß ist. In diesem Fall wäre eine selbsttätige Entwässerung erforderlich. Regen, Hochwasser und Überschwemmung sollten den Verteilerraum sowie dessen Einrichtungen nicht gefährden können.

Nachfolgende Aspekte sind bei der Planung des Standorts des Verteilerraums zu berücksichtigen. Auf keinen Fall sollte der Verteilerraum installiert sein in der Nähe

- der Heizungsanlage,
- von Klimaanlagen mit Wasseranschluss,
- von Räumlichkeiten der Wasserversorgung oder Abwasserentsorgung,
- von Sprinkleranlagen.

Sind die Risiken nicht vermeidbar, kann man sich mit einer Wasserwarnanlage und einer entsprechenden selbsttätigen Entwässerung behelfen.

6.5.3 Falsche Organisation

Im Rahmen eines Sicherheitskonzepts müssen alle sicherheitsrelevanten Aspekte in der Security-Police aufbau- wie ablauforganisatorisch definiert sein. Durch das Fehlen solcher Regelungen ist der ordnungsgemäße Betrieb des Netzwerks sowie der im Verteilerraum befindlichen Gebäudeteile nicht gewährleistet.

Eine falsche Organisation der Sicherheit im Verteilerraum ist bei fehlenden oder unzureichenden Regelungen und bei unbefugtem Zutritt von schutzbedürftigen Räumen gegeben.

Der Verteilerraum ist ein schutzbedürftiger Raum, zu dem nur Personen Zutritt haben dürfen, die auch mit den Systemen umgehen können. Es ist deshalb unerlässlich, diese Räumlichkeiten mit speziellen Schließmechanismen oder Zutrittskontrollen auszurüsten.

6.5 Normen und Vorschriften der Sicherheitstechnik

Zusätzlich ist durch eine Planung der Zutrittskontrolle häufig eine Alarmeinrichtung erforderlich, die bei Missbrauch an einen vordefinierten Punkt innerhalb oder außerhalb des Unternehmens entsprechende Warnmeldungen abgibt.

6.5.4 Technische Ausfälle

Unter technischen Ausfällen ist der Ausfall der Stromversorgung, sonstiger betrieblicher Versorgungsnetze sowie Schäden durch Über- und Unterspannung zu verstehen.

Jedes elektronische Gerät wird mit einer Netzspannung betrieben. Ein Ausfall der Netzversorgung führt ohne direkte Schutzeinrichtungen zu einem sofortigen Abschalten der Geräte. Dadurch kann das Netz nicht mehr funktionieren. Durch nicht geschlossene Datenbanken können so auf den Servern irreparable Schäden entstehen. Dieser Tatsache kann man mit einer unterbrechungsfreien Stromversorgung vorbeugen, die den Ausfall der Netzversorgung für einen bestimmten Zeitraum kompensieren kann. Durch kontrolliertes Schließen von Datenbanken und Herunterfahren der Server bei gleichzeitigem Absetzen eines Alarms sorgt die USV per Powerchute-Software für die entsprechenden Maßnahmen.

6.5.4.1 Ausfall interner Versorgungsnetze

Durch Ausfall der Klimatisierung und Lüftung des Verteilerraums bei gleichzeitigem weiteren Betrieb der Systeme kommt es irgendwann zu einer thermischen Überlastung. Diese kann die hardwaretechnischen Komponenten des Verteilerraums zerstören.

Sollte dies passieren, kann ein potentialfreier Kontakt an der USV die betroffenen Systeme abschalten.

In Schaltschränken kann man mit einem computergestützten Melde- und Überwachungssystem Funktionen wie die Temperatur in abgesetzten Verteilerräumen überprüfen und die Ergebnisse auf einem Rechner im Netz abbilden. Man muss nicht mehr unbedingt in den Verteilerraum gehen, um die Einrichtungen vor Ort zu überprüfen.

6.5.4.2 Über- und Unterspannung

Überspannungen in Versorgungsnetzen entstehen durch das kurzfristige Abschalten von Spannungserzeugern. Über- oder Unterspannungen treten meist nur ganz kurzfristig auf, so dass sie vom Menschen kaum oder gar nicht bemerkt werden. Durch eine Überspannung kann ein elektronisches oder elektrisches Bauteil in den Hardwarekomponenten zerstört werden. Abhilfe verschafft hier auch die richtige Auswahl einer unterbrechungsfreien Stromversorgung, die den Schutz vor Über- oder Unterspannungen in Verbindung mit einem Grob-, Mittel- und Feinschutzsystem des Gebäudes leistet.

6.5.5 Fremdeinfluss

Beim Fremdeinfluss unterscheidet man zwischen

- der Manipulation oder Zerstörung von Hardware und -zubehör,
- der Manipulation an Daten oder Software,
- dem unbefugten Eindringen in ein Gebäude,
- dem Diebstahl.

6.5.5.1 Manipulation oder Zerstörung von Hardware und Hardwarezubehör

Die Manipulierung oder Zerstörung von Hardware oder Hardwarezubehör durch interne oder externe Täter kann durch ein entsprechendes Zutrittsregelungs- und Kontrollsystem, sowie einer Sicherheitsstrategie durch Kontrollgänge minimiert werden.

6.5.5.2 Manipulation an Daten oder Software

Manipulation an Daten hängt in der Regel von der Möglichkeit des Zugriffs auf die Systeme ab. Je größer die Möglichkeit über die Zugriffsrechte gegeben ist, um so größer und schwerwiegender sind die Folgeschäden.

6.5.5.3 Unbefugtes Eindringen in ein Gebäude

Die Vorstufe von Diebstahl, Manipulation oder Vandalismus ist stets das unbefugte Eindringen in das Unternehmensgebäude. Deshalb sollte durch entsprechende Maßnahmen ein solch unbefugter Eintritt gar nicht erst möglich sein. Allerdings kann das gerade beim Aspekt des Vandalismus nicht immer vermieden werden.

6.5.5.4 Diebstahl

Beim Diebstahl von Netzwerksystemen entstehen Kosten für die Wiederbeschaffung der Hardware. Viel gravierender jedoch sind meist die Kosten für die Wiederherstellung des Systembetriebs hinsichtlich der Betriebssysteme, der Anwendersoftware und der Anwenderdaten.

Darüber hinaus entstehen durch den Diebstahl von bestimmten Datenbeständen logischerweise auch Schäden durch Lüftung der Betriebsgeheimnisse bzw. Vertraulichkeit der Daten der Unternehmenspartner.

6.5.5.5 Gleiche Kriterien Serverraum, abgesetzte Verteiler, Büroräume

Um das Gesamtsystem der Netzwerktechnik mit einer einheitlichen Sicherheitspolitik zu versehen, gelten logischerweise alle Aspekte der Planung und Projektierung nicht nur für den zentralen Verteilerraum, sondern auch für abgesetzte Verteilersysteme. In diesen sind zwar keine Server untergebracht, dafür aber aktive und passive Komponenten eines Netzwerks, die bei einem Schadensfall auch den Ausfall des (Teil)Netzwerks zur Folge hat.

In diesen Gebäudeteilen kann aufgrund des geringeren Risikopotenzials auch eine etwas abgespeckte Sicherheitsstrategie greifen. Die Basismerkmale, die für die Unternehmenssicherheit in der Security-Police aufgestellt wurden, sollten als Grundlage einer Planung und Projektierung gegeben sein.

Fazit Sicherheit **Folgende Grundsätze sind nicht zu vernachlässigen:**

- Sicherheit im Komplettsystem steigert die Stabilität im Netzwerk.
- Die Sicherheit im IT-Netzwerk hat eine gebäude- und eine netzwerkspezifische Komponente.
- Sicherheit ist nur ganzheitlich vernünftig finanzierbar.
- Das Thema Gebäudesicherheit ist primär nicht das zentrale Element einer Netzwerkplanung. Gleichwohl beeinflusst es, wie z. B. auch bei der Gestaltung der Layouts, wesentlich die Rahmenbedingungen des Netzwerkbetriebs und ist deshalb nicht zu vernachlässigen.
- Das angedachte Sicherheitssystem ist für jedes Unternehmen individuell zu erstellen.
- Die Sicherheitslösung hängt auch hier stark vom Nutzungs- bzw. Abhängigkeitsgrad des Netzwerks ab.
- Ein individuelles, auf ein Unternehmen zugeschneidertes Sicherheitssystem sollte in der Regel von einem Fachmann erstellt werden.

7 Beschaffung: Organisation und Implementierung

Der Erfolg eines Unternehmens liegt im Einkauf?!?

Logischerweise geht die Planung eines Unternehmensnetzwerks auch mit einer sinnvollen und betriebswirtschaftlich optimierten Beschaffung einher. Da es zwischen den planenden Abteilungen und den tatsächlichen Beschaffern an der Schnittstelle einige Dinge zu klären gibt, ist in den nachfolgenden Kapiteln das für den Realisierer relevante und für den Einkauf abzustimmende Prozedere dargestellt. Wichtig bei einer solchen Abstimmung ist, dass der Einkäufer frühzeitig in die Strategien der technisch planenden Abteilung mit einbezogen wird und die technisch planende Abteilung bei Rückfragen der Lieferanten in die Beschaffung integriert wird.

7.1 Ausschreibung

Nach der Gestaltung der Layouts wird die Ausschreibung formuliert. Eine Ausschreibung oder Angebotsanfrage (Abbildung 7.1) besteht aus drei Teilen.

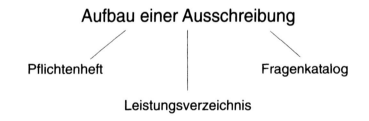

Abb. 7.1 Aufbau einer Ausschreibung

Anmerkung	Mit der Ausschreibung oder Angebotsanfrage ist dokumentiert, was der Kunde fordert. Je mehr Sorgfalt und Genauigkeit in die Ausschreibung investiert wird, um so besser sind die Angebote. Je besser die Angebote sind, um so reibungsloser kann das Projekt implementiert werden, da das Umfeld und auch die Produkte eindeutig beschrieben sind.

7.1.1 Pflichtenheft/Lastenheft

Im Pflichtenheft wird das Umfeld des Projekts beschrieben. Besonders wichtig ist die Beschreibung der Gebäudestrukturen und deren Abhängigkeiten hinsichtlich Besonderheiten. Diese können sein:

- Denkmalschutzbestimmungen,
- erschwerte Verlegung durch Gebäudeform z. B. Höhe, Breite, Länge,
- Brandschutzvorschriften,
- erschwerte Verlegung von Sprach- und Datenkabel
  - in einem Fertigungsumfeld, das nicht behindert werden darf,
  - in vollen Kabelschächten,
  - unzugängliche Infrastrukturen wie z. B. Decken, Unterflursystemen etc.

Weiterhin sind die gemeinsamen Liefer- und Zahlungsbedingungen wichtig. Darin werden nicht nur die rechtlich relevanten Dinge für die Installation aller Komponenten, sondern auch die notwendigen Erfordernisse für die Gestaltung von Wartung und Support im Rahmen von Dienstleistungsverträgen festgeschrieben.

Ein weiterer wichtiger Punkt sind die Terminvorgaben, mit denen der Projektleiter seine zeitlichen Vorstellungen zu Papier bringt und die mit dem betrieblichen Umfeld bereits abgestimmt worden sind. Auch eine Regelung von Konventionalstrafen kann Gegenstand des Pflichtenhefts sein.

7.1.2 Leistungsverzeichnis

Das Leistungsverzeichnis oder Mengengerüst definiert den technischen Teil einer Ausschreibung sowie die Mengenangaben der Komponenten.

In Abbildung 7.2 ist der Grundaufbau dargestellt. Als Plattform hat sich eine Excel-Tabelle bewährt.

Bei der Erstellung des Leistungsverzeichnisses sollte man grundsätzlich beachten:

- Position pro angefragter Artikel,
- Trennung pro Los oder Bauabschnitt,
- Trennung von Lohn (Dienstleistungen) und Material,

7.1 Ausschreibung

- Optionen und Alternativen auf getrennten Angebotsblättern,
- vorgefertigtes Preisübersichtsblatt,
- bei Alternativen: Angebot mit Datenblatt.

Das Leistungsverzeichnis sollte eine Gesamtkostenaufstellung ohne Angabe von Optionen oder Alternativen enthalten. Dies ist ebenfalls Gegenstand der Ausschreibung. Die Auswertungen der Angebote werden dadurch vereinfacht.

Pos.:	Betrifft:	Menge:	Einheit:	Material pro Einheit:	Lohn pro Einheit:	Material gesamt:	Lohn gesamt:
1	Datenschrank	1	Stück				
2	Datenkabel	6000	Meter				
3	Anschlussdosen	400	Stück				
123	Summe						

Abb. 7.2   Leistungsverzeichnis

7.1.3 Fragenkatalog

Der Fragenkatalog vervollständigt die Ausschreibung. Sollten Optionen zum Zuge kommen, kann er in der Vergabephase noch modifiziert werden. In Abbildung 7.3 ist ein Beispiel eines Fragenkatalogs abgebildet.

Pos.	Anforderungen	Vorschrift	Erfüllungsgrad	Bemerkungen
1	Normenansprüche	IEEE EN 50173 CCITT CEPT IEEE DBP-Zulassungskriterien ZVEI		
2	QS-System des Herstellers	DIN ISO 9001 EN 29001		
3	Datenschutz	BDSG		
...				

Abb. 7.3   Fragenkatalog

Der Fragenkatalog enthält in der Regel Fragen zur Einhaltung folgender Anforderungen:

- Sicherstellung technischer Leistungsmerkmale,
- Einhaltung von Normen und gesetzlichen Vorschriften,
- allgemeine oder spezielle Informationen über den Lieferanten,
- spezielle Aufgabenstellungen des Kunden, abgeprüft beim Lieferanten,
- besonders wichtige Leistungsmerkmale,
- spezielle Vergütungsformen.

Der Lieferant hat im Fragenkatalog die Möglichkeit, durch Angabe von Schlüsseln seinen Erfüllungsgrad zu beschreiben. Folgende Beispiele sind denkbar:

- JA = vollständig erfüllt
- NEIN = nicht erfüllt
- A = nicht in der Form der Ausschreibung, aber alternativ erfüllt – Bemerkungen
- T = teilweise erfüllt, weitere Anforderung durch Pos. X bereits erfüllt – Bemerkungen
- weitere unternehmensspezifische Schlüssel

7.2 Der Beschaffungsvorgang

Der Beschaffungsvorgang beginnt mit dem Versand der Ausschreibung an die im Vorfeld definierten Lieferanten.

7.2.1 Die Auswahl der Lieferanten

Bei einer guten Ausschreibung genügt eine Anzahl von drei Lieferanten für ein Netzwerkprojekt! Bei einer guten Recherche über deren Leistungsfähigkeit im Vorfeld der Ausschreibung ist dies realisierbar. Dies bedeutet auch, dass mit der Auswertung und den Vergabegesprächen der Aufwand in Grenzen gehalten wird.

Anmerkung	Wie in vielen Dingen des täglichen Lebens gilt: **Weniger ist mehr!** Viel wichtiger als die Anzahl ist die Fähigkeit der Lieferanten, eine für Ihr Unternehmen maßgeschneiderte und partnerschaftliche Lösung zu liefern.

7.2.2 Angebotsauswertung, Beurteilungsmatrix

Immer ergeben sich beim Beschaffungsvorgang eines Netzwerks eine technische und eine betriebswirtschaftliche Fragestellung. Bei Rückfragen kann der Lieferant somit in beiden Fällen die erforderlichen Informationen erhalten. Die Informationsabfrage der Lieferanten muss unter den Projektmitgliedern ausgetauscht werden.

ganz nützlich ist ...	Nach Eingang der Angebote findet die Prüfung auf Vollständigkeit, Plausibilität und Erfüllung der Anforderungen statt. Besonders in dieser Phase ist die Zusammenarbeit zwischen den technischen Teammitgliedern, dem externen Berater und der Einkaufsabteilung sehr intensiv.

Die Angebotsauswertungen aus preislicher Sicht sind mit einer Excel-Matrix, die bereits während der Ausschreibung erstellt wurde, rasch gestaltet. Da auf Grund technischer Leistungsmerkmale eventuell die angebotenen Produkte nicht vergleichbar, aber zulässig sind, wird zuzüglich der Preisauswertung auch eine Produkt- und Lieferantenbeurteilung erforderlich. Eine beispielhafte Matrix ist in Abbildung 7.4 dargestellt.

Die Gewichtungen werden vom Entscheider und vom Projektteam festgelegt und der Erreichbarkeitsgrad durch die Beteiligten beurteilt. Damit ergibt sich, wenn nicht nur der Preis Gegenstand der Matrix ist, eine durch Zahlenwerte gestützte Entscheidungsgrundlage auf Grund des Wissens zum jetzigen Zeitpunkt.

Das Ergebnis ist wie folgt zu kommentieren:

- 95 bis 100 % - Kandidat für den Auftrag, sehr hohe Erfüllung der Ausschreibung,
- 85 bis 95 % - Kandidat für die engere Wahl, hohe Erfüllung der Ausschreibung, Klärungsbedarf in einem Vergabegespräch erforderlich,
- > 85 % - Entweder ist der Lieferant nicht in der Lage, das System zu liefern, oder die Ausschreibung passt nicht zum Lieferanten oder zu den angebotenen Produkten.

Wichtig   Erreicht keiner der Lieferanten 85 %, so ist die Ausschreibung nicht marktgerecht erstellt oder unverständlich formuliert. In solch einem Fall muss erheblich nachgebessert werden (Überarbeitung Ausschreibung, neue Angebote)!

Beurteilungsmatrix TK Gesamt

Beurteilt von: _____

Am: __/__/_____

Legende:
G   Gewichtung des Kriteriums 0...100%
E   Erfüllungsgrad, 0,0 ... 1,0
G x E   Ergebnis, merkmals- und gewichtungsbezogen

Pos.:	Kriterium	G	Lieferant 1 E	Lieferant 1 E x G	Lieferant 2 E	Lieferant 2 E x G	Lieferant 3 E	Lieferant 3 E x G
1	Ausfallsicherheit, Notfallkonzept	10%	0,8	0,08	0,9	0,09	0,9	0,09
2	Service-, Wartungsfreundlichkeit	5%	0,8	0,04	0,9	0,045	0,9	0,045
3	Zukunftssicherheit Lieferant	15%	0,5	0,075	0,85	0,128	1	0,15
4	Technische Ausprägung, Leistungsfähigkeit	20%	0,5	0,1	0,9	0,18	0,8	0,16
5	Montagefreundlichkeit, Flexibilität	5%	0,8	0,04	0,8	0,04	0,8	0,04
6	Preis-/Leistungsverhältnis	20%	0,7	0,14	0,9	0,18	0,9	0,18
7	Datensicherheit, -schutz	3%	1	0,025	1	0,025	1	0,025
8	Migrationsfähigkeit	5%	0,9	0,045	0,95	0,048	0,9	0,045
9	Auftreten Lieferant	15%	0,6	0,09	0,9	0,135	0,7	0,105
10	Modularer Aufbau	3%	0,5	0,0125	0,9	0,023	0,7	0,018
	Summe:	100%		65%		89%		86%

Abb. 7.4   Beurteilungsmatrix gesamt

7.2 Der Beschaffungsvorgang

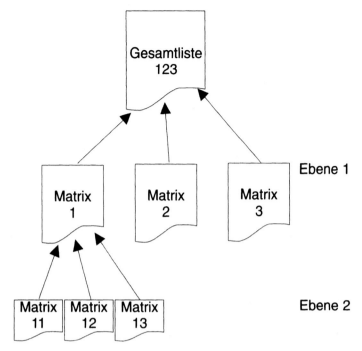

Abb. 7.5 Ebenen und Struktur einer Beurteilungsmatrix

Die Gesamtmatrix (Abbildung 7.5) kann noch verfeinert werden. Für jedes Kriterium der Gesamtmatrix kann man in darunter liegenden Ebenen eine entsprechende Untermatrix erstellen, deren Gesamtergebnis wiederum einen Zahlenwert für das Kriterium der Gesamtmatrix liefert. Damit können sehr komplexe Entscheidungsmechanismen abgebildet werden, die durch umfangreiche Netzplanungen entstehen können.

Wichtig	Die Entscheidung selbst wird damit zu einem späteren Zeitpunkt nachvollziehbar. Die Matrix wird ins Berichtswesen der Geschäftsleitung integriert, und die Beurteilungskriterien werden mit dem Entscheider abgeglichen.

7.2.3 Vergabegespräche, Liefervertrag, Bestellung

Bei den Vergabegesprächen werden letzte Klärungen der Sachverhalte vorgenommen. Insbesondere sind dies die vertraglichen Konsequenzen, der Liefervertrag und die Form der Bestellung. Auch terminliche Rahmenparameter werden festgezurrt.

Die Bestellung kann in individueller Form und bezogen auf Ausschreibung, Angebote und Absprachen erfolgen. Die Minderungen und Mehrungen sollten freibleibend sein, damit Änderungen flexibel und unbürokratisch durchführbar werden.

Sollte bis dahin noch nichts über die Abnahme und den Testbetrieb vereinbart worden sein, so muss dies spätestens bei der Bestellung erfolgen. Darüber hinaus ist die Gewährleistung entsprechend dem im Pflichtenheft vorgegebenen Umfang zu integrieren.

Unsere Erfahrungen	Preislich sind aus unserer Erfahrung die Verhandlungen hinsichtlich Projektrabatten eher unfruchtbar. Häufig wird eine Preisreduzierung durch Nachverhandlungen über eine entsprechende Skontierung des Gesamtauftrags vereinbart.

Es kann sein, dass während des Projekts die standardisierten, im Unternehmen gängigen Einkaufsbedingungen durch den Einkauf oder das Projektteam modifiziert werden müssen.

7.3 Umsetzung

Nach der Gestaltung der Beschaffungsorganisation beginnt nun die Phase der Umsetzung (Abbildung 7.6). Aus den verhandelten Angeboten werden Bestellungen und Verträge gestaltet. In entsprechenden Gesprächen wird die Installation beziehungsweise die Inbetriebnahme vorbereitet.

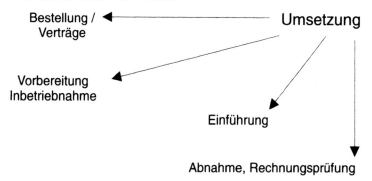

Abb. 7.6 Umsetzung

Nach der Installation und Einführung des neuen Systems erfolgt nach angemessener Zeit eine Abnahme und Rechnungsprüfung.

7.4 Abnahme und Rechnungsprüfung

Die Abnahme eines Netzwerks erfolgt zeitnah nach der Inbetriebnahme. Grundlage der Abnahme sind die Basisdaten der Ausschreibung, nämlich Pflichtenheft, Leistungsverzeichnis und Fragenkatalog. Die Unterlagen werden vor Ort strukturiert mit dem Lieferanten abgearbeitet.

Die dabei zu Tage getretenen Mängel werden in einer Liste erfasst und dem Lieferanten zur Nacharbeit gegeben. Es wird eine möglichst kurze Frist gesetzt, in der diese Mängel zu beheben sind.

Ein Teil der bereits gestellten Rechnung wird bezahlt. Der Anteil liegt je nach Erfüllungsgrad der Lieferung zwischen 75 und 95 %. Der letztere Betrag gilt für Systeme mit wenig Mängeln.

Praxistipp	Vereinbaren Sie einen Rückbehalt auf die letzte Rate der Schlussrechnung. Mängel, die nicht behoben sind, werden dadurch ernster genommen.

Nach Beseitigung der Mängel beginnt die gesetzliche oder die individuell vereinbarte Gewährleistung. Dabei findet Berücksichtigung, dass der Erfüllungsort immer dort liegt, wo das Netz sich in Betrieb befindet.

Rechnungsprüfung und Restzahlung schließen letztlich den Beschaffungsvorgang ab.

8 Netzwerk, Controlling, Personal im Betrieb

Was hat der Projektleiter eigentlich mit Controlling und Personal zu tun?

In der Regel hat ein Projekteur im Laufe des Projekts den Hauptfokus auf die technische Planung und Implementierung der neuen Systeme bis zur Abnahme und einer korrekten Funktionalität des Komplettsystems zu legen. Nichts desto trotz steht aber auch ein Projektleiter in der Pflicht, andere technische Belange wie z.B. ein Netzwerkmanagement, eine Unternehmensphilosophie zu Controlling und personellen Aspekten im Betrieb in sein Projekt und den darauffolgenden Betrieb des Netzwerks einfließen zu lassen. Deshalb wird an dieser Stelle auf Dinge verwiesen, die mit dem Projekt an und für sich sehr wenig zu tun haben, in der Konsequenz aber, und dies insbesondere bei der späteren Benutzung der Systeme, von gravierender Wichtigkeit sind.

8.1 Die Ausgangssituation

Die Netzwerkverwaltung in der nachfolgend beschriebenen Form ist in vielen Unternehmen nicht strukturiert vorhanden. Oftmals sind die einzelnen Funktionsbereiche über das ganze Unternehmen verteilt, und die Koordination einzelner Aufgaben lässt sehr zu wünschen übrig. Darüber hinaus ist aus Mangel an Fachkräften zwar eine Betreuung vorhandener Infrastrukturen der Netzwerktechnik noch gewährleistet, eine Optimierung oder Neugestaltung aber nicht machbar.

In den folgenden Unterkapiteln soll deshalb ein Weg gefunden werden, unternehmenspolitische und operationale Ziele mit einem dazu passenden Netzwerkmanagement zu realisieren.

Die in Kapitel 6 durchgeführte Analyse Audit brachte die Erkenntnis, dass die Realisation eines komplexen Unternehmensziels, nämlich die Verbesserung der Wettbewerbsvorteile, nun von so profanen Dingen wie einem Stück Kabel oder einer Anschlussdose abhängt. Durch ein entsprechend gestaltetes Projekt wird Ihre Vision zu einem technischen Werkzeug.

8.2 Die Zielsetzung

Ziel der Netzwerkverwaltung ist es, das Kommunikationssystem

- bei minimalen Kosten und Aufwendungen
- mit gleichzeitiger maximaler Funktionsfähigkeit

über einen gewissen, vom Unternehmen und der Technik vorgegebenen Zeitraum zu betreiben. Der Aufbau von Netzwerken und dessen funktionsfähiger Betrieb müssen gewährleistet werden. Dabei sind mit geeigneten Werkzeugen Kennzahlen und Vergleichszahlen zu ermitteln, die zu einem ständig wiederkehrenden Kosten-Ressourcenmanagement führen.

Grundsätzlich	Ziel muss es für einen Realisierer sein, dass auf der Basis der technischen Komponenten ein Unternehmensstandard geschaffen wird. Ein Maßanzug, der wiederum, aber auch gerade aus individuellen Komponenten, die am Beschaffungsmarkt preisgünstig erhältlich sind, zusammengesetzt werden soll.

8.3 Einflussfaktoren auf das Netzwerk

Netzwerkveränderungen werden durch drei Faktoren entscheidend beeinflusst (siehe Abbildung 8.1). Entscheidend ist für das Unternehmen die Anpassung an Marktveränderungen, um Kunden, Lieferanten und sonstige Partner zufrieden zu stellen. Aus diesen Marktveränderungen leiten sich meist die unternehmerischen Zielsetzungen ab, indem das Unternehmen auf diese Marktveränderungen auch reagiert. Der technische Fortschritt ist die Basis der Netzwerkgestaltung auf der Systemebene.

Wichtig	Wichtig dabei ist, dass als Ergebnis dieser Überlegungen eine Managementaufgabe, eine permanente Projektierung bei der Gestaltung von Netzwerken und eine operative Umsetzung der Netzwerkpflege entstehen. Der Realisierer ist im Managementprozess integriert bzw. ist selbst gedanklich und praktisch ein Teil des Prozesses.

8.4 Der Aufbau einer Netzwerkverwaltung

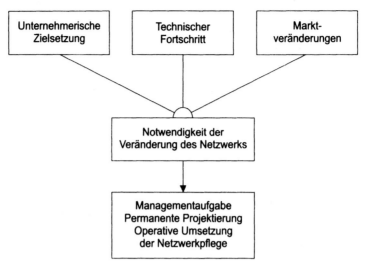

Abb. 8.1 Einflussfaktoren auf das Netzwerk

8.4 Der Aufbau einer Netzwerkverwaltung

Was häufig nicht der Fall ist! Der Realisierer kann im Normalfall nicht die Strukturen des Unternehmens verändern. Er kann allerdings mit seiner Argumentation einen Denkprozess in Gang setzen, an dessen Ende eine Integration und Konversion der Welten EDV, Telekommunikation und Verkabelung stehen.

Die Netzwerkverwaltung unterteilt sich in drei Bereiche (siehe Abbildung 8.2).

Netzwerkprojekt	Technisches Netzwerkmanagement	Netzwerkcontrolling und NMIS
Netzwerkvision Netzwerkteam Netzwerkaudit Netzwerk- Realisierung	Netzwerktechnik Netzwerkbetrieb Netzwerkstatistik Netzwerkplanung	Aufbauorganisation Ablauforganisation NMIS (Netzwerkmanagement-Informationssystem) Netzwerkkosten Netzwerkleistungen

Abb. 8.2 Aufbau Netzwerkverwaltung

Erste Sparte der Netzwerkverwaltung (auch als Kommunikationsverwaltung im Unternehmen darstellbar) ist das Netzwerkprojekt, das temporär oder zyklisch den ständigen Veränderungen im Netzwerk Rechnung trägt. Es teilt sich auf in

o   Netzwerkvision als Unterelement der Unternehmensvision,

o   Gestaltung des Netzwerk-Projektteams, in der Folge des Netzwerkaudits, sowie in die

o   letztlich aus dieser Analyse hervorgehende Realisierung in technischer Sicht.

Das technische Netzwerkmanagement sichert die operative Umsetzung der im Controlling festgelegten Sollkonzepte. Es sorgt für die Netzwerkplanung, die Netzwerktechnik selbst, den Netzwerkbetrieb sowie die Netzwerkstatistik.

Das Netzwerkcontrolling ist zuständig für das Erreichen unternehmenspolitischer Aspekte bei Gestaltung und Betrieb des Netzwerks. Es stellt die Plattform der Aufbau- und Ablauforganisation zur Verfügung und beschäftigt sich mit den Netzwerkkosten und -leistungen im Rahmen eines Netzwerkcontrollings (verbunden mit einem mehr oder minder ausgeprägten Netzwerkmanagementinformationssystem NMIS).

8.4.1 Personalstruktur der Netzwerkverwaltung

Die Personalstruktur wird in folgende Aspekte gegliedert:

- Aufbauorganisation,
- personelle Besetzung,
- Betriebsgröße und Mitarbeiterzahl,
- Qualifizierung des Personals,
- Gestaltung eines Netzwerkprojekts.

8.4.1.1 Die Aufbauorganisation

In Abbildung 8.3 ist dargestellt, in welchen Unternehmensbereichen die Netzwerkverwaltung (Netzwerkmanagement) aufbauorganisatorisch eingesetzt werden könnte.

Häufig ist die Netzwerkverwaltung als Stabsstelle der Geschäftsleitung instrumentalisiert. Sie arbeitet autark und selbstständig. Die Sensibilisierung der Entscheider ist in diesem Fall am größten. Dies ist in der Regel auch die beste Lösung!

8.4 Der Aufbau einer Netzwerkverwaltung

Im Rahmen aufbauorganisatorischer Definitionen kann man sich das Netzwerkmanagement als Linienstelle im Bereich der Verwaltung vorstellen. Dies hätte den klaren Vorteil, dass das Unternehmens-Controlling und auch das Netzwerk-Controlling einem übergeordneten Abteilungsleiter unterstellt wären. Somit läge das gesamte unternehmerische Controlling in einer Hand.

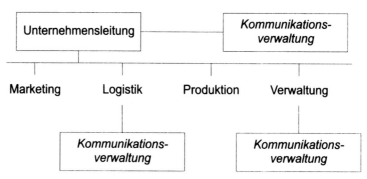

Abb. 8.3 Mögliche Einbindung der Kommunikationsverwaltung in die Aufbauorganisation

Weiterhin wäre es möglich, das Netzwerkmanagement dem Bereich Logistik zu unterstellen, da in manchen Betrieben die EDV-Abteilung sehr eng mit der Logistikabteilung, welche alle Aufträge und Bestellungen abwickelt, zusammenarbeitet. Auch hier, wie bei der Stabsstelle der Geschäftsleitung, ist zu klären, wie ein Netzwerkmanagement die Ergebnisse des technischen Netzwerkmanagements und des operativen Netzwerkcontrolling an die zu berücksichtigenden Stellen im Unternehmen weitergibt und in welchen Zyklen dies zu geschehen hat.

Grundsätzlich	Häufig trifft man in Unternehmen noch auf eine Kommunikationsverwaltung, die in mehreren Teilbereichen des Unternehmens angesiedelt ist. Nicht selten unterstehen das IT-Management, das Telekommunikations-Management sowie das Netzwerkmanagement unterschiedlichen Sparten oder Hauptabteilungen. Dies sollte man deshalb vermeiden, weil die Kombination aus Informations- und Kommunikationstechnik immer stärker zusammenwächst und aus diesem Zusammenwirken für das Unternehmen positive Synergien entstehen.

8.4.1.2 Die ideale personelle Besetzung einer Kommunikations- oder Netzwerkverwaltung

Die ideale personelle Konstellation einer Kommunikationsverwaltung ist natürlich das Vorhandensein der drei spezialisierten Grundfunktionen IT, TK und Netzwerk, die sich im Team optimal ergänzen. Die Betreuungsgebiete sind in Abbildung 8.4 dargestellt.

Informationstechnik (IT) ist für den Betrieb der Server, Workstations und Peripheriegeräte zuständig. Auf diesen Hardwaresystemen wird Software in jeglicher Form betrieben. Durch ein Netzmanagement IT wird eine prophylaktische Überwachung an den Systemen durchgeführt. Anwenderbetreuung und Schulung sind Gegenstand eines Benutzer-Unterstützungskonzepts. Die Reparatur der oben genannten Hardware sowie die Gestaltung von IT-Konzepten im Rahmen von Projekten und Mitgestaltung der Betriebsorganisation vervollständigen das Bild der Informationstechnik.

Die Telekommunikationstechnik (TK) betreut die Telekommunikationsanlagen inklusive der peripheren Endgeräte wie Telefone oder Faxe. Die Telematik (System aus Informations- und Kommunikationstechnik, die im Verbund arbeiten) wie z. B. eine PC-Fax-Lösung wird in Verbindung mit der IT-Abteilung betreut. Die Anlagen werden über ein Netzwerkmanagementsystem verwaltet. Anwenderbetreuung und Schulung sind Teil eines Benutzerunterstützungskonzepts. TK ist verantwortlich für Reparatur und Service der Systeme. Sie erarbeitet Konzeptionen und ist im Bedarfsfall auch an organisatorischen Projekten beteiligt.

Kommunikationsverwaltung			
Informationstechnik IT	Kommunikationstechnik KT	Netzwerktechnik SV	Berichte
Server	TK-Anlagen	Passive Komponenten	
Workstations	Endgeräte TK	Aktive Komponenten	
Peripheriegeräte	Telematik	SW-Management	zu
Software	Software	Anwenderbetreuung	betreuen
IT-Management	TK-Management	Reparatur	
Anwenderbetreuung	Anwenderbetreuung	Organisation	
Schulung	Schulung	Konzeption SV	
Reparatur	Reparatur		
Organisation	Organisation		
Konzeption IT	Konzeption TK		

Abb. 8.4 Technische Bereiche und Aufgaben der Kommunikationsverwaltung

8.4 Der Aufbau einer Netzwerkverwaltung

Die dritte Sparte Netzwerktechnik SV (Strukturierte Gebäudeverkabelung) ist zuständig für die Betreuung der passiven und aktiven Komponenten sowie das Netzmanagement für diese Komponenten. Reparatur, Service und Teilnahme an Konzeptionserstellungen für den Bereich strukturierte Gebäudeverkabelung oder alternative Netzwerkmedien gehören zu deren Aufgabenstellungen. Im Rahmen von übergreifenden Funktionen von Mitarbeitern in der Abteilung kann es auch zu organisatorischen Aufgabenstellungen kommen.

8.4.1.3 Betriebsgröße und Mitarbeiterzahl der Netzwerkverwaltung SV

Für kleinere Unternehmen rechnet es sich im Allgemeinen nicht, einen eigenen Verkabelungsfachmann oder Netzwerkspezialisten zu beschäftigen. Die kritische Größe hängt im wesentlichen davon ab, welcher Organisationsgrad im Unternehmen vorliegt und wie stark diese Organisation das Unternehmensnetzwerk nutzt. Eine Aussage, ab welcher Betriebsgröße sich solche Spezialisten rechnen, ist deshalb nur schwer zu treffen. Im Falle einer Neuplanung sollten bei nicht vorhandenem Fachpersonal die technischen Aufgabenbereiche mit externem Fachpersonal realisiert werden.

Standpunkt | In größeren Unternehmen rechnet sich ein Netzwerkspezialist vor allen Dingen dann, wenn er über ein vorhandenes, elektronisch gestütztes Netzwerkmanagementsystem die technischen Voraussetzungen für das prophylaktische Pflegen der Netzwerke erhält. Er schafft damit einen besseren Ausfallkoeffizienten, weil er im Vorfeld bereits schon bei Teilfehlern korrigierend eingreifen kann. Im Falle der Planung und Projektierung eines Netzwerks kann dadurch eventuell auf externe Hilfe verzichtet werden.

8.4.1.4 Qualifizierung des Personals Netzwerkverwaltung

Netzwerkspezialisten, vor allem der Abteilungsleiter der Netzwerkverwaltung SV, sollten vornehmlich ein Fachhochschul- oder Universitätsstudium in den Bereichen Informatik, technische Betriebswirtschaft (Schwerpunkt Informatik oder Informationstechnik) oder Wirtschaftsingenieurwesen (Schwerpunkt Informatik oder Informationstechnik) absolviert haben.

8.5 Netzwerk-Controlling und Unternehmens-Controlling

Mit jeder Auditierung geht auch eine Leistungs- und Kostenprüfung einher. Die Gestaltung des technischen und betriebswirtschaftlichen Controllings schafft für die nächste Planungsperiode des Unternehmens Transparenz für die Aktivitäten im Netzwerk.

Die Abbildung 8.5 stellt dar, wie sich die zwei Teilmengen I und II des Netzwerk-Controlling auf das Unternehmen bzw. auf das Unternehmens-Controlling auswirken.

Zur Gestaltung sämtlicher Maßnahmen betrieblichen Geschehens im Unternehmensbereich A vom Auftragseingang bis zum Versand von Waren benötigt man informations-, telekommunikations- und netzwerktechnische Komponenten. Diese sind im Unternehmensbereich B dargestellt und beeinflussen wesentlich die Funktionsfähigkeit des Unternehmensbereichs A. Diese Komponenten werden mit dem Netzwerk-Controlling I permanent überprüft und überwacht. Für diese im Unternehmensbereich B angesiedelten technischen Komponenten ist ein manuelles oder DV-gestütztes Netzwerkmanagement (Controllingbereich II) erforderlich.

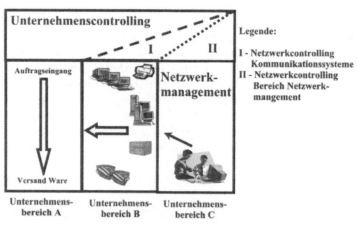

Abb. 8.5 Unternehmenscontrolling

Das Netzwerkmanagement ist im Unternehmens-Controllingbereich II dargestellt. Das Netzwerkmanagement besteht, wenn es DV-gestützt ist, aus Hard- und Softwarekomponenten sowie aus Personen, die mit diesen Komponenten den Unternehmensbereich B verwalten und steuern. Somit hat das Netzwerkmanagement auch über die Kommunikationswerkzeuge im Unternehmensbereich B direkten Einfluss auf die Gesamtlogistik des Unternehmens und somit eine hohe Bedeutung.

Fehler im Netzwerkmanagement und dadurch entstandener Ausfall der Kommunikationssysteme im Unternehmensbereich B führen daher direkt zur negativen Beeinflussung des gesamten logistischen Ablaufs.

8.6 NMIS – das Netzwerkmanagement-Informationssystem

Das NMIS ermittelt aus den zwei Unternehmensbereichen A und B Kennzahlen für die

- betriebswirtschaftliche Gestaltung des Netzwerks,
- technische Ausstattung der Systemkomponenten,
- personelle Besetzung bei der Gestaltung und Betreuung des Netzes.

Die betriebswirtschaftliche Komponente des NMIS könnte z.B. folgende Kennzahlen ermitteln:

- prozentuale Nutzung des IT-Netzes pro Abteilung, Hauptabteilung, Projektabrechnung,
- Abschreibungen pro Planperiode,
- Nutzungsgrad der EDV in bezug auf Mitarbeiteranzahl der Planungs- und Steuerungsabteilungen,
- Durchschnittliche Nutzungsdauer eines EDV-Arbeitsplatzes u. v. m.
- Die technischen Kennzahlen sind ab Kapitel 8.9 kurz angerissen.

8.7 Budgetierung der Kommunikation

Die Budgetierung im Rahmen der Kommunikationsverwaltung sollte differenziert nach Bedarfen gestaltet werden. Bedarfe entstehen, wie bereits gesagt, durch Marktveränderungen, unternehmerische Zielsetzungen oder durch technischen Fortschritt. Bedarfe ergeben sich natürlich auch aus den, in der Vergangenheit bereits bekannten, laufenden Kosten für Personalaufwendungen sowie Investitionen.

Budgetierungen werden in der Regel einmal jährlich durchgeführt. Die Budgetanforderungen an die Kommunikationsverwaltung sollten zu konkreten Angeboten oder Kostenschätzungen führen, die sich als Gesamtbudget zusammenfassen lassen. Dabei ist zwischen Investitionen und Folgekosten zu unterscheiden. Es kann durchaus sein, dass mit höheren Basisinvestitionen Folgekosten ganz oder teilweise reduziert werden können.

8.8 Roulierendes Kosten- und Ressourcen-Management

Ausgangs-situation	Die Schnelllebigkeit technischer Einrichtungen in den Bereichen IT, TK und Netzwerk erfordert es, die Ressourcen gezielt und effizient zu verwalten und einzusetzen. Dazu benötigt man ein entsprechendes Kosten- und Ressourcenmanagement, mit dem man für die Dauer der Laufzeit entsprechend den betrieblichen Erfordernissen die Systeme plant, projektiert, in Betrieb nimmt und danach im laufenden Betrieb betreut.

8.8.1 Konzept roulierendes Kosten- und Ressourcen-Management

Ein wirkungsvolles Kostenmanagement setzt voraus, dass bekannt ist, welche Kosten wo und wofür entstehen. Die Antwort darauf gibt ein Teilbereich des betrieblichen Rechnungswesens, die Kostenrechnung. Sie dient der Kontrolle der Wirtschaftlichkeit, der Bereitstellung von Zahlenmaterial für Lenkungsaufgaben und der Kalkulation der betrieblichen Leistungen. Die Kostenrechnung gliedert sich in die Teilbereiche

- Kostenartenrechnung (Welche Kosten sind angefallen?)
- Kostenstellenrechnung (Wo sind die Kosten angefallen?)
- Kostenträgerrechnung (Wofür sind die Kosten angefallen?),

wobei in der Abbildung 8.6 die ersten der beiden Kostenverrechnungen abgebildet sind. Auf eine Betrachtung Kostenträger wurde hier verzichtet, da dies nicht Gegenstand des Buches war.

8.8.2 Controlling und Buchhaltung

Die Kontrolle der oben genannten Kostenarten erfolgt durch Soll-/Istvergleich und ist in die zwei unterschiedlichen Unternehmens-Controllingbereiche I und II unterteilt, wie in der folgenden Abbildung dargestellt.

In aller Regel werden die Kosten bereits in der Finanzbuchhaltung nach vorgenannten Kriterien erfasst und über entsprechende Schnittstellen in die Kostenrechnung überstellt. Man unterscheidet dabei Investitionen und Kosten für laufende Geschäftsprozesse.

Die Vernetzung als gesamtunternehmerische Ressource kann nun in den Aspekt der Investition bzw. der Abschreibung sowie auch in den Aspekt der Prozesskosten unterteilt werden.

Kostenarten	Hilfskostenstellen					
	KV-Leitung	Zentrale EDV	Netzwerke	PC- und Software-Service	Telekommunikation	Postabwicklung
Personalkosten						
Telefonkosten						
Postdienste						
EDV-Zubehör						
Büromaterial						
Instandhaltung						
Softwarewartung						
Kalk. Abschreibungen						
Leasing/Mieten						
Versicherungen						
Kalk. Zinsen						
Usw.						
Gesamt						
Umlage nach	Zeitaufwand (BDE-Erfassung)	Anschlüsse in den Abteilungen	Anschlüsse in den Abteilungen	Zeitaufwand für die Benutzer (BDE-Erfassung)	Einheiten	Nach Portoverbrauch

Abb. 8.6   Beispiel eines Teilbereichs des BAB

8.9 Technisches Netzwerkmanagement

Für die Verwaltung des in Abbildung 8.5 dargestellten Unternehmensbereichs B Kommunikationssysteme wird ein elektronisches Netzwerkmanagementsystem benötigt. Dieses hat die Aufgabe, den Unternehmensbereich B zu verwalten und zu steuern.

8.9.1 Aufgaben des Netzwerkmanagements

Die Aufgaben des Netzwerkmanagements sind in Abbildung 8.7 dargestellt.

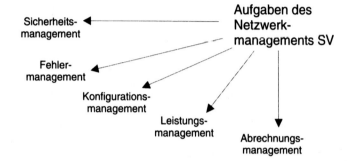

Abb. 8.7 Aufgaben des Netzwerkmanagements nach ISO

8.9.2 Abrechnungsmanagement

Ziel eines Abrechnungsmanagements ist, die Entstehung der Kosten sowie ihre Verteilung auf die Verursacher transparent darzustellen. Mit diesem sogenannten Accounting-System werden differenziert für jeden Benutzer die Anzahl und die jeweilige Dauer von Zugriffen auf das Netzwerk in einer Datenbank abgelegt. Nach Analyse der Datenbank liegen diese Daten mit einem entsprechenden Verteilungsergebnis vor.

8.9.3 Fehlermanagement

Beim Fehlermanagement handelt es sich um die drei Aufgabenbereiche Fehlervorbeugung, Fehlererkennung sowie Fehlerbeseitigung.

Wichtig	Ziel eines Fehlermanagements muss es sein, durch prophylaktische Maßnahmen bereits im Vorfeld den Fehler gar nicht erst auftreten zu lassen.

8.9.4 Sicherheitsmanagement

Die Aufgabe des Netzwerkmanagements in Bezug auf die Sicherheit ist der Schutz jeglicher Informationen, die dem Unternehmen zur Verfügung stehen. Im wesentlichen ist damit der Zugang zum Datennetz und der Zugriff auf bestimmte Kommunikationswerkzeuge und -dienste gemeint. Regeln und Überwachungsmechanismen, die eine solche Sicherheit gewährleisten, sind Passwörter und Zugriffsberechtigungen.

8.9.5 Konfigurationsmanagement

Das Konfigurationsmanagement wird dazu benutzt, im Rahmen der Gesamtvernetzung Komponenten und Systeme an das Netzwerk anzuschalten. Wichtige Bestandteile des Konfigurationsmanagements sind

- die Konfigurationsdienste selbst,
- die Netzwerkdokumentation und die Bestandsführung,
- das Änderungswesen.

8.9.6 Leistungsmanagement

Das Leistungsmanagement ist im Bereich Netzwerkmanagement Voraussetzung für eine permanente Verbesserung der Netzwerkperformance. Wie mit einem „Tacho" lässt sich damit in allen Netzsegmenten die Leistungsfähigkeit testen. Aus diesen Tests können wertvolle Basisinformationen ermittelt werden, die wiederum zur Verbesserung des Leistungsverhaltens von Systemtechnik während der Auditierung herangezogen werden.

8.10 Technischer Aufbau eines Netzwerkmanagementsystems

In Kap. 8.9 sowie in Abbildung 8.8 ist eine mögliche und in vielen Unternehmen gängige Lösung für ein technisches Netzwerkmanagementsystem dargestellt. Dort wird auf den technischen Aufbau noch Bezug genommen.

Basis des kompletten technischen Netzwerkmanagementsystems NMS sind eine computergestützte Datenbank sowie ein Server oder eine Power Workstation, die über ein Interface an ein lokales Netzwerk angeschlossen ist. An diesem lokalen LAN wird jeder Benutzer, der durch das Netzwerkmanagementsystem überwacht und gesteuert werden soll, mit einem Agenten versehen, der die entsprechenden Datenaustauschvorgänge zwischen der servergestützten Datenbank und den Workstations vornimmt.

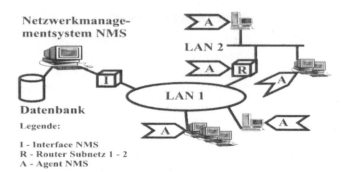

Abb. 8.8 Netzwerkmanagement NMS

8.11 Notwendigkeit des Netzwerkmanagements

Über die Notwendigkeit eines Netzwerkmanagementsystems wird in der Praxis häufig gestritten, weil die Leistungen gegenüber den Kosten angeblich in keinem vernünftigen Verhältnis stünden.

In einem Unternehmen, das sehr wenig auf kommunikative Einrichtungen setzt, rechnet sich ein teures Netzwerkmanagement natürlich nicht.

Für ein großes Unternehmen, das vielleicht auch mehrere Standorte hat, die von den Systemadministratoren nicht so einfach zu erreichen sind, rechnet sich das System. Durch das Netzwerkmanagement wird eine Fehlerdiagnose an den außenliegenden Standorten viel einfacher ermöglicht. Durch die Fehlerstatistik erreicht man eine gezielte Ersatzteilvorhaltung. Dadurch wird die Ausfallzeit im Schadensfall erheblich reduziert.

Durch das Netzwerkmanagement wird eine Betreuung an den außenliegenden Standorten viel einfacher ermöglicht.

Statement	Netzwerkmanagementsysteme sind modular gestaltbar. Der Einsatz von Modulen (5 Funktionen) hängt aus unserer Sicht im wesentlichen davon ab, wie sehr sich das Modul der Netzwerke auf elektronischer Basis • in seiner Bedienung steuern lässt, • bei Ausfall der Systeme reparieren lässt, • mit statistischen Auswertungen Transparenz im Sinne des beschriebenen Netzwerkcontrolling ergibt.

8.12 Technisches Kennzahlenpaket für NMIS (Netzwerkmanagement-Informationssystem)

Durch ein Netzwerkmanagementsystem sollen die Kosten für das gesamte Netzwerk reduzierbar sein. Dies gilt für alle fünf Bereiche, wie vorab beschrieben. Um diese Vorteilhaftigkeit auch zu belegen, wird ein Kennzahlenpaket erstellt, dessen Daten durch das Netzwerkmanagement sowie durch manuelle Recherchen zur Verfügung gestellt werden. Diese Kennzahlen beziehen sich auf nachfolgende Einzelfunktionen des Netzwerkmanagements und haben beispielhaften Charakter, welche Informationen vermittelt bzw. weiterverarbeitet werden könnten.

8.12.1 Definition der Kennzahlen

Die Auflistung von Kennzahlen erhebt keinen Anspruch auf Vollständigkeit. Sie sind willkürlich gewählt und natürlich verkleiner- oder erweiterbar. Sie sollen einen kleinen Überblick über den denkbaren Aufbau eines NMIS geben.

> **Wichtig** Die technischen Kennzahlen geben einen Überblick über die technische Leistungsfähigkeit der verwendeten Systeme. Sie bilden bei der Behebung von technischen Schwachstellen die wesentliche, mit harten Faktoren begründbare Notwendigkeit für Neuinvestitionen.

8.12.2 Fehlermanagement

Beim Fehlermanagement handelt es sich um die drei Aufgabenbereiche Fehlervorbeugung, Fehlererkennung sowie Fehlerbeseitigung. Bei der Fehlererkennung bzw. -beseitigung kann man sich nachfolgende Analyse von Fehlern vorstellen:

1. Zeit zwischen Auftreten von wiederkehrenden Fehlern,
2. Zeit vom Auftreten bis zur Entdeckung des Fehlers,
3. Zeit vom Auftreten bis zur Behebung des Fehlers,
4. Zeit zwischen Entdeckung und Diagnose des Fehlers,
5. Zeit zwischen Diagnose und Fehlerbehebung.

8.12.3 Performancemanagement

Für das Performancemanagement könnte man sich vorstellen, für die einzelnen Netzwerksegmente eine differenzierte Performance-Analyse durchzuführen. Diese wird als Resultat den in den Anforderungsprofilen definierten Datenraten gegenüber gestellt.

Unter Performance-Kennzahlen wäre auch eine Engpassanalyse denkbar. Diese macht vor allen Dingen dann Sinn, wenn Ressourcen nur begrenzt zur Verfügung stehen und Vernetzungsprojekte auf Grund fehlender Budgets stufenweise implementiert werden müssen. Dabei ist zu berücksichtigen, dass die Behebung eines Performance-Engpasses im Netzwerk einen erneuten Performance-Engpass an einer anderen Stelle verursachen kann.

8.12.4 Accountingmanagement

Die Erfordernis eines Accountingmanagements als Richtwert für die Verrechnung von Diensten und Leistungen hängt sehr stark von der Unternehmensstruktur ab. In kleinen und mittelständischen Betrieben ist eine solche Verrechnung von Ressourcen, welche die Zugriffe auf das Netzwerk differenziert zugrunde legt, nur selten vorhanden. Die Umlegung der Kosten für das Netzwerk erfolgt meistens über manuell erstellte Kennzahlen- oder Verrechnungsschlüssel. Eine solche Accounting-Struktur könnte, ähnlich wie bei der Verrechnung von Telefongebühren, auch im Bereich des Netzwerks umgesetzt werden.

8.12.5 Sicherheitskennzahlen

Als Sicherheitskennzahlen können nachfolgende Begriffe genannt werden:

- Anzahl der versuchten unberechtigten internen Zugriffe pro Monat (erfolgreich oder nicht erfolgreich),
- Anzahl der externen unbefugten Zugriffe pro Monat (erfolgreich oder nicht erfolgreich),
- Anzahl der Fälle auftretender Viren im Unternehmensnetz (beseitigt oder unbeseitigt).

8.12.6 Konfigurationskennzahlen

Hier könnte man sich vorstellen, das Maß der Vorteilhaftigkeit auf die durchschnittliche Installationszeit einer aktiven Komponente oder die Umkonfiguration des Netzwerks mit einer Konfiguration, die in der Vergangenheit durchgeführt worden ist, in Vergleich zu setzen.

Fazit Kapitel 8

Das technische Netzwerkmanagement trägt dazu bei, durch die problemlose Benutzung der technischen Einrichtungen eine Optimierung der Leistung aller Mitarbeiter zu ermöglichen.

Die Bildung von Kennzahlen aus der Auditierung bzw. aus dem technischen Netzwerkmanagement ist sehr individuell für jeden Betrieb zu gestalten. Es macht deshalb nur wenig Sinn, über kurz angerissene Beispiele hinaus weiter darüber zu schreiben.

Das Kosten- und Ressourcenmanagement sollte roulierend dafür sorgen, dass das Netzwerk und dessen Benutzung im finanztechnischen Bereich für das Unternehmen Wettbewerbsvorteile schafft. Der Roulierungsfaktor sollte eine Budgetplanungsperiode nicht übersteigen.

Zur Frage „Führt das Netzwerkmanagement im Unternehmen wirklich zu Wettbewerbsvorteilen?" ein klares *Ja!*

Die Bedingungen dafür sind:

- Das Kommunikationssystem als unternehmerische Ressource muss mit einem vernünftigen und effizienten Management verwaltet und gesteuert werden.
- Durch das Management entsteht Transparenz über die erforderliche Personalstruktur, die für das Betreiben der Netze erforderlich ist.
- Ein gutes Netzwerkmanagement schafft die permanente technische Überarbeitung der Netzwerksysteme in Verbindung mit der Angleichung an Marktveränderungen, unternehmerische Zielsetzungen sowie technischen Fortschritt.
- Das Netzwerk-Controlling ermöglicht eine entsprechend vorteilhafte Ausgestaltung der Systemtechnik hinsichtlich der Bedürfnisse des Unternehmens und seiner Mitarbeiter.
- Das technische Netzwerkmanagement als operative Ebene gestaltet die reibungslose Installation und den vorteilhaften Betrieb technischer Einrichtungen.

- Das Netzwerkaudit als Qualitätssicherungssystem im Kommunikationsbereich ist für jedes Unternehmen unerlässlich, da durch den zunehmenden Einfluss der informations- und kommunikationstechnischen Systeme Wettbewerbsvorteile gewonnen oder verloren werden.

- Das tägliche Controlling per Netzwerkmanagementsystem ist sicherlich nicht in allen Unternehmen erforderlich. Eine Aussage wurde dazu bereits gemacht. Allerdings könnte man sich vorstellen, dass bei einem Netzwerkaudit der Punkt Netzwerkmanagementsystem differenziert betrachtet wird, um dessen Vorteilhaftigkeit zu prüfen.

- Die Gestaltung der Personalsituation im Kommunikationsmanagement muss, wenn sie nicht integriert ist, umgestellt werden. Dazu sind mit Kosten- und Leistungsbilanzen die Vorteile herauszuarbeiten und damit die Entscheider zu überzeugen.

9 Executive Summary, Schlussbemerkungen

9.1 Executive Summary

Hier haben wir für Realisierer das komplette Buch auf wenigen Seiten als Fahrplan zusammengefasst und bei jedem Unterpunkt seine Wichtigkeit auf einer Skala von 0 bis 10 dargestellt:

Sinnvollerweise wird der Projektleiter bereits zu einem früheren Zeitpunkt in die jeweiligen Prozesse mit integriert. Dass die Punkte „Kosten-/Nutzenrechnung durchführen" sowie „Notwendigkeit eines Audits prüfen" und „Technische und wirtschaftliche Zielsetzung beschreiben" durch den Projektleiter in Verbindung mit dem Entscheider gestaltet werden, macht Sinn. Hinsichtlich der Auditierung des Netzwerks in regelmäßigen Zyklen kann der Projektleiter natürlich durch seine Erfahrung beim Erstprojekt einem internen oder externen Mitarbeiter, der die Auditierung vornimmt, wertvolle Dienste leisten.

(Siehe dazu auch die an die technischen Beispiele angeschlossenen Kapitel 5 – 8).

- Skript Projektorganisation erarbeiten, um einen Überblick über das Thema zu bekommen [8]
- Mit den zwei Statuschecklisten Wirtschaftlichkeit und Technik abprüfen, wo man steht [10]
- Besonders Dinge wie Verfügbarkeit, Skalierbarkeit und Sicherheit im operationalen Betrieb betrachten [10]
- Marktausrichtung überprüfen, ob diese mit dem vorhandenen Netz erreicht wird [10]
- Projektteam mit Entscheider bestimmen [10]
- Schnittstelle zum Entscheider definieren (Projektablauf, Informationsübergabe) [10+]
- Erstellung der Layouts [10]
- Ermittlung der Mengengerüste aus den Layouts [Fleißarbeit]

- Erstellung von Leistungsverzeichnis, Fragenkatalog und Pflichtenheft, mit oder ohne externe Hilfe (danach eventuell Übergabe in die Abteilung Einkauf) [10]
- Beteiligung an der beschaffungsmäßigen Vergabe an den Lieferanten [8]
- Bauleitungsfunktion bei der Implementierung der Systeme [10]
- Abnahme und Rechnungsprüfung [10]

Nachfolgende Ergebnisse der Aufgaben des Projektleiters oder des Projektteams sollten dem Entscheider bereitgestellt werden. Der Zyklus ist in der Beschreibung jeweils am Ende dargestellt:

- Gestaltung der Security-Policen, 4 mal pro Jahr
- Ressourcenmanagement, im Projekt 5 Tage
- Personalmanagement, im Projekt 5 Tage
- Zeitmanagement, im Projekt wöchentlich
- Kostenmanagement, im Projekt wöchentlich
- Erstellung, Übergabe zur Prüfung der Layouts, 1 mal im Projekt
- Pflichtenhefterstellung, Übergabe zur Prüfung, 1 mal im Projekt
- Durchsicht Leistungsverzeichnis und Fragenkatalog, nur vielleicht erforderlich
- Lieferantenauswahl, 1 mal im Projekt
- Angebotsauswertung, bei Anfall
- Beschaffungsgespräche, bei Anfall
- Liefervertrag, bei Anfall
- Projektübergabe, 1 mal im Projekt
- Controllingkennzahlen Netzwerk, 1 mal monatlich

Mit dem Entscheider im Vorfeld der Projektarbeiten sind folgende Dinge gemeinsam zu erarbeiten:

- Kosten-/Nutzenrechnung durchführen [10]
- Notwendigkeit eines Audits prüfen [10]
- Outsourcing bzw. Konzept externe Unterstützung planen und entscheiden [10]
- Technische und wirtschaftliche Zielsetzung beschreiben [10]

9.2 Schlussbemerkungen

Ziel dieses Buchs ist die praxisnahe Gestaltung eines Netzwerkprojekts.

Die zur Beherrschung der projekttechnischen Grundlagen erforderlichen Informationen waren Gegenstand des ersten Kapitels.

Wesentlich für den Realisierer und den Entscheider sind die Checklisten „Technik & Wirtschaftlichkeit" und die daraus resultierende Meinungsbildung, die bereits teilweise vor dem Projekt grob geplant werden.

Die in den Projektleitlinien aus Kapitel 1 gemachten Erfahrungen und Ergebnisse sind Gegenstand äquivalenter Konzepte, die jeden Tag in Betrieben und Unternehmungen umgesetzt werden, auch eventuell in Ihrem Haus.

Die in Kapitel 2 – 4 dargestellten Beispiele sind alle in der Praxis erfolgreich realisiert worden. Die vorgeschlagenen Vorgehensweisen sind bei entsprechendem Anforderungsprofil analog anzuwenden.

Das Glossar ergänzt, wo das Know-how für das Erarbeiten wesentlicher Dinge im Buch fehlt.

Mehrere kleine Haken hat die Netzwerktechnik generell allerdings:

- jedes Anforderungsprofil ist anders,
- nicht für alle Netzwerkformen sind die drei Fallbeispiele anwendbar,
- nicht jedes Netzwerk ist auf die Grundrichtlinien, die in den zwei Büchern aufgezeigt wurden, generell zurückführbar,
- entscheidend ist deshalb mehr die Strukturierung der Aufgaben und nicht die im Buch sicherlich dargestellte ‚Schablone',
- nutzen Sie den für den Erstkontakt zu den Autoren erstellten Fragebogen in der Anlage.

Durch die Dynamik des Netzwerks ist die zyklische Auditierung der beste Weg, sich auf die zukünftigen Aufgaben einzustellen.

Wir wünschen dem Leser auf dem Weg zu einer optimalen Unternehmensvernetzung viel Erfolg!

Thomas Spitz, Markus Blümle, Holger Wiedel

10 Verwendete Checklisten und Formulare

10.1 Checkliste Erdung

Folgendes ist besonders wichtig:

Gesamtkonzept Strom, Erdung, Potenzialausgleich, Über- und Unterspannung erstellt	ja/nein
Geschirmte Systeme Kupfer	ja/nein
TNS-System	ja/nein
Trennung Elektronik von Elektrik	ja/nein
Getrennte Erdungssysteme machbar	ja/nein
Potentialausgleich vorhanden	ja/nein
Potentialverschleppung, Erdschleifen gegeben	ja/nein
Grob-, Mittel- und Feinschutz	ja/nein
USV-Konzept	ja/nein

10.2 Checkliste Vernetzung Technik

Pos.	Fragestellung	Punkte 1 ... 10
1	Für Verkabelungen und Transportmedien für Sprache und Daten liegt ein Unternehmensstandard zugrunde, der flächendeckend zur Verfügung steht.	
2	Die Verkabelung ist skalierbar und sichert somit eine ausreichende Zuordnung von Bandbreite zum Bedarf des Anwenders.	
3	Durch Patchtechnik werden auch bei größeren Umzugsmaßnahmen keine sonderlichen Aufwendungen erforderlich.	
4	Die Verkabelungssysteme sind EMV-tauglich und schützen somit die Mitarbeiter vor schädlicher Strahlung.	
5	Die Systeme sind abhörsicher.	
6	Per Netzwerkmanagement werden die Netze zentral von einer Stelle aus administriert. Die Fehlerbearbeitung wird dadurch erleichtert, Engpässe im Netz werden erkannt und behoben.	
7	Für Sprache und Daten wird ein einheitliches Corporate Network verwendet.	
8	Die Systeme sind gegen das Eindringen von internen oder externen Unbefugten geschützt.	
9	Das System ist so performant, dass Anwender ihre Arbeit ohne Wartezeit ausführen können.	
10	Jeder Mitarbeiter ist ohne Medienbruch mit allen Servern verbunden.	
	Summe	

11.3 Checkliste Vernetzung Betriebswirtschaft

Pos.	Fragestellung	Punkte 1 ... 10
1	Ist mit der Veränderung auf ein neues Netzwerk automatisch die Verbesserung der Wirtschaftlichkeit gewährleistet?	
2	Wo liegt das größte Potenzial der Maßnahmen?	
3	Wie kann diese Verbesserung im Unternehmen umgesetzt werden?	
4	Passen die Maßnahmen monetär wie zeitlich in das Konzept des Unternehmens?	
5	Sind die Ziele klar quantifizierbar?	
6	Machen sich die Maßnahmen in den Bereichen Material- und Informationsfluss direkt bemerkbar und wie können diese quantifiziert werden?	
7	Sind in der operationalen Umsetzung in Produktion und Materialwirtschaft Ressourcen schaffbar oder sind diese besser nutz- und einsetzbar?	
8	Wird durch ein perfektes Netzwerk Personal eingespart? In welchen Bereichen?	
9	Können durch diese Maßnahmen Durchlauf- und Reaktionszeiten gesenkt werden?	
10	Ist das Unternehmen an den Märkten dadurch einfach schlagkräftiger und wird das Netzwerk zum Erfolgsfaktor?	
	Summe	

11.4 Checkliste Projektgestaltung

Checkliste Projekt Fazit					
Pos.:	Wurden folgende Punkte bei der Projektierung beachtet?	nein	teilweise, noch nicht fertig	bis wann erledigt	ja
1	Umwandlung der Unternehmensvision in konkrete Ziele, die mit dem Projektteam erarbeitet werden können				
2	Freigabe des Entscheiders über die Projektverantwortung				
3	Gestaltung des Aufbaus der Projektgruppe(n) und Strukturierung der Aufgaben				
4	Zeitplanung				
5	Personal- und Ressourcenplan				
6	Roulierender Budget-/Kostenabgleich				
7	Berichtswesen zwischen Projektteam, Geschäftsleitung und Betriebsrat (Schnittstelle)				

11.5 Checkliste Verkabelung aktiv und passiv (Grobplanung)

Pos.	Betrifft	Ja	Nein
1	Welche Protokollstrukturen liegen vor, und sind diese getreu der Vorgabe alle auf IP umgestellt?		
2	Ist bekannt, welche IT-Systeme zukünftig auf der neuen Netzwerkplattform arbeiten?		
3	Ist die Menge der Anschlüsse als Istzustand und als Sollkonzept für den Maximalausbau des Gebäudes bedacht worden?		
4	Ist die Infrastruktur so planbar, dass sämtliche Topologieformen auf ihr abgebildet werden können? Sind die Längenrestriktionen für alle Kabeltypen ausreichend berücksichtigt?		
5	Ist das Gebäude für das Einbringen von Kabelinfrastruktur und sonstigen passiven Komponenten geeignet?		
6	Ist ein ausreichend dimensionierter und auch geeigneter Verteilerraum vorhanden? Sind auch für abgesetzte Verteiler geeignete Standorte vorhanden? Haben diese Verteilersysteme ausreichend Platzreserve?		
7	Sind die geplanten Kabelinfrastrukturen ausreichend für die Aufnahme der jeweiligen Kabelmassen?		

10 Verwendete Checklisten und Formulare

11.6 Checkliste Security

Behauptung	Gewichtung										
	10	9	8	7	6	5	4	3	2	1	0
1. Sind ausreichend Mechanismen vorhanden, um Computerviren zu erkennen und zu beseitigen?	X										
2. Sind die Systeme in der Lage, eine Fernsteuerung von Rechnern zu unterbinden?			X								
3. Sind die Systeme in der Lage, das Auslesen von Passwörtern oder Zugangsdaten zu unterbinden?					X						
4. Können Daten zwischen zwei miteinander verbundenen Rechnern mitgelesen oder aufgezeichnet werden?							X				
5. Wie kann es vermieden werden, dass ein Angreifer durch Ändern von Adressdaten die Zugehörigkeit zum Netzwerk vortäuscht?				X							
6. Kann man es verhindern, dass ein Angreifer zwei Rechner trennt und sich selbst auf das Netzwerk aufschaltet?											
7. Kann es verhindert werden, dass ein Angreifer Daten abändert?											
8. Kann es verhindert werden, dass man Daten (manipuliert oder nicht manipuliert) von einem nicht gewünschten Absender erhält?											
9. Ist sichergestellt, dass Daten bei der Übertragung nicht von Unbefugten manipuliert werden können?											
10. Ist sichergestellt, dass Daten nicht mehrfach zugesendet werden können?											
	10	0	16	14	12	10	4	0	0	0	0
Summe gesamt	66										

11.7 Checkliste Aufbau- und Ablauforganisation

Fragestellung	Gewichtung										
	10	9	8	7	6	5	4	3	2	1	0
1. Sind die drei Dienste Verkabelung, Telekommunikation und IT einer übergeordneten Stelle gemeinsam unterstellt?	X										
2. Gibt es eine Festlegung der Geschäftsleitung, was konkret das Kerngeschäft dieser Abteilung ist?			X								
3. Ist diese gemeinsame Stelle in der Lage, das Kerngeschäft einer Netzwerkverwaltung ohne Fremdhilfe zu gewährleisten?					X						
4. Werden tatsächlich nur untergeordnete Tätigkeiten an Fremdfirmen vergeben, die das Kerngeschäft nicht tangieren?							X				
5. Ist die Anzahl der Mitarbeiter ausreichend, um das Tagesgeschäft operational zu bewältigen?						X					
6. Ist der Ausbildungsstand der Mitarbeiter ausreichend, um strategische und visionäre Ideen der Geschäftsleitung intern umzusetzen?				X							
7. Wird externe Hilfe in Fragen der Technikfindung in Anspruch genommen?			X								
8. Wird externe Hilfe in Fragen der Organisationsberatung in Anspruch genommen?				X							
9. Reagiert diese Abteilung eher hinsichtlich der Einführung neuer IT-Konzepte?					X						
10. Wird die Ausbildung der Mitarbeiter durch Weiterbildung ausgebaut?						X					
	10	0	16	14	12	10	4	0	0	0	0
Summe gesamt	66										

11.8 Checkliste Gebäude

Fragestellung	Gewichtung										
	10	9	8	7	6	5	4	3	2	1	0
1. Wird das Gebäude einer zyklischen Auditierung unterzogen?	X										
2. Ist der Verteilerraum zentral im Gebäude gelegen und stellt ein Optimum hinsichtlich des Verkabelungsaufbaus dar?			X								
3. Ist der zentrale Verteilerraum gegen Risiken wie etwa Hochwasser, Rohrbruch und Feuchtigkeit geschützt?					X						
4. Ist der zentrale Verteilerraum bei Feuer in der Lage, bis zum Löschvorgang ohne Fremdhilfe die Norm EN 1047-2 zu erfüllen?								X			
5. Ist das Gebäude hinsichtlich dem Ausfall der Versorgungsnetzwerke eingerichtet?						X					
6. Ist der zentrale Verteilerraum gegen fremden Zugriff ausreichend geschützt?											
7. Ist die Organisation in der Lage, bei einem Schadensvorgang im Gebäude die Ausfälle des Netzwerks durch Notfall- oder Wiederanlaufpläne abzufedern oder zu kompensieren?											
8. Werden im Gebäude Brandlasten gelagert, und wird die Entsorgung dieser Materialien immer kurzfristig erledigt?											
9. Ist das Stromversorgungssystem für das IT-Netzwerk nach VDE 0800 gestaltet?											
10. Besteht ein ausreichendes Konzept Blitzschutz, Über- und Unterspannung?											
	10	0	16	14	12	10	4	0	0	0	0
Summe gesamt	66										

11.9 Beantwortung von Leserfragen

Leser: _____

Firma: _____

Pos.: _____

Strasse: _____

PLZ, Ort: _____

EMail: _____

Web: _____

Fax: _____

Telefon: _____

Folgende Themen sind für mich interessant:

Bitte nehmen Sie mit uns Kontakt unverbindlichen und kostenfreien Kontakt auf!

Per Telefon: ☐
Per Fax: ☐
Per eMail: ☐

Datum und Unterschrift ____/_____

Fax: 07823/96512

11 Glossar

Access Points

Eine Sende- und Empfangstation für schnurlose Netzwerke. Es gibt sie für Sprach- und Datendienste. Diese Access-Points werden in Gebäuden an den Stellen positioniert, wo eine optimale Funkübertragung für das gesamte Gebäude gewährleistet werden kann.

Accounting

Die Leistungsverrechnung von Netzwerkdiensten oder Netzwerkzeiten auf einzelne Mitarbeiter, Abteilungen, spezielle Projekte, gesamte Unternehmensbereiche, etc. Das Accounting findet mit Hilfe von Netzwerkmanagementsystemen statt.

Aktive Komponenten

Aktive Komponenten sind elektronische Schaltgeräte, die auf einer passiven Gebäudeverkabelung dafür sorgen, dass Datenströme entstehen und somit Informationen von A nach B gelangen können. Weitere Informationen stehen in den Fachkapiteln 2 – 4.

Siehe auch Passive Komponenten.

Any to Any

Eine Any to Any-Beziehung ist gegeben, wenn jeder Netzwerkbenutzer zu jedem Zeitpunkt an jedem Ort im Unternehmen auf ein weiteres Netzwerkmodul zugreifen kann, insofern er eine Berechtigung dazu hat.

Die Any to Any-Beziehung ist der grundlegende Gedanke der Vernetzung und der Kommunikation selbst. Jeder Mensch oder jede Maschine wird in die Lage versetzt, mit einem anderen Menschen oder jeder Maschine ohne Medienbruch (siehe auch Medienbruch) in jedem Segment des Netzwerks zu kommunizieren. Dabei ist es unerheblich, ob es sich bei der Kommunikation um ein Sprach- oder Datenpaket handelt. Gleiches gilt auch für die Kommunikation zwischen Maschinen.

Application Level Gateways

Komponenten eines Firewallkonzepts, die auf Grund ihrer Art und Weise Eindringlinge in einem Netzwerk erkennen können und eine Warnmeldung an eine Stelle im Netzwerk abgeben.

Siehe auch Kapitel 4 ff.

Audit, Auditierung von Netzwerken

Unter Audit versteht man das Feststellen eines „Krankenstands" im Unternehmensnetzwerk. Das Audit wird in regelmäßigen Abständen im Unternehmen durchgeführt und führt zu einer permanenten Optimierung im gesamten Netzwerkverbund.

BAB

Ein BAB (Betriebsabrechnungsbogen) dient zur Erfassung, Verteilung und Zuordnung von Kosten, die im Netzwerk zwangsläufig durch Investitionen und laufende Kosten entstehen. Eine Verrechnung und Zuordnung kann sodann in die Kostenarten, Kostenstellen- und Kostenträgerrechnung erfolgen.

Backbone

Das Rückgrat eines Netzwerks. An diesem Rückgrat sind alle einzelnen Netzwerkelemente angeschlossen und darüber miteinander verbunden.

Baumartige Netzwerke

Unter einer Baumstruktur versteht man (wie das Wort schon sagt) einen Stamm, an dem verschiedene Äste sternförmig von einem dieser Stammknoten aus zu den jeweiligen Endgeräten verlaufen. Diese Struktur ist prädestiniert für flächendeckende Verkabelungen, wenn es über Primär- und Tertiärbereich mehrere Gebäude, bzw. in den Gebäuden mehrere Stockwerke zu vernetzen gilt.

Benchmark

Unter Benchmark wird die Möglichkeit verstanden, die Qualität eines Vorgangs, hier im Speziellen der Vorteile der Gestaltung der kompletten Netzwerkumgebung in einem Unternehmen, darzustellen. Ziel dieses Benchmarks ist es, die Leistungsverbesserung im Unternehmensnetzwerk zu ermitteln bzw. zu dokumentieren und damit auch die Aufgabenstellung für eine weitere Plan- und Projektierungsperiode abzuleiten.

Blitzschutz

Unter Blitzschutz wird verstanden:

- Der äußere Blitzschutz, als Blitzableitersystem gestaltet. Der Blitz schlägt in das Ableitsystem, von wo er über entsprechende Erdungsmaßnahmen in die Erde abgeleitet wird.
- Der innere Blitzschutz untergliedert sich in Grob-, Mittel- und Feinschutz. Diese Geräte dienen der Ableitung der Ströme, die durch Blitzschlag oder Überspannung durch Versorgungsleitungen verursacht werden.
- Eine weitere Maßnahme ist die Anschaltung der wichtigsten Knoten an eine unterbrechungsfreie Stromversorgung USV. Bei der Gestaltung der Energieversorgung ist es von Vorteil, eine separate EDV-Zuleitung für jeden Arbeitsplatz auf eine zen-

trale USV zu legen und das allgemeine Versorgungsnetz für Licht und sonstige Verbraucher vom Datennetz zu trennen.

- Die Einrichtungen für den Grobschutz sind in den Hauptverteilern untergebracht. Der Mittelschutz befindet sich in den Unterverteilungen. Seit jüngster Zeit bietet der Markt auch Kombigeräte für beide Sicherungsstufen.

- Der Grobschutz wird parallel zur Hauszuleitung eingeschleift und zerstört sich bei der Ableitung der Ströme selbst. Hier ist ein Wartungskonzept zur Überprüfung solcher Anlagen zu erstellen, da ein zerstörter Grobschutz beim nächsten Blitzeinschlag fehlen würde.

- Der Mittelschutz kompensiert die restlichen Anteile, die vom Grobschutz nicht absorbiert werden. Am Arbeitsplatz werden entsprechende Feinschutzsteckdosen installiert, die wiederum diejenigen Anteile kompensieren sollen, die von Grob- und Mittelschutz nicht vernichtet worden sind.

- Der Feinschutz wird aus Kostengründen meistens nur für zentrale Knotenpunkte wie Schaltgeräte, Server oder Powerworkstations eingesetzt. Mit einer Potenzialbrücke können am Knoten zwischen Versorgungsnetz und Datennetz örtlich Ströme abgeleitet werden.

Siehe auch Überspannung.

Breakoutkabel

Ein Lichtwellenleiter- oder Glasfaserkabel, das bereits mit Anschlusssteckern versehen wurde oder die Möglichkeit hat, auf der Baustelle noch mit Anschlusssteckern ausgerüstet zu werden.

Busförmige Netzwerke, Bussysteme

Bei einem Bussystem handelt es sich um nachgeschaltete Arbeitsplätze, die alle gleichberechtigt über verschiedene Schnittstellen Zugriff auf diesen Datenkanal haben.

Ein typischer Vertreter dieses Bussystems ist das Ethernet auf Koaxialkabel, das in vielen Firmen noch anzutreffen ist. Koaxialkabel sind aus einem Innenleiter und einem Außenschirm aufgebaut und benötigen für die Übertragung der Datenpakete auf dem Kabel (Topologie Ethernet) außer der Netzwerkkarte keinerlei elektronische Schaltgeräte. Die Workstations hängen an einem langen Kabelstrang.

Ein ähnliches Bussystem stellt der Mehrgeräteanschluss des ISDN dar. Dabei werden Telefonendgeräte und Workstations an einen langen Kabelstrang parallel angebunden.

Der internationale Standard für die Topologie Ethernet auf Koaxialkabel ist IEEE 802.3. Man unterscheidet 10 Base 2 mit sogenanntem Cheapernet-Kabel, 10 Base 5 mit sogenanntem Yellow-Kabel.

CAD (Computer Aided Design)

In CAD-Netzwerken werden primär Zeichnungen elektronisch erstellt. Diese sind somit reproduzierbar für Änderungen und Modifikationen, aus der Ursprungszeichnung. Aus diesen Zeichnungen werden oft in einem zweiten Schritt Stücklisten und auch Arbeitspläne generiert.

Campus-Netzwerk

Die Verbindung von zwei oder mehreren Gebäuden auf dem Firmengelände. Campus-Verkabelung wird auch Primärverkabelung genannt.

Zum besseren Verständnis ist hier das Schema einer gebäudeübergreifenden Vernetzung einer Arealverkabelung WAN (Wide Area Network) aus Fallbeispiel 2, Kapitel 3 in der Grafik dargestellt.

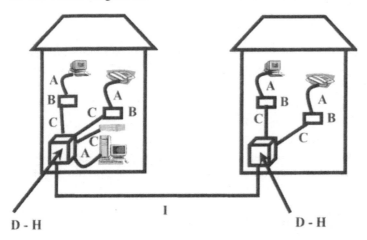

Die zwei Gebäude werden auf dem Betriebsgelände netzwerktechnisch miteinander verbunden. In Verbindung mit dem Anspruch der Any to Any-Beziehung unterteilt sich das Netzwerk physikalisch in die nachfolgend beschriebenen Bereiche. Die Einzelkomponenten sind:

- Anschlussverkabelung von Arbeitsplatzrechner zur Netzwerkanschlussdose A,
- Anschlussdose B,
- Sprach- und Datenkabel C,
- Verteilerfeld im Verteilerschrank D,
- Anschlussverkabelung Verteilerfeld aktive Komponente E,
- Aktive Komponente F,
- Anschlussverkabelung Verteilerfeld Switch G,
- Verteilerfeld im Verteilerschrank D Verteilerschrank E Verbindungskabel zweier Verteilerschränke I,

- Verteilerschrank E,
- Anschlussverkabelung Verteilerfeld aktive Komponente E,
- Aktive Komponente F,
- Verteilerfeld im Verteilerschrank D,
- Sprach- und Datenkabel C,
- Anschlussdose B,
- Anschlussverkabelung von Arbeitsplatzrechner zur Netzwerkanschlussdose A.

Channel

Unter Channel versteht man die Kupferkabel-Verbindung vom Port der Netzwerkkarte bis zum Port des Switch.

Collapsed Backbone

Eine in einem einzigen Verteilerraum zusammengezogene Rückgratstruktur (Backbone), in der sämtliche Netzsegmente integriert werden.

Datenverarbeitungssysteme

Unter Datenverarbeitungssystemen versteht man eine Einrichtung, auf der Daten sicher gehalten, schnell von A nach B transportiert, an einer zentralen oder dezentralen Stelle bearbeitet und das Ergebnis der Bearbeitung wieder an die ursprüngliche Stelle zurücktransportiert wird.

Ein Datenverarbeitungssystem besteht aus passiven und aktiven Komponenten, Betriebssystem und Anwendersoftware, elektronischen Gerätschaften und streng genommen auch noch aus der organisatorischen Behandlung dieses ganzen Systems.

DECT

DECT ist der europäische Standard für schnurlose Telekommunikation (Digital European Cordless Telephone).

Ebenen der Kommunikation

Es gibt drei Ebenen der Kommunikation.

Persönlichkeitsebene der Kommunikation - schwierig steuerbar

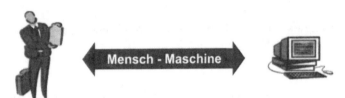

Nutzerebene der Kommunikation - Anwendung der Technik

Technische Ebene der Kommunikation - rationale Ausprägung

Mensch-Mensch-Kommunikation findet in einem persönlichen Gespräch statt. Diese Kommunikationsform ist nicht Gegenstand dieses Buchs.

Mensch-Maschine-Kommunikation findet dann statt, wenn ein Mensch ein Kommunikationswerkzeug benutzt. Über ein Medium wie z. B. eine Verkabelung werden Dienste der Telekommunikation oder der Informationstechnik übertragen.

Maschine-Maschine-Kommunikation findet im Netzwerk zwischen einzelnen elektronischen Komponenten statt, wie z. B. bei der Übergabe eines Datenpakets eines Servers an eine Workstation. Auch hier dient eine Verkabelung als Übertragungsmedium.

EMV

Abkürzung für elektromagnetische Verträglichkeit, die in einem Verkabelungssystem die Immission (Eindringung) von elektromagnetischen Impulsen verhindert sowie Emissionen (Versand) aus dem Verkabelungssystem vermeidet.

Erdung

Nach VDE muss jede elektrische und elektronische Einrichtung mit dem Erdpotential verbunden sein. In der Sprach- und Datenvernetzung bedeutet dies vor allen Dingen eine physikalische Verbindung der 19"-Verteilerschränke mit dem Erdpotential.

Hinsichtlich EMV ist ein vermaschtes Erdungskonzept am besten. Dies bedeutet allerdings: im Gebäude hat jedes Stockwerk ein eigenes Erdungsnetz, das mit den anderen Stockwerken mit mindestens zwei vertikalen Erdungsleitungen verbunden ist. Auch können metallisch leitende Einrichtungen (Wasserleitungen, Heizung, Kabeltrassen etc.) in die Erdung mit aufgenommen werden.

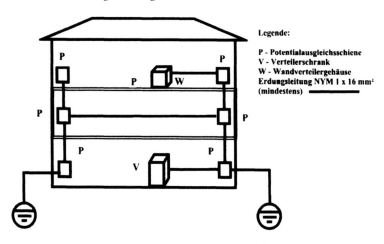

Wichtig dabei ist, dass der Neutralleiter N nur an einer einzigen Stelle im Gebäude mit dem PE verbunden werden muss (am besten am Sternpunkt der Stromversorgung).

Siehe auch Potentialausgleich.

Ethernet

Eine Netzwerktopologie, die durch das Normgremium IEEE standardisiert wurde. Momentan gängige Ethernetformen sind auf Kupferkabel 10 Base T oder TX, Fast Ethernet 100 Base T oder TX sowie Gigabit Ethernet 1000 Base TX. Auf Glasfaser sind die gängigen Topologien Ethernet 10 Base FX, Fast Ethernet 100 Base FX und Gigabit Ethernet 1000 Base SX oder LX.

Executive Summary

Unter Executive Summary versteht man die Zusammenfassung der wichtigsten Sachverhalte in Kurzform. Für das Buch bedeutet es im Prinzip das Darstellen von Meilensteinen sowie Eckpunkten einer Planung und Projektierung und des laufenden Betriebs.

Fibre to the Desk

Eine durchgängige Gebäudeverkabelung mit Glasfaser, welche die Verbindung zwischen der Netzwerkkarte eines PCs und dem Switchport herstellt.

Firewall

Unter Firewall versteht man diejenigen Komponenten, die dazu dienen, ein aktives Unternehmensnetzwerk vor unbefugtem Zugriff zu schützen.

Siehe insbesonders auch Kapitel 4 ff.

Gateway

Die Hard- und Software, um verschiedene Netze miteinander zu verbinden oder an andere Netze durch Protokollumsetzung anzuschließen. Ein Gateway hat die Aufgabe, Nachrichten von einem Rechnernetz in ein anderes zu übermitteln.

Help Desk

In Bezug auf Netzwerktechnik ein Service, der nach Installation von Hard- und Software vom Lieferanten gegeben wird, um in bestimmten Übergangsphasen auf neue Technik den Kunden im Hause oder per Remote-Zugriff aktiv zu unterstützen.

Heterogen

Heterogen ist im Gegensatz zu homogen in der Netzwerktechnik eine nicht durchgängige und häufig proprietäre Ansammlung von verschiedenen Teilnetzwerken, die in sich keine einheitliche Struktur bilden.

Hub

Ein Hub ist eine aktive Komponente, die nur noch in Subnetzen sowie in kleinen Vernetzungen Anwendung finden sollte. Ein Hub verteilt die Bandbreite auf die Anzahl der Benutzer (im Gegensatz dazu Switch).

Inhouse-LAN

Unter Inhouse-LAN Local Area Network versteht man ein lokales Netzwerk, das sich im Gebäude befindet. Das lokale Netzwerk LAN hat eine maximale Ausdehnung von einigen Kilometern. Es sind Netze hoher Qualität und Güte für Sprache und Daten (Corporate Networks), deren Übertragungsgeschwindigkeit derzeit bis maximal 10.000 MBit/s gehen kann.

Interface

Eine Netzwerkeinheit, welche die Verbindung zwischen zwei Komponenten des Netzwerks herstellt.

Intranet

Das Intranet ist wie das Internet eine Ansammlung von Informationen und Datenquellen. Im Gegensatz zum Internet ist das Intranet allerdings auf eine bestimmte Benutzerschicht oder Unternehmen definiert, d.h. es steht nicht weltweit zur Verfügung.

IP

Abkürzung für Internet-Protokoll. Die Aufgabe des Internet-Protokolls besteht darin, als gemeinsame Plattform der Netzwerksprache von einem Sender zu einem Empfänger zu fungieren.

ISDN

Integrated Services Digital Network (ISDN) ist eine für das jeweilige Telefonienetz der europäischen Länder gemeinsam verwendete Sprache bzw. Plattform, um Sprache, Daten, Bild, Text und Video im Weitverkehrsnetz zu übertragen.

IT

Unter IT versteht man den Begriff Information Technology oder auch deutsch: Informationstechnik; alles, was damit zu tun hat, Informationen zu erstellen, zu bearbeiten, auszuwerten und zu übertragen.

Kommunikation

Kommunikation ist der wechselseitige Austausch von Nachrichten in Form von Daten, Sprache, Text, Bild und Video. Kommunikation findet zwischen Menschen und Maschinen statt. Ein Sender und ein Empfänger unterhalten sich in einer gemeinsam verstandenen Sprache und benutzen dabei einen gemeinsamen Kommunikationskanal als Medium.

Kommunikationssystem

Ein Kommunikationssystem besteht aus vielen einzelnen Komponenten. Die folgende Abbildung stellt ein solches System schematisch dar.

Jede technische Einzelkomponente kann ohne Medienbruch mit einer anderen technischen Komponente kommunizieren. Die Abbildung zeigt zwei Netzsegmente, das sternförmige lokale Netzwerk LAN und den durch das ISDN abgesetzten Rechner eines Homeworkers. Auch wenn das Netzwerk nicht homogen aufgebaut ist, d. h. das lokale Inhouse-Netz LAN und ISDN nicht die gleiche Sprache sprechen, findet ein Kontakt durch elektronische Schaltgeräte statt, die diese Sprachen übersetzen.

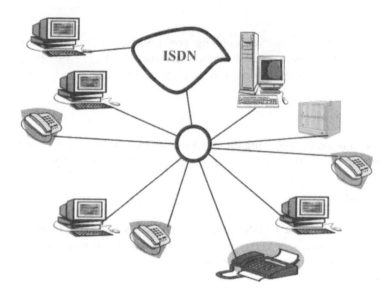

Kommunikationswerkzeug

Auf Grund der Tatsache, dass man Menschen und Maschinen miteinander kommunizieren lässt, werden Kommunikationswerkzeuge benötigt. Es gibt, wie in der folgenden Abbildung dargestellt, drei klassische Kommunikationswerkzeuge.

LAN

Siehe Inhouse LAN

Layout

Ein Layout ist eine Darstellungsform, um speziell in der Netzwerktechnik Ist- und Sollzustände von passiven und aktiven Komponenten in verschiedenen Ebenen darzustellen.

Das Layout dient u.a. zur Definition eines jeweiligen Netzwerks und als Basis für Preisanfrage und Ausschreibung.

Link

Unter Link versteht man, im Gegensatz zu einem Channel, die Verbindung einer Datendose zu einem Verteilerfeld. Bei einer Linkmessung bzw. Linkbeschreibung werden somit die beiden Patchkabel aus der Betrachtung außen vor gelassen.

Logisches Layout

siehe auch Layout. Im Speziellen versteht man unter einem logischen Layout die Darstellung und Dokumentation der aktiven Komponenten eines Netzwerks.

Medienbruch

Unter einem Medienbruch versteht man einen Wechsel des Mediums bei der Datenübergabe. Im einen Fall wird eine EMail mit Anhang verschickt, die gleich weiter verarbeitet werden kann. Im anderen Fall muss das ausgedruckte Dokument nach Eingang erst wieder neu erfasst werden, damit es weiter bearbeitet werden kann. Das bedeutet Aufwand. Medienbrüche sind deshalb bei der Planung eines Netzwerks zu vermeiden.

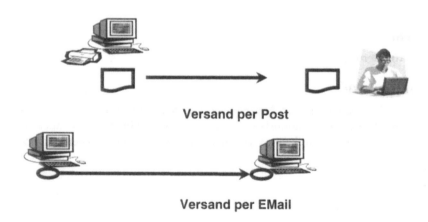

Versand per Post

Versand per EMail

Monomodefaser (Single-Mode-Faser)

Ein Lichtwellenleiterkabel, das auf Grund seiner physikalischen Beschaffenheit die Ausbreitung eines optischen Signals nur mit einer Mode (einer Ausbreitungsrichtung) zulässt. Monomodefasern werden hauptsächlich in Weitverkehrsnetzen (WAN) für die Abdeckung von längeren Strecken verwendet.

Multifunktionaler Arbeitsplatz

In der heutigen Zeit haben die Mitarbeiter eines Unternehmens vielfältige Aufgaben zu erfüllen. Dazu benötigen sie verschiedenartige Dienste am Arbeitsplatz. Ein Beispiel für einen multifunktionalen Arbeitsplatz wäre eine PC-Workstation, ein Telefon, ein Faxgerät, ein Netzwerkdrucker sowie ein Flachbettscanner.

Für diese Dienste benötigt man Netzwerkanschlüsse (Ports). Als vorteilhaft hat sich in der Praxis die Ausgestaltung von 4 Anschlüssen pro Arbeitsplatz (Kupfer oder Lichtwelle, eventuell gemischt) herausgestellt. Bei Großraumbüros verringert sich die Anzahl der Anschlüsse durch die gemeinsame Nutzung von zentralen Diensten wie z. B. Netzwerkdrucker oder Fax.

Multimodefaser

Im Gegensatz zur Monomodefaser lässt die Multimodefaser auf Grund ihrer physikalischen Beschaffenheit bei der Ausdehnung eines Lichtimpulses mehrere Modi (Richtungen) in der Glasfaser zu. Die Multimodefaser wird vor allen Dingen auf dem Campusgelände sowie bei einer Inhouse-Verkabelung für Fibre to the desk oder Fibre to the Office (ähnlich wie Fibre to the desk, nur im Endgerätebereich kleiner Brüstungskanalswitch mit n x Anschlüssen Kupfer) verwendet.

Netzstruktur

Siehe Topologie

Netzwerkaudit

Siehe Audit/Auditierung

Netzwerkprotokoll IP

Als weltweit derzeit bedeutendstes Netzwerkprotokoll gilt IP, das Internet Protokol. Mit ihr als zentrale Kommunikationsbasis wird eine unternehmens- wie auch weltweite Integration von Kommunikationssystemen technisch am einfachsten machbar.

Siehe auch IP.

NMIS

Ein Netzwerkmanagement-Informationssystem, das strategische und operative Kennzahlen für die weitere Optimierung des gesamten Netzwerks liefert.

Outsourcing IT

Unter Outsourcing IT versteht man die Tatsache, dass Know-how oder auch Dienstleistungen im Hause selber nicht erbracht werden. Externe Partner erbringen dieses Know-how oder auch Dienstleistungen für den Kunden. Dabei sollte beachtet werden, dass das Kerngeschäft, also für das Unternehmen zwingend wichtige Dinge, im Hause selbst erbracht werden sollten.

Paketfilter

Eine Firewall-Komponente, die auf der Netzwerkschicht zwei und drei ankommende und gesendete Datenpakete auf deren Adressrichtigkeit überprüft.

Passive Komponenten

Man stelle sich vor, sich von A nach B zu bewegen. Die passiven Elemente wären die Straßen, die es ermöglichen, dass ein Fahrzeug sich darauf bewegt. Die Straße stellt die Infrastruktur dar, ohne selbst aktiv an der Bewegung des Fahrzeugs teilzunehmen.

Das Fahrzeug selbst ist der aktive Teil der Bewegung, im Netzwerk somit die aktive Komponente. Ohne die Straße könnte das Fahrzeug sich nicht vorwärts bewegen. Aus der Symbiose zwischen Straße und Fahrzeug entsteht Bewegung, im Netzwerk entsteht durch passive und aktive Komponenten der Transport von Daten- und Sprachinformationen.

In der Praxis sind passive Komponenten:
- Verteilerschränke und Zubehör,
- Anschlusskomponenten wie Verteilerfelder, Anschlussdosen und Patchkabel,
- Sprach- und Datenkabel,
- (Messung des Netzwerks und Dokumentation).

Patchkabel

Ein Patchkabel wird für die Verbindung einer Datendose zu einer Netzwerkkarte sowie für die Verbindung zwischen dem Verteiler- oder Patchfeld und dem Datenswitch oder der TK-Anlage verwendet. Patchkabel gibt es für Kupfer- und für Lichtwellenleiter-Anwendungen.

Patchtechnik

Die Patchtechnik ist eine Form der Anschlusstechnik von Kommunikationswerkzeugen wie in der folgenden Abbildung schematisch dargestellt. Es handelt sich um den Anschluss eines Telekommunikationsendgeräts. Vorteil: ohne Veränderung der Verkabelung können Kommunikationswerkzeuge individuell angeschlossen werden. Beim Umzug von Mitarbeitern sind durch Veränderung der Patchkabel ohne sonderlichen Aufwand die Kommunikationswerkzeuge rasch und bedienerfreundlich wechselbar.

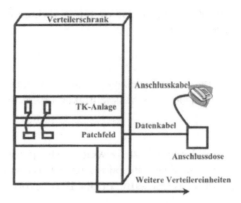

Analog der Telekommunikation wird ein IT-Endgerät angeschlossen.

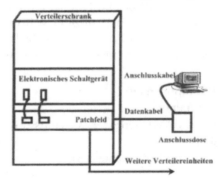

Peer to Peer-Netzwerk

Ein Peer to Peer-Netzwerk ist eine IT-Vernetzung, die keinen eigenen Server hat. Die auf den Rechnern abgelegten Daten werden mehr oder minder alle autark für sich gepflegt. Somit entspricht das Peer to Peer-Netzwerk keinem Client-Server-System, bei dem die Daten zentral auf einem Server für die Clients vorgehalten, gesichert und abgespeichert werden.

PEN

Ein Begriff aus der Elektrotechnik, der beschreibt, dass der Leiter N mit dem Leiter PE physikalisch verbunden ist. In vielen Fällen führt eine solche elektrotechnische Konstellation zu Problemen auf geschirmten Kupferverkabelungen.

Performance

Unter Performance versteht man vereinfacht die Geschwindigkeit, die auf dem Netzwerk erzielt wird. Dies hängt grundsätzlich zum einen von den physikalischen Gegebenheiten des Netzwerks sowie zum anderen von den aktiven Komponenten ab.

Physikalisches Layout (Passives Layout)

Siehe auch Layout. Beim physikalischen Layout werden sämtliche passiven Komponenten in die jeweiligen Planungs- und Dokumentationsunterlagen eingetragen. Es dient ebenfalls zur Gestaltung einer Preisanfrage bzw. einer Ausschreibung.

Port

Unter Port versteht man den Begriff Anschlusseinheit. Ein Port bedeutet, dass ein Endgerät (Telefon, PC, Netzwerkdrucker, Laptop, etc.) an eine Anschlussdose angeschlossen werden kann und so mit einem Switch oder einer Telefonanlage verbunden wird.

Potenzialausgleich

Siehe Erdung.

PPS

Kurzbegriff für ein Produktions-, Planungs- und Steuerungssystem, das in Industriebetrieben dazu verwendet wird, den Informations-, Daten- und Materialfluss zu planen, zu steuern und zu überwachen.

Primärbereich

Die Verbindung von Gebäuden auf einem Areal.

Siehe auch Campusverkabelung.

Proprietär

Unter Proprietär versteht man die Tatsache, dass in einem Netzwerk Protokolle und Netzwerksprachen herstellerspezifisch auf ein Produkt abgestimmt sind. Dies bedeutet auch, dass Produkte anderer Hersteller mit dem proprietären Produkt nicht oder nur teilweise vernetzt werden können.

QS-System

Unter QS-System versteht man im Netzwerk eine Art der Qualitätssicherung, die wie in den Begriffen Audit oder Netzwerkaudit eine vordefinierte Leistung im Netzwerk sicherstellt. Dies gilt für planerische, projektabhängige und operative Aufgaben.

Redundanz

Fachbegriff für die Vorhaltung von Komponenten, die beim Ausfall des Netzwerks oder der Netzwerkkomponente deren Aufgabe übernehmen und somit den Ausfall vermeiden oder kompensieren. Redundanz kann eine komplette Strategie, eine Komponente, eine Teilkomponente oder ein Bauteil darstellen (je nach Anwendungsfall).

Ringförmige Netzwerke

Bei einer Ringstruktur handelt es sich um ein Netzwerk, das wie eine Kette nacheinander geschaltet ist und zu einem Kreis geformt wird. Somit werden die Informationen von einem Arbeitsplatz zum anderen in eine vorgegebene Richtung weitergegeben, bis der entsprechende Adressat gefunden ist.

Die Topologie TokenRing als typische Ringstruktur ist auf dem Rückmarsch, da die Weiterentwicklung weltweit kaum noch forciert wird. Es gibt nur noch wenige Hersteller, die aktive Komponenten für diese Verkabelungsform herstellen. Somit sind Netzwerkkarten, Switche und Router entsprechend teuer einzukaufen.

Da bei einer solchen Systematik bei Ausfall eines Rechners gleich das ganze Netz zusammenbricht, sind diese Ringsysteme in der Regel redundant oder mit Bypass-Systemen ausgestattet. Fällt ein Ring aus, übernimmt ein zweiter seine Funktion.

Ringsysteme findet man in Backbonestrukturen des Primär- und Sekundärbereichs genau wie im Tertiärbereich. Diese Ringstruktur wird aus zweierlei Gründen beschrieben:

- Aufbau von Backbonestrukturen in redundanter und nicht redundanter Ausführung mit LWL-Kabel,
- Tertiärverkabelung in Verbindung mit einer Migration von TokenRing auf andere Topologieformen wie z.B. Ethernet.

In Backbone-Netzen findet diese Ringstruktur sehr häufig Anwendung.

Der internationale Standard für die Topologie TokenRing TR ist IEEE 802.5. Die wichtigsten technischen Daten:

- Übertragungsgeschwindigkeit 4 oder 16 Mbit/s
- Pro einzelnem Ring können maximal 72/260 Endgeräte (4/16 Mbit/s) angeschlossen werden

Router

Ein elektronisches Schaltgerät, das zwischen mehreren Netzwerksprachen Übersetzungen vornimmt und entsprechend der Adressierung von Informationen eine Wegelenkung im Netzwerk vornehmen kann. Mit Routern verbindet man Subnetze zu einem Gesamtnetz.

Security-Police

Ein Teil des QS-Systems bezüglich der Netzwerkqualität. Sie wird erstellt, um die für das Netzwerk relevanten Sicherungs- und Schutzfunktionen zu dokumentieren und diese Dokumentation als Basis für weitere strategische und operationale Schritte zu verwenden. Die Security-Police dokumentiert den Sicherheitsstandard des gesamten Netzwerks.

Sekundärbereich

Unter Sekundärbereich versteht man in einem Gebäude die Verbindung zwischen zentralem Hauptverteiler und weiteren Verteilern in den einzelnen Etagen, Abteilungen oder Stockwerken. Sekundärverkabelungen sind deshalb auch Gegenstand des Backbone bzw. des Rückgrats, da sich in den Etagenverteilern meist weitere elektronische Schaltgeräte befinden.

Sicherheit (Security)

Unter Sicherheit versteht man sämtliche Vorgänge und Mechanismen, die dafür sorgen, dass die Daten- und Sprachströme ohne Störungen und Fremdeinwirkungen auf dem Netzwerk transportiert und vorgehalten werden.

Skalierbarkeit

Mit Skalierbarkeit ist gemeint, dass jedem Anwender auf Grund seines Bedarfs an Datenvolumen eine entsprechende Netzwerkgeschwindigkeit für die Übertragung zur Verfügung steht. Dies kann durch die richtige Auswahl physikalischer, passiver Elemente wie Kabel oder elektronischer, aktiver Schaltgeräte (z. B. ein Datenswitch) sichergestellt werden.

Spleiß

Ein thermisches Fügeverfahren, mit dem Lichtwellenleiterfasern, die im Bauzustand nicht komplett angeliefert werden konnten, zu einer kompletten Einheit verschweißt werden.

Sternförmige Netzwerke, Tertiärbereich

Die klassische strukturierte Gebäudeverkabelung im Tertiärbereich ist generell sternförmig. Von einem zentralen Verteilerpunkt werden die jeweiligen Arbeitsstationen EDV und Telefonie-Endgeräte angefahren. Dabei wird nicht mehr unterschieden, ob es sich um ein Kommunikationswerkzeug der Informations- oder Kommunikationstechnik handelt.

Stromversorgung IT-Systeme

Grundsätzlich ist es sinnvoll, Stromnetze in ein Versorgungssystem für das Datennetz und in ein Versorgungsnetz für sonstige elektrische Verbraucher (auf Grund der Nichtbeeinflussung beider Systeme) zu teilen.

Support

Unter Support versteht man diejenigen Maßnahmen, die ein Unternehmen von einem externen Dienstleister benötigt, um sein Netzwerk ordentlich und funktionsfähig im Betrieb zu halten.

Switch

Ein Switch ist ein elektronisches Schaltgerät, das im Gegensatz zum Hub dem Anwender die volle Bandbreite der Netzwerktopologie pro Kanal zur Verfügung stellt. Dies gilt nicht nur für einzelne Anwendungseinheiten, sondern auch in einem Backbone für die entsprechenden Core- bzw. Workgroupswitche.

Systemadministration

Die tägliche operative Arbeit, die eine Netzwerk- oder eine EDV-Abteilung hinsichtlich sämtlicher Komponenten im Netzwerk zu erledigen hat. Dies gilt zum einen für Hardware (Server, Workstations, Telefonanlage) wie auch für Betriebssystem und Anwendersoftware (Systemeinrichtung, Benutzerverwaltung, Serverbetreuung).

Telekommunikationssysteme

Unter Telekommunikationssystem versteht man das Übertragen von Sprachsignalen von A nach B unter Berücksichtigung verschiedenster Träger, auf denen diese Sprachsignale transportiert werden.

Telematik

Die Schnittstelle zwischen Informationstechnik und Telekommunikation. Sie stellt einerseits die hardwaremäßigen Voraussetzungen und andererseits die jeweilige Anwendersoftware dar. Telematikkomponenten sind z. B. ein computerunterstütztes Telefoniesystem CTI oder ein PC-Fax-Server.

Tertiärbereich

Der Tertiärbereich einer strukturierten Gebäudeverkabelung wird auch Etagenbereich genannt. Es ist die Verbindung zwischen dem Verteilerschrank in der Etage oder Abteilung (auch Switch) mit der Netzwerkkarte, die im Rechner des Endgeräts steckt. Dies betrifft alle Komponenten, die sich auf der Strecke befinden (siehe auch Channel, Link).

TN-C, TN-C-S

Bei der Stromversorgung gibt es zwei verschiedene Arten der Verkabelung:
- das System TN-S,
- das System TN-C (TN-C-S).

Bei den Systemen TN-C und TN-C-S (beide unvorteilhaft!) sind zwischen dem Schutz und dem Neutralleiter durch Brücken oder durch ein Zweileitersystem Spannungsverschleppungen und Ausgleichsströme möglich, wenn der Schirm des Kupferdatenkabels einen geringeren Widerstand hat als der Schutzleiter.

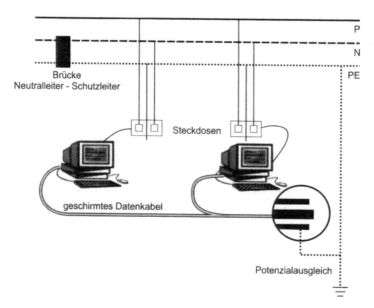

Siehe auch TNS

TNS-System

Unter TNS-System versteht man eine für ein Netzwerk günstig gestaltete Stromversorgung (siehe auch PEN).

TokenRing

TokenRing ist eine Netzwerkform, die heutzutage wohl immer mehr vom Markt verschwindet. Seine Ringstruktur (früher hauptsächlich in IBM-Netzen) wurde zunehmend ersetzt durch Kupferverkabelungen Kategorie 6.

Topologie

Als Netzwerkstruktur oder Topologie bezeichnet man die Konfiguration und den Aufbau von Netzwerkknoten und Netzwerkverbindungen. Folgende Formen gibt es:

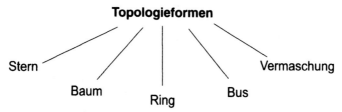

Man unterscheidet zwischen der physikalischen und der logischen Topologie. Die physikalische Topologie beschreibt den Aufbau der Knoten und Verbindungen, die logische Topologie beschreibt, welche Knotenpaare miteinander kommunizieren. Die physikalische sowie die logische Topologie müssen in Netzwerken nicht identisch sein. Es ist auch möglich, beispielsweise auf einer physikalischen Sterntopologie eine Ringstruktur abzubilden.

Trouble-Shooting

Die Maßnahmen, die bei Störungen des Netzwerks zu Reaktionen des zuständigen Personals führen.

USV (Unterbrechungsfreie Stromversorgung)

Eine USV ist ein Gerät, das bei Stromausfall eine reibungslose und unterbrechungsfreie Weiterfunktionalität der Spannungsversorgung gewährleistet. Die Geräte haben meistens auch einen gewissen Schutz gegen Über-/Unterspannung integriert.

Überspannung

Siehe Blitzschutz

Verkabelungen und alternative Medien

Eine drahtgebundene Gebäudeverkabelung ist die Basis sämtlicher kommunikativen Vorgänge in einem Unternehmen. Auf Kupfer- oder Lichtwellenleiterkabel werden elektronische oder optische Signale übertragen, die dafür sorgen, dass jegliche Sprach- und Datenkommunikation stattfinden kann. Drahtlose Netzwerke ergänzen drahtgebundene Systeme. Solche Systeme sind sinnvoll, wenn sie Mobilität schaffen oder Restriktionen auf Grund baulicher Gegebenheiten kompensieren.

Verfügbarkeit

Verfügbarkeit bedeutet im Maximalanspruch, dass dem Anwender z.B.

- o 365 Tage im Jahr,
- o 24 Stunden täglich

ein funktionierendes Netzwerk zur Verfügung steht. Je nach Bedarf kann die Verfügbarkeit auch geringer skaliert werden wie z. B. 5 Arbeitstage pro Woche, jeweils 7:30 ... 18:00 Uhr.

Vermaschte Netzwerke

Vermaschte Netzwerke sind Konstellationen, die einzelne Subnetze durch mehrfache Netzwerkverbindungen eine integrierte Benutzung für alle Subnetze ermöglichen. Die Vermaschung kann einfach oder mehrfach sein.

Bei vermaschten Systemen handelt es sich um Vernetzung mehrerer Einzelsysteme, wobei die jeweiligen Stern- oder Baumverkabelungen in sogenannte Netzknoten zusammengefasst und dort auch verschaltungstechnisch gesteuert werden.

Voice over IP

Bei Voice over IP (VoIP) werden Sprachpakete als Datenpakete transportiert. Ein Sprachpaket entsteht an einem Voice over IP-Telefon, wird in dieses Datenpaket umgewandelt und wandert als speziell gekennzeichnetes Datenpaket auf dem Datennetz bis zu der Stelle, an der es wieder in ein Sprachpaket umgewandelt wird.

VPN

Unter einem VPN (Virtuell Privat Network) im Internet versteht man eine individuelle Unternehmensvernetzung auf einem öffentlichen Netzwerk wie z. B. dem Internet.

WAN

WAN (Wide Area Network) ist eine Vernetzung zwischen Standorten, die nicht auf dem Campusgelände des Unternehmens stattfindet. Das Weitverkehrsnetz WAN zeichnet sich i.d.R. dadurch aus, dass es im Gegensatz zum lokalen Netzwerk (siehe LAN) nicht über eine so hohe Performance verfügt. Das WAN ist in der Regel nicht durch den Benutzer bestimmbar. Das Weitverkehrsnetzwerk ist für Sprach- und Datenübertragungen über lange Strecken, z. B. ab einigen Kilometern aufwärts konzipiert. In Fallbeispiel 3, in Kapitel 4, ist eine solche Verbindung über das Medium Internet gestaltet.

Wireless

Wireless bedeutet im Bereich der Sprachübertragung sowie im Bereich der Datenübertragung eine schnurlose Übertragungstechnik per Funk. Wireless-Techniken ersetzen bzw. ergänzen Festnetzverkabelungen in den Bereichen, in denen das Verlegen von Kabeln entweder nicht oder nur ungenügend vorgenommen werden kann.

12 Literaturverzeichnis

Franz Lang „Das 1x1 der Kommunikation" Midas Management Verlag AG, Zürich 2001

Franz Lang „Unternehmenspraxis Marketing" Band 1-3, Maria Lang Verlag, Endingen

Klaus Lipinski „Lexikon der Datenkommunikation" 6. Auflage mitp – Verlag, Bonn 2001

Dirk Glogau „Netzwerkausschreibung" DATACOM – Buchverlag, Bergheim 1995

Jörg Buckbesch, Rolf-Dieter Köhler „VPN – Virtuelle Private Netze Sichere Unternehmenskommunikation in IP – Netzen, Fossil-Verlag GmbH, Köln, 1. Auflage 2001

Terri Quinn-Andry, Kitty Haller „Netzwerk – Design" Die komplette Anleitung für de Aufbau professioneller Netzwerke, Markt&Technik Buch- und Software – Verlag GmbH, Haar bei München 1998

Wilfried Heinrich „Lean-Strategien in der Informatik", Datacom – Verlag, Bergheim 1994

D. Glogau, M. Hein, R. Ladner „Netzwerkausschreibung" Konzepte, Planung, Realisation, Datacom – Buchverlag, Bergheim 1995

Sachwortverzeichnis

abgesetzte Verteiler 193
Ablauforganisation 182
Abnahme 204
Abrechnungsmanagement 216
Access Points 237
Accounting 237
Accountingmanagement 220
aktive Komponenten 96, 116, 237
aktive Redundanzkonzepte 98
alternative Medien 256
Amortisation 162
Angebotsauswertung 199
Anschlussdose 240
    Kupfer 86
    LWL 88
Anschlussverkabelung 240
Any to Any-Beziehung 43, 237, 240
Application Level Gateway 135, 237
ATM-Forum 70
Auditierung der aktiven und passiven Komponenten 184
Auditierung des Netzwerks im Gebäude 183
Auditierung von Netzwerken 238
Aufbau Netzwerkverwaltung 207
Aufbauorganisation 182, 208
Aufgaben des Netzwerkmanagements 216
Ausfall interner Versorgungsnetze 191
Ausgangssituation Standort 1 42
Ausschreibung 150, 195
Auswahl der Lieferanten 199
BAB 215, 238
Backbone 238
Belegung 4 PIN- oder 8 PIN an der Anschlussdose 83
Benchmark 238
Beschaffung 195, 199
Bestellung 202
Betriebsgröße/Mitarbeiterzahl der Netzwerkverwaltung SV 211
Beurteilungsmatrix 199, 201
Blitzschutz 238
Brüstungskanal 67

Budgetierung der Kommunikation 214
Büroraum 193
CE 74
Channel 72, 73, 94, 241
Checkliste
    Aubau- und Ablauforganisation 233
    Erdung 227
    Gebäude 234
    Netzwerk für Entscheider – Technik 12
    Netzwerk Wirtschaftlichkeit 14
    Projektgestaltung 230
    Security 232
    Verkabelung aktiv und passiv 231
    Vernetzung Betriebswirtschaft 229
    Vernetzung Technik 228
Collapsed Backbone 241
Controlling und Buchhaltung 215
Datenverarbeitungssysteme 241
DECT 125, 241
Demilitarisierte Zone DMZ 139
Diebstahl 192
Dokumentation 95
Downtime 166
Ebenen der Kommunikation 242
Einflussfaktoren auf das Netzwerk 206
Einfügeverfahren 91
Elementare Risiken 188
Elemente der Sicherheitsstruktur 187
EMV 73, 242
EMV-Gesetz 73
EN 50173 71
Entscheider 158
Erdung 243
Executive Summary 223, 243
Falsche Organisation 190
Fehlermanagement 216, 219
Feuer 189
Fibre to the Desk 244
Firewall 132, 138, 143, 146, 244
Flexibilisierung des Staplerbetriebs 173
Flussdiagramm Netzwerkverwaltung Zyklus 180
Fragenkatalog 197

Fremdeinfluss 192
Funk im Tertiärbereich für Datenübertragung 124
Gateway 244
Gebäudebeschreibung Fallbeispiel 2 103
Gebäudeunterteilung Fallbeispiel 1 51
Gefahren bei der Benutzung des Internet 141
Gestaltung einer Informationsbasis als Steuerungselement 158
Grobplanung 20
Help Desk 244
Heterogen 244
Hub 116, 244
IEEE 70
Inhouse-LAN 244
   Lösung 46
Initialisierung des Projektstarts 178
Installations-Kabelkanal 113
Interface 244
Intranet 245
Intrusion Detection 136
Investitionsantrag 151
IP 245
IP-Vernetzungen im Internet 140
ISDN 245
ISO/IEC 11801 71
IT 245
Kabelarten LWL 79
Kabelbahnen 66, 113
Kabelsharing 83
Kabelverlege-Infrastruktur 64
Kalkulation und Amortisation Fallbeispiel 1 165
Kalkulation und Amortisation Fallbeispiel 2 172
Kalkulation und Amortisation Fallbeispiel 3 175
Kategorie 72
Kennzahlen 163, 219
Kernbereiche des Netzwerk-Audit 181
Kombination von Firewall-Einzelkomponenten 144
Kommunikation 10, 245
Kommunikation und Marktausrichtung 9

Kommunikationssystem 245
Kommunikationswerkzeug 246
Konfigurationskennzahlen 221
Konfigurationsmanagement 217
Kosten einer Vernetzung 161
Kosten und Ressourcen-Management 214
Kosten-/Nutzenvergleich 159
Kostenbilanz 171
Kostenvergleich Verkabelung 162
Kupferkabel 79, 82
Kupferkabel Telekommunikation 116
LAN 246
Lastenheft 196
Layout 246
Layout Fallbeispiel 1 50
Leistungsmanagement 217
Leistungsverzeichnis 196
Lichtwellenleiterkabel (Glasfaserkabel) 76
Liefervertrag 202
Link 72, 247
logisches Layout 38, 108, 247
logisches Layout Gebäude Topologie 55
logisches Layout Hardware 56
Lösung VPN (Virtuell Private Network) 146
Lowtime 166
Luftfeuchtigkeit 188
LWL (Lichtwellenleiter) oder Kupfer bis zum Arbeitsplatz 74
LWL-Anschlusstechnik 88
LWL-Rangiergehäuse 88
LWL-Spleißbox 88
LWL-Verbindungsleitung Standort 1 und 2 115
LWL-Verteilerfeld 88
Manipulation an Daten 192
Medienbruch 247
Mengengerüste SV 57
Messung der Kupferkabel 93
Messung der LWL-Strecken 91
Migrationsfähigkeit 177
Monomodefaser 78
Multifunktionaler Arbeitsplatz 248
Multimodefaser 78
Netzstruktur 248

Netzwerk 205
　Bedeutung im Unternehmen 5
　Veränderung 19
Netzwerkaudit 179, 248
Netzwerkaudit Wide Area Network (WAN) 128
Netzwerkauditierung Fallbeispiel 1 46
Netzwerk-Controlling 212
Netzwerk-Fertigung in Neubau 101
Netzwerkkarten 96
Netzwerkmanagement 144
Netzwerkmanagement-Informationssystem NMIS 248
Netzwerkmanagement-Informationssystem NMIS 213
Netzwerkmanagementsystem 145
Netzwerkprojekt 18
Netzwerkprotokoll IP 248
Netzwerksanierung in Altbau 39
Netzwerksegmentierung oder Neuverkabelung 98
Norm 69, 70, 72
Normen und Vorschriften der Sicherheitstechnik 187
Notwendigkeit des Netzwerkmanagements 218
Nutzen, harte Faktoren 159
Nutzen, weiche Faktoren 160
Nutzungshinweise 4
Outsourcing IT 248
Paketfilter 133, 249
passive Komponenten 60, 112, 249
passives Layout 251
Patch- und Anschlusskabel Kupfer 85
Patchkabel 249
Patchkabel LWL 89
Patchtechnik 249
Peer to Peer-Netzwerk 250
PEN 250
Performance 250
Performancemanagement 220
Permanent Link 73, 94
Personal, Projektteam 178
Personalstruktur Netzwerkverwaltung 208
Pflichtenheft 196

physikalisches Layout 37, 107
physikalisches Layout Gebäude Kabel 54
Planung passive Komponenten 60
Port 251
Potenzialausgleich 251
PPS 251
Primärbereich 251
Primärverkabelung 47, 48
Projekt 28
　Erfordernisse 18
　Externe Beratung 25
　Feinplanung 36
　Kostenmanagement 34
　Lösungswege 16
　Management 28
　Personalmanagement 29
　Projektleiter 22
　Projektteam 21
　Ressourcenmanagement 29
　Teammitglieder 23
　Zeitmanagement 32
　Zielsetzung 18
Projektorganisation 1
Projektvision 152
Projektvision und Zeit 154
Proprietär 251
Proxies 135
QS-System 251
Qualifizierung des Personals Netzwerkverwaltung 211
Realisierer im Umfeld Unternehmensnetzwerk 11
Rechnungsprüfung 204
Redundanz 251
Richtfunk 123
Risikoanalyse 185
Router 120, 252
Rückstreuverfahren 91
S/STP 79
Schaltschrank 63
Schnittstelle zwischen Entscheider und Realisierer 6
schnurlose Datennetzwerke 122
Sechs-Punkte-Plan 7

Sechs-Punkte-Programm Netzwerkstrategie 7
Security-Police 184, 252
Sekundärbereich 253
Sekundärverkabelung 47, 49
Serverraum 193
Sicherheit 179, 253
Sicherheit im Verteilerraum 188
Sicherheitsanforderungen eines VPN im Internet 142
Sicherheitskennzahlen 220
Sicherheitsmanagement 217
Sicherheitsstandard Fallbeispiel 3 147, 149
Sicherheitszonen 138
Sicherstellung der Dienste 10
Single-Mode-Faser 247
Skalierbarkeit 253
Spleiß 253
Sprach- und Datenkabel 74, 240
Stabilität des Netzwerks 168
Sternförmige Netzwerke 253
Stromversorgung 253
Support 253
Switch 97, 117, 121, 254
Systemadministration 254
Technische Ausfälle 191
Technische Bereiche und Aufgaben der Kommunikationsverwaltung 210
technische und wirtschaftliche Zielsetzungen 155
Technischer Aufbau eines Netzwerkmanagementsystems 217
Technisches Kennzahlenpaket für NMIS 219
Technisches Netzwerkmanagement 216
Telekommunikationssysteme 254
Telematik 254
Temperatur 188
Tertiärbereich 253, 254
Tertiärverkabelung 47, 49
TIA/EIA 568 (ANSY) 70
TN-C 254
TN-C-S 254
TNS-System 255
TokenRing 255

Topologie 255
Überspannung 191, 256
Umsetzung 203
unbefugtes Eindringen 192
Unterbrechungsfreie Stromversorgung 256
Unternehmens-Controlling 212
Unterspannung 191
Unterstützung im Internet 5
Uptime 166
USV 256
UTP 79
Verfügbarkeit 256
Vergabegespräch 202
Verkabelung 256
  Primär, Sekundär, Tertiär 47
Verkabelungsklasse 72
Vermaschte Netzwerke 256
Verschlüsseln von Daten 143
Verschmelzung von Normen 71
Verteilerfeld 240
Verteilerfeld Kupfer 87
Verteilerraum 60
Verteilerraum mit Unterflursystemen (Doppelboden) 112
Verteilerschrank 240
Voice over IP 257
VPN 127, 130, 257
WAN 127, 257
Wasser 190
Wireless 257
Wireless LAN 124
Wirtschaftlichkeit Fallbeispiel 1 170
Wirtschaftlichkeit Fallbeispiel 3 176
Wirtschaftlichkeit für alle Fallbeispiele übergreifend 168
Wirtschaftlichkeitsbetrachtung Fallbeispiel 2 173
Zeit 178
Zerstörung von Hardware 192
Zielsetzung, Sollkonzept Standort 1 44
Zielsetzungen technisch und wirtschaftlich 39
Zukunftssicherheit 177

Printed by Books on Demand, Germany